Diskrete Mathematik

Eberhard Triesch

Diskrete Mathematik

Theorie und Werkzeuge zur Lösung von
Abzähl- und Existenzproblemen

Eberhard Triesch
Bonn, Nordrhein-Westfalen, Deutschland

ISBN 978-3-662-71623-6   ISBN 978-3-662-71624-3   (eBook)
https://doi.org/10.1007/978-3-662-71624-3

Die Deutsche Nationalbibliothek verzeichnet diese Publikation in der Deutschen Nationalbibliografie; detaillierte bibliografische Daten sind im Internet über https://portal.dnb.de abrufbar.

Springer Spektrum ist ein Imprint der eingetragenen Gesellschaft Springer-Verlag GmbH, DE und ist ein Teil von Springer Nature.
Die Anschrift der Gesellschaft ist: Heidelberger Platz 3, 14197 Berlin, Germany

Wenn Sie dieses Produkt entsorgen, geben Sie das Papier bitte zum Recycling.

Vorwort

Die Diskrete Mathematik ist die Mathematik der endlichen (evtl. noch abzählbar unendlichen) Mengen. „Diskret" bezeichnet dabei den Gegensatz zu „kontinuierlich".

Die Fragestellungen der Diskreten Mathematik haben in den letzten 60 Jahren stetig an Bedeutung zugenommen, u. a. weil die Diskrete Mathematik eine Grundlagenwissenschaft für die Informatik ist, aber auch weil viele Optimierungsprobleme von wirtschaftlicher Relevanz sogenannte kombinatorische Optimierungsprobleme sind, zu deren Lösung ein Verständnis der zugrunde liegenden endlichen Strukturen benötigt wird.

Vorlesungen über *Kombinatorische Optimierung* und *Graphentheorie* werden mittlerweile an den meisten Hochschulen regelmäßig angeboten.Es gibt aber eine Reihe von anderen Themen und Methoden, mit denen sich jeder, der vertiefte Kenntnisse in der Diskreten Mathematik anstrebt, beschäftigen sollte.Das vorliegende Buch ist ein solches Angebot zur Vertiefung. Es ist entstanden aus Vorlesungen, die ich an der RWTH Aachen für schon etwas fortgeschrittene Studierende der Mathematik und Informatik gehalten habe. Der Umfang entspricht ziemlich genau zwei vierstündigen Vorlesungen.Thematisch gibt es zwei Schwerpunkte: *Abzählprobleme* und *Existenzprobleme*. Aus beiden Bereichen sollten zentrale Resultate und Methoden dargestellt werden. Gleichzeitig sollte etwas von der außergewöhnlichen Ideenvielfalt vermittelt werden, der man in der Diskreten Mathematik begegnet und die so viel Freude macht.Auf jedem Gebiet musste ein (schmerzhafter) Kompromiss zwischen Breite und Tiefe gefunden werden. Ich hoffe, die Leserinnen und Leser künnen meiner Auswahl etwas abgewinnen.

Die benütigten Vorkenntnisse aus den Bereichen Lineare Algebra, Analysis und Wahrscheinlichkeitsrechnung sind in jedem mathematischen Grundstudium enthalten. Auch die verwendeten Bezeichnungen sind Standard.

Mein Dank gilt meinen (ehemaligen) Mitarbeiterinnen und Mitarbeitern vom Lehrstuhl II für Mathematik an der RWTH Aachen, die die oben erwähnten Veranstaltungen betreut haben.

Den Mitarbeiterinnen und Mitarbeitern des Verlages Springer-Nature danke ich für die angenehme und konstruktive Zusammenarbeit.

Bonn   Eberhard Triesch
im November 2024

Interessenkonflikte Der/die Autor*in hat keine für den Inhalt dieses Manuskripts relevanten Interessenkonflikte.

Inhaltsverzeichnis

Grundlagen der Kombinatorik

1.1 Elementare Abzählregeln

Wir beginnen, indem wir uns einige Regeln der *abzählenden Kombinatorik* bewusst machen, die wir benutzen, wenn wir die Kardinalität gewisser Mengen bestimmen wollen. Diese Regeln sind so elementar, dass ein Beweis sich erübrigt.

Hier ein erstes Beispiel:

Es sei $N := \{1, \ldots, n\}$. Wie viele Elemente enthält die Potenzmenge $\left(2^N\right)$ von N?

Die Antwort ist sicher noch aus dem ersten Semester bekannt und lautet

$$|2^N| = 2^{|N|} = 2^n.$$

Wir beweisen dies durch vollständige Induktion nach n, wobei der Fall $n = 0$ bzw. $n = 1$ klar ist:

$$|2^{\emptyset}| = |\{\emptyset\}| = 1 = 2^0 = 2^{|\emptyset|},$$

bzw.

$$|2^{\{1\}}| = |\{\emptyset, \{1\}\}| = 2 = 2^1 = 2^{|\{1\}|}.$$

Beim Induktionsschluss von $n - 1$ auf n zerlegen wir 2^N disjunkt in zwei Teilmengen

$$2^N = \underbrace{\{X \subseteq N : n \notin X\}}_{=:M_1} \; \dot\cup \; \underbrace{\{X \subseteq N : n \in X\}}_{=:M_2}.$$

Offenbar ist $M_1 = 2^{\{1,\ldots,n-1\}}$, also nach Induktionsvoraussetzung $|M_1| = 2^{n-1}$.

Andererseits gilt:

$$|M_2| = |\underbrace{\{X \setminus \{n\} : X \in M_2\}}_{=M_1}| = |M_1|,$$

© Der/die Autor(en), exklusiv lizenziert an Springer-Verlag GmbH,
DE, ein Teil von Springer Nature 2025
E. Triesch, *Diskrete Mathematik*,
https://doi.org/10.1007/978-3-662-71624-3_1

also $2^n = 2^{n-1} + 2^{n-1} = |M_1| + |M_2|$.

In diesem Beweis haben wir zwei elementare Zählprinzipien benutzt, die wir wie folgt formulieren können:

- Weil „$X \mapsto X \setminus \{n\}$" eine Bijektion von M_2 auf M_1 ist, muss $|M_2| = |M_1|$ sein.
- Weil M_1 und M_2 disjunkt sind, ist $|M_1 \cup M_2| = |M_1| + |M_2|$.

Satz 1.1 (Abzählregeln)
Seien M, M_i für $i = 1, \ldots, k$ und S endliche Mengen.

1. **Summenregel:**
   Falls $M = M_1 \,\dot\cup\, \ldots \,\dot\cup\, M_k$ eine disjunkte Vereinigung ist, so gilt

$$|M| = \sum_{i=1}^{k} |M_i|.$$

2. **Gleichheitsregel:**
   Falls eine Bijektion $f : M \to S$ existiert, so ist $|M| = |S|$.
3. **Produktregel:**
   Falls $M = M_1 \times \ldots \times M_k$ (kartesisches Produkt), so gilt

$$|M| = \prod_{i=1}^{k} |M_i|.$$

In unserem Beispiel hätten wir auch die Produktregel verwenden können, um die Potenzmenge abzuzählen. Ist $M_i := \{0, 1\}$ für $i = 1, \ldots, n$, so ist natürlich $|M_1 \times \ldots \times M_n| = 2^n$ und „$(x_1, \ldots, x_n) \mapsto \{i : x_i = 1\}$" eine Bijektion von $M_1 \times \ldots \times M_n$ auf 2^N.

Beispiel
Es sei $d(n)$ die Anzahl der Teiler der natürlichen Zahl n. Offensichtlich schwankt $d(n)$ stark, je nachdem wie die Primfaktorzerlegung von n aussieht. Ist $n = p_1^{\alpha_1} p_2^{\alpha_2} \ldots p_r^{\alpha_r}$ mit $p_1, \ldots, p_r$ prim, $\alpha_i \geq 1$ für $i = 1, \ldots, r$, so ist die Anzahl der Teiler

$$d(n) = (\alpha_1 + 1)(\alpha_2 + 1) \ldots (\alpha_r + 1).$$

Dies folgt aus dem Satz über die eindeutige Primfaktorzerlegung:
Jeder Teiler d von n hat eine eindeutige Zerlegung

$$d = p_1^{\beta_1} \ldots p_r^{\beta_r}, \quad 0 \leq \beta_i \leq \alpha_i, \quad 1 \leq i \leq r.$$

Somit ist „$p_1^{\beta_1} \ldots p_r^{\beta_r} \mapsto (\beta_1, \ldots, \beta_r)$" eine Bijektion von $\{d : d \mid n\}$ auf

$$\{0, 1, \ldots, \alpha_1\} \times \{0, 1, \ldots, \alpha_2\} \times \ldots \times \{0, 1, \ldots, \alpha_r\}.$$

Dabei bezeichnet der senkrechte Strich $\mid$ wie üblich die Teilerrelation.

Frage: Welche Zahlen haben eine ungerade Anzahl von Teilern?

Wir wollen die Produktregel noch etwas verfeinern und benutzen dabei etwas graphentheoretische Terminologie. Die entsprechenden Definitionen können im Anhang nachgelesen werden. Dazu betrachten wir einen orientierten Wurzelbaum mit folgenden Eigenschaften

- Die Höhe jedes Punktes ist höchstens h
- Jeder Punkt der Höhe $i \in \{0, 1, \ldots, h - 1\}$ hat genau $k_{i+1} \geq 1$ Nachkommen.

Dann hat der Baum genau $k_1 k_2 \cdots k_h$ Punkte der Höhe h.

Beispiel Es sei $S_n := \{\pi : \{1, \ldots, n\} \to \{1, \ldots, n\}, \pi$ bijektiv$\}$ die (Gruppe der) Permutationen der Zahlen $1, 2, \ldots, n$. Wir wollen zeigen, dass $|S_n| = n!$ ist. Dazu stellen wir uns vor, dass wir die Permutationen π aus S_n erzeugen, indem wir sukzessive die Werte $\pi(1), \pi(2), \ldots, \pi(n)$ festlegen. Zur Auswahl von $\pi(1)$ gibt es n Möglichkeiten. Ist $\pi(1)$ festgelegt, so gibt es für $\pi(2)$ noch $n - 1$ Möglichkeiten, anschließend für $\pi(3)$ noch $n - 2$ Möglichkeiten usw. Dieser Konstruktion entspricht ein Wurzelbaum mit $k_1 = n, k_2 = n - 1, \ldots, k_n = 1$, wobei jeder bei der Wurzel beginnende Weg der Länge n genau einer Permutation π entspricht. Die Punkte der Höhe l entsprechen dabei den möglichen Werten für $\pi(l)$, $1 \leq l \leq n$. Die Anzahl der Permutationen ist also $n \cdot (n - 1) \cdots 2 \cdot 1 = n!$.

Beispiel

Wir fahren fort mit einem wesentlich anspruchsvolleren Problem aus der Graphentheorie, deren Grundbegriffe im Anhang dargestellt sind: Wie viele Bäume gibt es auf einer festen Punktmenge V? Dieses Abzählproblem wurde bereits 1889 von dem berühmten englischen Mathematiker Arthur Cayley gelöst [23]:

Satz 1.2 (Cayley, 1889)
Auf einer n-elementigen Punktmenge gibt es genau n^{n-2} verschiedene Bäume.

Im Laufe der Jahre wurde eine beachtliche Anzahl von (wunderschönen) Beweisen für diese erstaunliche Formel gefunden. (vgl. dazu [3]). Einer der schönsten stammt von Heinz Prüfer aus dem Jahre 1918 [90] und soll hier wiedergegeben werden:

Es sei $T = (V, E)$ ein Baum mit n Punkten. Wir nehmen an, dass die Menge V totalgeordnet ist, o. B. d. A. $V = \{1, \ldots, n\}$. Wir ordnen T in der folgenden Weise eine Folge $P(T) := (p_1, p_2, \ldots, p_{n-2}) \in V^{n-2}$ zu: p_1 sei der Nachbar des kleinsten Blattes b_1 in T (V totalgeordnet!). Wir streichen b_1 und erhalten einen Baum $T_1 := T - \{b_1\}$. Nun sei p_2 der Nachbar des kleinsten Blattes b_2 in T_1 usw.

Sind p_i, b_i, T_i für $i = 1, \ldots, k - 1$ bereits konstruiert, $k \leq n - 2$, so sei p_k der Nachbar des kleinsten Blattes b_k in $T_k := T_{k-1} - b_{k-1}$.

Die Folge $P(T)$ heißt der *Prüfer-Code* des Baumes T. T besteht also aus allen Kanten $p_i b_i$, $1 \leq i \leq n - 2$ und der Kante zwischen den beiden Punkten, die nicht in $b := (b_1, \ldots, b_{n-2})$ vorkommen.

Prüfer hat bewiesen, dass P eine Bijektion zwischen der Menge aller Bäume mit Punktmenge V und V^{n-2} ist. Um dies zu zeigen, werden wir eine Abbildung Q konstruieren, die jeder Folge $p \in V^{n-2}$ einen Baum auf V zuordnet, und zeigen, dass Q die inverse Abbildung von P ist.

Es sei also $p = (p_1, \ldots, p_{n-2}) \in V^{n-2}$ *gegeben*. Wir konstruieren zunächst eine Folge $b := (b_1, \ldots, b_{n-2})$ verschiedener Zahlen aus V wie folgt:

b_1 sei das kleinste Element in $V \setminus \{p_1, \ldots, p_{n-2}\}$.

Sind $b_1, \ldots b_{k-1}$ bereits konstruiert, so sei b_k das kleinste Element in der Menge

$$V \setminus (\{b_1, \ldots b_{k-1}\} \cup \{p_k, \ldots, p_{n-2}\}).$$

Die Elemente $b_1, b_2, \ldots, b_{n-2}$ sind dann paarweise verschieden. Der Baum $Q(p)$ besteht aus allen Kanten $p_i b_i$, $1 \leq i \leq n - 1$ und der Kante zwischen den beiden Punkten, die nicht in $b := (b_1, \ldots, b_{n-2})$ vorkommen, die wir kurz die *letzte Kante* nennen.

Dass $Q(p)$ ein Baum ist, muss natürlich bewiesen werden. Wir zeigen, dass $Q(p)$ ein kreisfreier Graph mit $n - 1$ Kanten ist:

1. Bei der Konstruktion von $Q(p)$ werden offenbar $n - 1$ Kanten erzeugt. Sind diese Kanten alle verschieden? Die letzte Kante kann jedenfalls nicht doppelt erzeugt werden, da jede andere Kante einen Endpunkt in $\{b_1, \ldots b_{n-2}\}$ hat. Wäre $p_i b_i = p_k b_k$ für $i < k$, so müsste $p_k = b_i$ sein. Wegen $i < k$ steht p_k bei der Bestimmung von b_i aber nicht zur Wahl. Also hat $Q(p)$ wirklich $n - 1$ verschiedene Kanten.
2. Angenommen, $Q(p)$ enthielte einen Kreis K. Die Kanten von K seien $p_{i_1} b_{i_1}, \ldots, p_{i_k} b_{i_k}$ mit $i_1 < \ldots < i_k$ und evtl. die letzte Kante. Der Punkt b_{i_1} muss außer in $p_{i_1} b_{i_1}$ noch in einer weiteren Kante des Kreises vorkommen. Nach Konstruktion sind die b_i alle verschieden. Aber b_{i_1} ist nicht in $\{p_{i_1}, \ldots, p_{n-2}\}$ und auch kein Endpunkt der letzten Kante, Widerspruch!

Nun zeigen wir $Q(P(T)) = T$ durch Induktion nach n, wobei der Fall $n = 2$ trivial ist. Es sei also $n \geq 3$. Sind b_1, T_1 wie in der Konstruktion von $P(T)$ definiert, so ist $p' := (p_2, \ldots, p_{n-2})$ der Prüfer-Code des Baumes T_1 mit Punktmenge $V \setminus \{b_1\}$ und nach Induktionsannahme und Definition von Q gilt $Q(P(T_1)) = T_1$. $Q(P(T))$ entsteht nun aus $Q(P(T_1))$ durch Hinzufügen der Kante $p_1 b_1$, ist also genau T.

Der Beweis von $P(Q(p)) = p$ ist analog.

Damit ist der Satz von Cayley bewiesen. $\square$

Auf die folgende Abzählregel werden wir immer wieder zurückgreifen:

Satz 1.3 (Abzählregeln (Fortsetzung))

4. **Regel vom doppelten Abzählen:**
Ist $A = (a_{ij})_{1 \leq i \leq m,\, 1 \leq j \leq n}$ eine Matrix, so gilt

$$\sum_{i=1}^{m}\left(\sum_{j=1}^{n} a_{ij}\right) = \sum_{j=1}^{n}\left(\sum_{i=1}^{m} a_{ij}\right),$$

d. h. die Summe der Zeilensummen ist gleich der Summe der Spaltensummen.

Beispiel

Der folgende einfache Sachverhalt über Graphen ist auch als *Handschlaglemma* bekannt:

Lemma 1.4

In jedem Graphen $G = (V, E)$ gilt.

$$\sum_{v \in V} d(v) = 2|E|.$$

Zum Beweis betrachten wir die sogenannte Inzidenzmatrix A von G: Die Zeilen von A entsprechen den Punkten und die Spalten den Kanten von G. Es ist also:

$$a_{v,e} = \left\{ \begin{array}{ll} 1 & \text{falls } v \in e \\ 0 & \text{sonst} \end{array} \right\} = [v \text{ und } e \text{ inzident}].$$

Dabei bezeichnet hier und im Folgenden für eine Aussage A das *Iverson-Symbol*

$$[A] := \left\{ \begin{array}{ll} 1 & \text{falls } A \text{ wahr} \\ 0 & \text{sonst} \end{array} \right.$$

den Wahrheitswert der Aussage A.

Für jede Kante, die mit v inzidiert, steht also in der Zeile von v eine 1, somit $\sum_{e \in E} a_{v,e} = d(v)$. Die Summe aller Zeilensummen von A ist also $\sum_{v \in V} d(v)$. Andererseits enthält jede Spalte von A genau 2 Einsen, da jede Kante genau zwei Endpunkte besitzt. Die Summe der Spaltensummen ist also $2|E|$.

Als unmittelbare Folgerung ergibt sich:

Korollar 1.5

Die Anzahl der Punkte ungeraden Grades ist in jedem Graphen eine gerade Zahl.

Nicht ganz so einfach zu beweisen ist die folgende Aufgabe aus einem russischen Städtewettbewerb (S. Tokarev):

Man beweise, dass es unter 50 Leuten stets 2 gibt, die eine gerade Anzahl von *gemeinsamen* Bekannten haben.

Etwas allgemeiner:

Satz 1.6 (S. Tokarev)

In einem Graphen mit einer geraden Anzahl von Punkten gibt es immer zwei Punkte, die eine gerade Anzahl von gemeinsamen Nachbarn haben.

Beweis Angenommen, der Graph G hat nicht die behauptete Eigenschaft. Wir zeigen zuerst, dass alle Punkte in G geraden Grad haben. Dazu betrachten wir einen beliebigen Punkt v und $G' := G[\{v\} \cup N(v)]$. Wäre $d_G(v)$ ungerade, so wäre v auch ein Punkt ungeraden Grades in G'. G' muss dann noch einen weiteren Punkt w mit ungeradem Grad $d_{G'}(w)$ enthalten. Die gemeinsamen Nachbarn von v und w in G werden offenbar von den Punkten aus $N_{G'}(w) \setminus \{v\}$ gebildet, einer Menge mit gerader Kardinalität, im Widerspruch zu unserer Annahme.

Nun halten wir einen beliebigen Punkt v fest und betrachten wieder den Graphen G'. Mit W bezeichnen wir die Menge aller Punkte aus V, die nicht zu G' gehören. Dann ist $|W| = n - d_G(v) - 1$ ungerade und kein Punkt aus W ist mit v verbunden. Wir bestimmen die Parität der Zahl Z, die definiert sei als die Anzahl der Kanten zwischen W und $N_G(v)$, auf zwei Weisen, einmal von W aus gesehen und einmal von $N_G(v)$ aus:

Hätte ein $w \in W$ eine gerade Anzahl von Nachbarn in $N_G(v)$, so wären eben diese Punkte die gemeinsamen Nachbarn von v und w in G, ein Widerspruch. Z ist also eine Summe von ungerade vielen ungeraden Zahlen und damit ungerade.

Betrachten wir nun ein $u \in N_G(v)$: Die gemeinsamen Nachbarn von u und v in G sind die Nachbarn von u in $N_G(v)$. Diese Anzahl ist also ungerade. Der Grad von u in G' ist um eins größer, also gerade. Weil $d_G(u)$ gerade ist, geht also auch eine gerade Anzahl von Kanten von u nach W. Damit ist Z eine Summe von geraden Zahlen, also gerade. Dieser Widerspruch zeigt die Behauptung des Satzes. $\qquad\square$

Beispiel Wir beweisen die Cayley-Formel mit Hilfe der Regel des doppelten Abzählens. Der Beweis stammt von Pitman und wurde 1999 veröffentlicht [88]: Es sei V eine n-elementige Menge. Die Menge M, die wir abzählen, ist nicht die Menge aller Bäume mit Punktmenge V, sondern

$$M := \{(a_1, a_2, \ldots, a_{n-1}) \mid F := (V, \{a_1, a_2, \ldots, a_{n-1}\}) \text{ orientierter Wurzelbaum}\}.$$

Wir zählen also Folgen gerichteter Kanten ab, sodass diese Kanten, wenn man ihre Reihenfolge einfach vergisst, einen orientierten Wurzelbaum mit Punktmenge V bilden.

Eigentlich interessieren wir uns ja für t_n, die Anzahl der (ungerichteten) Bäume über V. Ist ein solcher Baum gegeben, so können wir jeden seiner n Punkte als Wurzel wählen. Anschließend werden alle Kanten von der Wurzel weg orientiert und wir erhalten einen orientierten Wurzelbaum F. Die Kanten von F können auf $(n-1)!$ Weisen angeordnet werden, um ein Element von M zu erzeugen. Die Multiplikationsregel liefert also:

$$|M| = t_n \cdot n \cdot (n-1)! = t_n \cdot n!.$$

Pitman hat nun gesehen, das man die Kardinalität von M auch bestimmen kann, indem man sukzessive die gerichteten Kanten $a_1, a_2, \ldots, a_{n-1}$ auswählt und die Multiplikationsregel anwendet: Dabei beachten wir, dass in einem orientierten Wurzelbaum die Wurzel Eingangsgrad 0 und alle anderen Punkte den Eingangsgrad 1 besitzen.

Die Kante a_1 kann jeden Punkt als Startpunkt und jeden anderen Punkt als Zielpunkt haben. Dafür gibt es offenbar $n(n-1)$ Möglichkeiten.

Ist $a_1 = (u_1, v_1)$ gewählt, so kann $a_2 = (u_2, v_2)$ wiederum jeden der n Punkte als Startpunkt u_2 haben. Ist $u_2 \neq v_1$, so können als Zielpunkt v_2 alle anderen Punkte außer u_2 selbst und v_1 gewählt werden. v_1 kommt als Zielpunkt nicht in Frage, weil es sonst Eingangsgrad mindestens 2 hätte. Für v_2 gibt es also $n-2$ Möglichkeiten. Ist $u_2 = v_1$, so kann v_2 jeder Punkt außer v_1 und u_1 sein, wiederum $n-2$ Möglichkeiten. Die Anzahl der Möglichkeiten zur Auswahl von a_2 ist also $n(n-2)$.

Nehmen wir nun an, dass $a_1 = (u_1, v_1), a_2 = (u_2, v_2), \ldots, a_k = (u_k, v_k)$, $k < n-1$, so gewählt sind, dass sich die Folge $a_1, a_2, \ldots, a_k$ zu einem Element von M fortsetzen lässt. Das ist genau dann der Fall, wenn alle Komponenten von $F_k := (V, \{a_1, a_2, \ldots, a_k\})$ orientierte Wurzelbäume sind. Da wir unsere Konstruktion mit n Komponenten starten (lauter isolierte Punkte) und jede neue Kante die Anzahl der Komponenten um 1 reduziert, hat F_k genau $n-k$ Komponenten.

Als Startpunkt für $a_{k+1} = (u_{k+1}, v_{k+1})$ kann wiederum jeder Punkt aus V gewählt werden. Ist u_{k+1} gewählt, so kann v_{k+1} sicher nicht in der Komponente von u_{k+1} liegen, da sonst ein Kreis entstehen würde. In den anderen Komponenten kann v_{k+1} wegen der Eingangsgradbedingung offenbar nur als die Wurzel der Komponente gewählt werden, sodass wir für v_{k+1} genau $n-k-1$ Möglichkeiten haben.

Insgesamt haben wir für a_{k+1} genau $n(n-k-1)$ Möglichkeiten. Die Anwendung der Multiplikationsregel ergibt nun:

$$|M| = [n(n-1)] \cdot [n(n-2)] \cdots [n(n-(n-1))] = n^{n-1}(n-1)!.$$

Der Vergleich mit unserer ersten Formel für $|M|$ ergibt:

$$t_n \cdot n! = |M| = n^{n-1} \cdot (n-1)!,$$

also

$$t_n = n^{n-2}.$$

Beispiel

Wir interessieren uns für die durchschnittliche Anzahl von Teilern einer natürlichen Zahl n, also für

$$\bar{d}(n) := \frac{1}{n} \sum_{k=1}^{n} d(k).$$

Wir definieren eine $n \times n$-Matrix A vermöge

$$a_{i\,j} = \begin{cases} 1 & \text{falls} \quad i \mid j \\ 0 & \text{sonst.} \end{cases}$$

Dann gilt $\sum_{i=1}^{n} a_{i\,j} = d(j)$, also

$$\sum_{j=1}^{n} \sum_{i=1}^{n} a_{i\,j} = \sum_{j=1}^{n} d(j) = n\,\bar{d}(n).$$

Andererseits gilt

$$\sum_{j=1}^{n} a_{i\,j} = |\{j : 1 \le j \le n,\, i \mid j\}| = \left\lfloor \frac{n}{i} \right\rfloor,$$

mit $\lfloor a \rfloor := \max\{n \mid n \in \mathbb{Z},\, n \le a\}$ und $\lceil a \rceil := \min\{n \mid n \in \mathbb{Z},\, n \ge a\}$ für $a \in \mathbb{R}$.

Es folgt mit $\alpha_i := \frac{n}{i} - \left\lfloor \frac{n}{i} \right\rfloor \in [0, 1)$:

$$\bar{d}(n) = \frac{1}{n} \sum_{i=1}^{n} \left\lfloor \frac{n}{i} \right\rfloor = \frac{1}{n} \sum_{i=1}^{n} \left(\frac{n}{i} - \alpha_i \right) = \sum_{i=1}^{n} \frac{1}{i} - \frac{1}{n} \sum_{i=1}^{n} \alpha_i,$$

also

$$\left(\sum_{i=1}^{n} \frac{1}{i}\right) - 1 < \bar{d}(n) \le \sum_{i=1}^{n} \frac{1}{i},$$

ein relativ präzises Resultat.

Die Größe $H_n := \sum_{i=1}^{n} \frac{1}{i}$ heißt *n-te Harmonische Zahl*. Es gilt

$$\lim_{n \to \infty} (H_n - \log(n)) = \gamma,$$

dabei ist $\gamma := 0{,}5772\ldots$ die Euler-Mascheroni-Konstante.

Mit einer etwas anderen Matrix kann das Resultat noch einmal verbessert werden: Wir setzen

$$B := (b_{i,j})_{1 \le i,j \le n}, \quad \text{mit } b_{i,j} := [i \cdot j \le n].$$

Die Matrix B ist symmetrisch und es gilt:

(i) $\sum_{i,j=1}^{n} b_{i,j} = \sum_{i=1}^{n} d(i)$
(ii) Für jedes i ist $\sum_{j=1}^{n} b_{i,j} = \lfloor \frac{n}{i} \rfloor$.

Es sei $m := \lfloor \sqrt{n} \rfloor$. Sind i und j beide größer als m, so ist offenbar $ij > n$, also $b_{i,j} = 0$. Sind beide Indizes kleiner oder gleich m, so ist $b_{i,j} = 1$. Damit können wir die Einsen in B folgendermaßen abzählen:

$$\sum_{i,j} b_{i,j} = \sum_{i=1}^{m} \sum_{j=1}^{n} b_{i,j} + \sum_{j=1}^{m} \sum_{i=1}^{n} b_{i,j} - \sum_{i=1}^{m} \sum_{j=1}^{m} b_{i,j}$$

$$= 2 \sum_{i=1}^{m} \left\lfloor \frac{n}{i} \right\rfloor - m^2 = 2n(H_m - O(m)) - m^2.$$

Es ist $m^2 = n - O(\sqrt{n})$ und $H_m = \log m + \gamma + o(1) = \frac{1}{2} \log n + \gamma + o(1)$, also

$$\sum_{i=1}^{n} d(i) = n(\log n + 2\gamma - 1) + O(\sqrt{n}).$$

Zusammenfassend erhalten wir:.

Satz 1.7
Es sei γ die Euler-Mascheroni-Konstante. Dann gilt:

(i) $d(1) + d(2) + \cdots + d(n) = n \log n + n(2\gamma - 1) + O(\sqrt{n})$.

(ii) $\lim_{n\to\infty} \overline{d}(n) - \log n = \lim_{n\to\infty} \frac{1}{n} \sum_{i=1}^{n} d(i) - \log n = 2\gamma - 1$:

Beispiel (Aufgabe aus der Internationalen Mathematik Olympiade (IMO) von 1987)
Es sei $S_n := \{\pi : \{1, \ldots, n\} \to \{1, \ldots, n\}, \pi \text{ bijektiv}\}$ die (Gruppe der) Permutationen der Zahlen $1, 2, \ldots, n$.

Ein Element $j \in \{1, \ldots, n\}$ heißt *Fixpunkt* von $\pi \in S_n$ g.d.w. $\pi(j) = j$.

Sei $p_n(k)$ die Anzahl der Permutationen in S_n mit genau k Fixpunkten. Zeige:

$$\sum_{k=0}^{n} k \, p_n(k) = n! \, .$$

Die rechte Seite der Gleichung sollte uns bekannt vorkommen, denn wir haben schon gesehen, dass

$$n! = |S_n|$$

ist. Wir definieren eine Matrix A wie folgt: Für jedes Element der Menge $\{1 \ldots, n\}$ nehmen wir eine Spalte und für jede Permutation $\pi \in S_n$ eine Zeile, dann seien

$$a_{\pi, j} = \left\{ \begin{array}{ll} 1 & \text{falls } \pi(j) = j \\ 0 & \text{sonst} \end{array} \right\} = [\pi(j) = j].$$

Also gilt

$$\sum_{\pi \in S_n} \sum_{j=1}^{n} [\pi(j) = j] = \sum_{\pi \in S_n} |\{j : \pi(j) = j\}| = \sum_{k=1}^{n} k \, p_n(k).$$

Es bleibt zu klären: Was ist $\sum_{\pi \in S_n} [\pi(j) = j]$ für festes j ?

Die Antwort lautet: Die Anzahl der Permutationen mit j als Fixpunkt, also die Anzahl der Permutationen von $\{1, \ldots, n\} \setminus \{j\}$, also $(n - 1)!$. Somit ist

$$\sum_{j=1}^{n} \sum_{\pi \in S_n} [\pi(j) = j] = \sum_{j=1}^{n} (n - 1)! = n! \, .$$

1.2 Fundamentale Anzahlfunktionen

So wie in der Analysis gewisse Grundfunktionen wie sin, cos, exp immer wieder vorkommen, gibt es in der Kombinatorik Anzahlfunktionen, die immer wieder bei der Lösung von Abzählproblemen auftreten. Einige dieser Funktionen werden in diesem Abschnitt besprochen.

Aus dem ersten Semester sind die Binomialkoeffizienten $\binom{n}{k}$ bekannt. Sie werden gewöhnlich eingeführt als die Anzahl der k-elementigen Teilmengen einer n-elementigen Menge N. Die Menge dieser Teilmengen bezeichnen wir mit $\binom{N}{k}$, also

$$\binom{n}{k} = |\underbrace{\{A \subseteq \{1, \ldots, n\} =: N \ : \ |A| = k\}}_{=: \binom{N}{k}}|.$$

Bekanntlich gilt: $\binom{n}{k} = \dfrac{n(n-1)\cdots(n-k+1)}{k!} = \dfrac{n!}{k!\,(n-k)!}$.

Wir wollen dies noch einmal herleiten: Für $N := \{1, \ldots, n\}$ und $K := \{1, \ldots, k\}$, $k \leq n$, sei $\mathrm{Inj}(K, N) := \{f : K \to N \ : \ f \text{ injektiv}\}$. Wir bestimmen $|\mathrm{Inj}(K, N)|$ auf zwei Weisen:

1. Jedes $f \in \mathrm{Inj}(K, N)$ kann auf genau $(n-k)!$ Weisen zu einer Permutation von N fortgesetzt werden, also

$$|\mathrm{Inj}(K, N)| \cdot (n-k)! = n!$$

und somit

$$|\mathrm{Inj}(K, N)| = n(n-1)\cdots(n-k+1) =: n^{\underline{k}}.$$

Die Zahlen $n^{\underline{k}}$ heißen die *fallenden Faktoriellen* (von n der Länge k).

2. Die möglichen Bildmengen $f(K)$ für ein $f \in \mathrm{Inj}(K, N)$ sind genau die Mengen aus $\binom{N}{k}$. Ist diese Bildmenge festgelegt, so gibt es genau $k!$ Funktionen in $\mathrm{Inj}(K, N)$ mit genau dieser Bildmenge. Daraus ergibt sich:

$$|\mathrm{Inj}(K, N)| = \binom{n}{k} \cdot k!,$$

also ein Beweis für die Formel $\binom{n}{k} = \dfrac{n^{\underline{k}}}{k!}$.

Die bekannte Rekursion, die dem Pascalschen Dreieck zugrunde liegt, also

$$\binom{n}{k} = \binom{n-1}{k-1} + \binom{n-1}{k},$$

zeigen wir wie beim Beweis der Formel für die Kardinalität der Potenzmenge:

$$\binom{N}{k} = \binom{N \setminus \{n\}}{k} \,\dot\cup\, \left\{ A \in \binom{N}{k} : n \in A \right\}$$

und „$A \mapsto A \setminus \{n\}$" ist eine Bijektion zwischen $\left\{ A \in \binom{N}{k} : n \in A \right\}$ und $\binom{N \setminus \{n\}}{k-1}$.

Natürlich gilt der *binomische Lehrsatz:*

Satz 1.8 (Binomischer Lehrsatz)

Es seien $x, y \in \mathbb{R}$ und $n \in \mathbb{N}_0$. Dann gilt:

$$(x + y)^n = \sum_{k=0}^{n} \binom{n}{k} x^k \, y^{n-k}.$$

Beweis Ergibt sich beim Ausmultiplizieren des Produktes von n Faktoren

$$\underbrace{(x + y)(x + y) \cdots (x + y)}_{n-\mathrm{mal}}$$

der Faktor $x^k \, y^{n-k}$, so kann man auf genau $\binom{n}{k}$ Weisen die Klammern auswählen, aus denen der Faktor x genommen wird. $\qquad\square$

Der Ausdruck

$$\binom{x}{k} = \frac{x(x - 1) \cdots (x - k + 1)}{k!}$$

kann natürlich auch für $x \in \mathbb{R}$ ausgewertet werden. x könnte auch eine Variable sein, dann ist $\binom{x}{k}$ ein Polynom in x.

Die folgende Formel kann man in [106] finden:

Satz 1.9 (Vandermonde-Identität)

Sind $x, y \in \mathbb{R}$ und $n \in \mathbb{N}_0$, so gilt

$$\binom{x + y}{n} = \sum_{k=0}^{n} \binom{x}{k} \binom{y}{n - k}. \tag{1.1}$$

Beweis Es seien zunächst $x, y \in \mathbb{N}_0$. Wir wählen disjunkte Mengen X, Y mit $|X| = x$ und $|Y| = y$. Dann gilt

$$\left| \binom{X \,\dot\cup\, Y}{n} \right| = \binom{x + y}{n}.$$

Jedes $A \in \binom{X \,\dot\cup\, Y}{n}$ entsteht eindeutig durch Vereinigung von zwei Mengen B und C mit $B \subseteq X$, $C \subseteq Y$ und $|B| + |C| = n$, also

$$\left| \binom{X \,\dot\cup\, Y}{n} \right| = \sum_{k=0}^{n} \left| \binom{X}{k} \right| \cdot \left| \binom{Y}{n-k} \right|,$$

woraus die Behauptung folgt.

Die Vandermonde-Identität gilt aber auch, falls die auftretenden Binomialkoeffizienten als Polynome aufgefasst werden. Zwei Polynome vom Grad n in einer Variablen, die an $n + 1$ Stellen übereinstimmen, sind identisch. Ist x eine Variable und $y \in \mathbb{N}$ beliebig, aber fest, so stimmen die beiden Polynome auf der linken und rechten Seite von (1.1) an unendlich vielen Stellen (der Variablen x) überein, sind also identisch. Nun fasst man die beiden Seiten von (1.1) als Polynome in $(\mathbb{Q}[x])[y]$, dem Ring der Polynome in y mit Koeffizienten im Polynomring $\mathbb{Q}[x]$ auf, die dann auch wieder an unendlich vielen Stellen der Variablen y übereinstimmen und deshalb identisch sind. $\qquad\square$

Die Vandermonde-Identität liefert ein Analogon zum binomischen Lehrsatz für die fallenden Faktoriellen, wenn wir mit $n!$ multiplizieren.

Satz 1.10
Es seien $x, y \in \mathbb{R}$ und $n \in \mathbb{N}_0$. Dann gilt:

$$(x + y)^{\underline{n}} = \sum_{k=0}^{n} \binom{n}{k} x^{\underline{k}} y^{\underline{n-k}}.$$

Beweis

$$(x + y)^{\underline{n}} = n! \binom{x + y}{n} = \sum_{k=0}^{n} n! \frac{x^{\underline{k}}}{k!} \frac{y^{\underline{n-k}}}{(n-k)!} = \sum_{k=0}^{n} \binom{n}{k} x^{\underline{k}} y^{\underline{n-k}}. \qquad\square$$

Mit $x^{\overline{k}} := x(x+1)\cdots(x+k-1)$ bezeichnen wir die *steigenden Faktoriellen* (von x der Länge k). Es gilt:

$$(-x)^{\underline{k}} = (-x)(-x-1)\cdots(-x-k+1)$$
$$= (-1)^k(x)(x+1)\cdots(x+k-1)$$
$$= (-1)^k x^{\overline{k}},$$

also auch $(-x)^{\overline{k}} = (-1)^k x^{\underline{k}}$. Nun folgt

$$(x+y)^{\overline{n}} = (-1)^n \cdot (-(x+y))^{\underline{n}}$$
$$= (-1)^n \cdot ((-x)+(-y))^{\underline{n}}$$
$$= (-1)^n \cdot \sum_{k=0}^{n} \binom{n}{k} (-x)^{\underline{k}} (-y)^{\underline{n-k}}$$
$$= (-1)^n \cdot \sum_{k=0}^{n} \binom{n}{k} (-1)^k x^{\overline{k}} (-1)^{n-k} y^{\overline{n-k}}$$
$$= \sum_{k=0}^{n} \binom{n}{k} x^{\overline{k}} y^{\overline{n-k}}.$$

Steigende Faktorielle treten bei der Abzählung von *Multimengen* auf. Intuitiv stellt man sich unter einer Multimenge eine „Menge" vor, in der Elemente auch mehrfach enthalten sein können.

Formal ist eine Multimenge (über einer Menge N) ein Paar $A := (N, \mu)$, wobei $\mu : N \to \mathbb{N}_0$ angibt, wie oft die Elemente von N in der Multimenge vorkommen.

Beispiel
Ist $N = \{1, 2, 3, 4\}$, so ist $A := \{1, 1, 3, 3, 3, 4\}$ die Multimenge, die durch $\mu(1) := 2$, $\mu(2) := 0$, $\mu(3) := 3$, $\mu(4) := 1$ gegeben ist. Die Kardinalität von A ist $\sum_{x \in N} \mu(x)$.

Satz 1.11
Die Anzahl der Multimengen der Kardinalität k über $N := \{1, \ldots, n\}$ sei $f(n, k)$.
Dann gilt

$$f(n, k) = \frac{n^{\overline{k}}}{k!} = \frac{n(n+1)\cdots(n+k-1)}{k!} = \binom{n+k-1}{k}.$$

Beweis Die Menge $N = \{1, \ldots, n\}$ hat eine natürliche Ordnung. Ist A eine Multimenge der Kardinalität k über N, so können wir A eindeutig in der Form $A = \{1 \leq a_1 \leq a_2 \leq \ldots \leq a_k \leq n\}$ schreiben. Genauer:

$$f(n, k) = |\underbrace{\{(a_1, a_2, \ldots, a_k) : 1 \leq a_1 \leq a_2 \leq \ldots \leq a_k \leq n\}}_{=:F(n,k)}|.$$

Die Abbildung „$(a_1, a_2, \ldots, a_k) \mapsto \{a_1, a_2 + 1, \ldots, a_k + k - 1\}$" ist eine Bijektion zwischen $F(n, k)$ und $\binom{\{1, \ldots, n+k-1\}}{k}$, denn „$\{b_1 < b_2 < \ldots < b_k\} \mapsto (b_1, b_2 - 1, \ldots, b_k - (k - 1))$" ist die inverse Abbildung. Also folgt

$$f(n, k) = |F(n, k)| = \binom{n + k - 1}{k}.$$

$\square$

Es sei nun $S_{n,k}$ die Anzahl der Mengenpartitionen einer n-elementigen Menge in k nicht-leere Teilmengen (Blöcke). Die $S_{n,k}$ heißen die *Stirling-Zahlen 2. Art*. Es ist $S_{0,0} = 1$, $S_{0,k} = 0$ für $k > 0$ und $S_{n,k} = 0$ für $k > n$.

Die *Bell-Zahlen* $\text{Bell}(n)$ sind definiert als

$$\text{Bell}(n) := \sum_{k=0}^{n} S_{n,k}.$$

Sie zählen die Äquivalenzrelationen auf einer endlichen Menge ab.

Satz 1.12
Für $k, n > 0$ gilt:

$$S_{n,k} = S_{n-1,k-1} + k \cdot S_{n-1,k}.$$

Beweis Es sei $P(n, k)$ die Menge der Partitionen von $\{1, \ldots, n\}$ in k nicht-leere Klassen, also $|P(n, k)| = S_{n,k}$. Wir zerlegen $P(n, k)$ in die Mengen M_1 und M_2, wobei $M_1 := \{A \in P(n, k) : \{n\} \in A\}$, d.h. das Element n bildet eine Klasse für sich.

Offenbar ist

$$|M_1| = |P(n - 1, k - 1)| = S_{n-1,k-1}.$$

Die Partitionen aus M_2 können wie folgt erzeugt werden:

Wähle eine Partition aus $P(n - 1, k)$ und füge das Element n zu einer der k Klassen hinzu. Auf diese Weise entstehen aus jeder Partition aus $P(n - 1, k)$ genau k Partitionen aus M_2, also $|M_2| = k \cdot S_{n-1,k}$. $\square$

Beispiel Es ist $S_{n,1} = 1$ $(n \geq 1)$, $S_{n,2} = 2^{n-1} - 1$ sowie $S_{n,n-1} = \binom{n}{2}$.

Die Stirling-Zahlen 2.Art treten auch auf bei der Abzählung surjektiver Funktionen;

Satz 1.13
Für $K := \{1, \ldots, k\}$, $N := \{1, \ldots, n\}$ sei $\mathrm{Surj}(N, K) := \{f : N \to K :$ f surjektiv$\}$. Dann gilt:

$$|\mathrm{Surj}(N, K)| = S_{n,k} \cdot k! \, .$$

Beweis $S_{n,k} \cdot k!$ zählt die *geordneten* Mengenpartitionen von N in k Klassen ab, also

$$S_{n,k} \cdot k! = |\underbrace{\{(A_1, \ldots, A_k) : \{A_1, \ldots, A_k\} \in P(n, k)\}}_{=:M}|.$$

Die Abbildung „$f \mapsto (f^{-1}(1), \ldots, f^{-1}(k))$" ist offenbar eine Bijektion von $\mathrm{Surj}(N, K)$ auf M. $\qquad\square$

Bemerkung Für die Bell-Zahlen gilt

$$\mathrm{Bell}(n + 1) = \sum_{k=0}^{n} \binom{n}{k} \mathrm{Bell}(k).$$

Die *Stirling-Zahlen 1. Art* $s_{n,k}$ sind definiert als die Anzahl der Permutationen von $\{1, \ldots, n\}$ mit k Zyklen.

Jeder Permutation $\pi \in S_n$ entspricht ein gerichteter Graph auf $N = \{1, \ldots, n\}$ mit den gerichteten Kanten $(i, \pi(i))$, $1 \leq i \leq n$.

Beispiel Gegeben sei die Permutation $\pi \in S_9$ durch

i	1	2	3	4	5	6	7	8	9
$\pi(i)$	2	5	3	7	1	4	6	9	8

und somit der folgende dazugehörige gerichtete Graph $G(\pi)$: Weil jedes $i \in N$ Start- und Zielpunkt genau einer gerichteten Kante ist, zerfällt der Graph in disjunkte gerichtete Kreise (Zyklen). Diese sind die *Zyklen der Permutation* (Abb. 1.1 und 1.2). Auch hier ist $s_{0,0} = 1$, $s_{0,k} = 0$ $(k > 0)$, $s_{n,0} = 0$ für $n > 0$ und $s_{n,k} = 0$ für $k > n$.

Wir erhalten die folgende Rekursion.

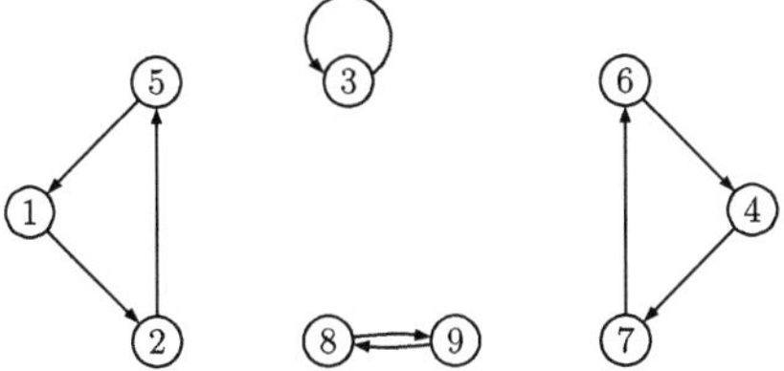

Abb. 1.1 Zyklen einer Permutation

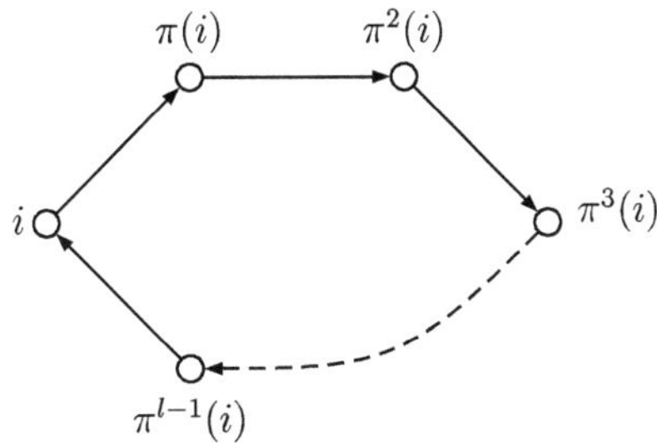

Zyklus der Länge l

Abb. 1.2 Ein Zyklus von π

Satz 1.14

Für ganze Zahlen $n > 0$ und $k > 0$ gilt:

$$s_{n,k} = s_{n-1,k-1} + (n-1) \cdot s_{n-1,k}.$$

Beweis Analog zur Rekursion für $S_{n,k}$ teilen wir die Menge der Permutationen von $\{1, \ldots, n\}$ mit k Zyklen in zwei disjunkte Teilmengen auf. Zum einen betrachten wir die Permutationen, für die n ein Fixpunkt ist und zum anderen die übrigen Permutationen, die wir in der Menge M zusammenfassen.

Die Anzahl der Permutationen von $\{1, \ldots, n\}$ mit k Zyklen und Fixpunkt n entspricht genau $s_{n-1,k-1}$.

Die Permutationen in M können eindeutig auf die folgende Weise erzeugt werden: Ausgehend von einem $\pi \in S_{n-1}$ mit k Zyklen erzeugen wir $n-1$ Permutationen aus M, indem wir n unmittelbar vor jedes der $n-1$ Elemente setzen. Abb. 1.3 illustriert das Prinzip: Damit gilt $|M| = (n-1) \cdot s_{n-1,k}$ und der Satz ist bewiesen. $\qquad\square$

Beispiel

Es gilt $s_{n,1} = (n-1)!$, $s_{n,n-1} = \binom{n}{2}$ und $s_{n,n} = 1$. Somit folgt

$$s_{n,2} = s_{n-1,1} + (n-1) \cdot s_{n-1,2} = (n-2)! + (n-1) \cdot s_{n-1,2},$$

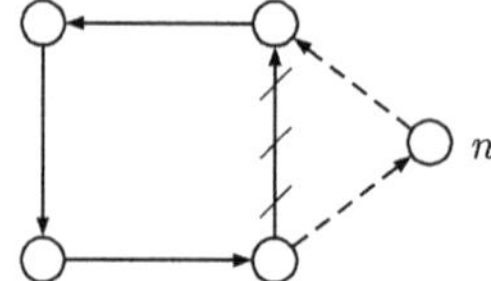

Abb. 1.3 Einfügen von n

also

$$\frac{s_{n,2}}{(n-1)!} = \frac{1}{n-1} + \frac{s_{n-1,2}}{(n-2)!}$$

$$= \frac{1}{n-1} + \frac{1}{n-2} + \frac{s_{n-2,2}}{(n-3)!}$$

$$= \dots$$

$$= \frac{1}{n-1} + \frac{1}{n-2} + \dots + 1 = H_{n-1},$$

also $s_{n,2} = (n-1)! \cdot H_{n-1}$.

Als Nächstes gehen wir folgendem Verdacht nach: Wenn die Stirling-Zahlen 1. und 2. Art schon so ähnliche Namen haben, dann gibt es vielleicht auch einen mathematischen Zusammenhang zwischen ihnen.

Es sei $x \in \mathbb{N}$, $X := \{1, \dots, x\}$ und

$$\{f : f : N \to X\} = X^N = \dot{\bigcup_{B \subseteq X}} \mathrm{Surj}(N, B),$$

also

$$x^n = \sum_{B \subseteq X} |\mathrm{Surj}(N, B)| = \sum_{k=0}^{x} \sum_{\substack{B \subseteq X \\ |B|=k}} S_{n,k}\, k!$$

$$= \sum_{k=0}^{x} \binom{x}{k} S_{n,k}\, k! = \sum_{k=0}^{n} \binom{x}{k} S_{n,k}\, k! = \sum_{k=0}^{n} S_{n,k}\, x^{\underline{k}}.$$

Dies ist auch als Polynomidentität gültig

$$x^n = \sum_{k=0} S_{n,k}\, x^{\underline{k}}.$$

Betrachten wir den Vektorraum $V = \mathbb{Q}[x]$ über $\mathbb{Q}$. Die Polynomfolgen

$$(1, x, x^2, x^3, \dots, x^n, \dots) \quad \text{und} \quad (1, x^{\underline{1}}, x^{\underline{2}}, x^{\underline{3}}, \dots, x^{\underline{n}}, \dots)$$

sind Basen von V und die unendliche untere Dreiecksmatrix $\left(S_{n,k}\right)_{n,k=0}^{\infty}$ stellt die Vektoren der ersten Basis als Linearkombination der 2. Basis dar.

Welche Matrix stellt nun die 2. Basis als Linearkombination der ersten dar?

Satz 1.15
Ist $n \geq 0$ eine ganze Zahl, so gilt

$$x^{\underline{n}} = \sum_{k=0}^{n} (-1)^{n-k} s_{n,k}\, x^k.$$

Beweis Wir zeigen die Identität durch Induktion nach n.

Für $n = 0$ ist die Aussage wahr. Es sei also $n > 0$. Dann gilt:

$$x^{\underline{n}} = x^{\underline{n-1}} (x - n + 1)$$

$$= \sum_{k=0}^{n-1} (-1)^{n-1-k} s_{n-1,k}\, x^k (x - n + 1)$$

$$= \sum_{k=0}^{n-1} (-1)^{n-1-k} \left(s_{n-1,k}\, x^{k+1} - (n-1)\, s_{n-1,k}\, x^k \right)$$

$$= \sum_{k=1}^{n} (-1)^{n-k} s_{n-1,k-1}\, x^k + \sum_{k=0}^{n-1} (-1)^{n-k} (n-1)\, s_{n-1,k}\, x^k$$

$$= (-1)^{n-0} \underbrace{(n-1)\, s_{n-1,0}}_{=0}\, x^0 + \sum_{k=1}^{n} (-1)^{n-k} s_{n,k} x^k + (-1)^{n-n} \underbrace{s_{n-1,n-1}}_{=1}\, x^n$$

$$= \sum_{k=0}^{n} (-1)^{n-k} s_{n,k}\, x^k.$$

$\square$

Daraus ergibt sich, dass die unendlichen Dreiecksmatrizen $(S_{n,k})$ und $\left((-1)^{n-k} s_{n,k}\right)$ invers zueinander sind.

Andere „Basisfolgen" für den Vektorraum V liefern andere interessante Beispiele unendlicher inverser Dreiecksmatrizen. Betrachtet man etwa die V-Basen

$$(1, x, x^2, x^3, \ldots, x^n, \ldots) \quad \text{und} \quad (1, x+1, (x+1)^2, (x+1)^3, \ldots, (x+1)^n, \ldots),$$

so folgt aus dem binomischen Lehrsatz, dass

$$(x+1)^n = \sum_{k=0}^{n} \binom{n}{k} x^k \quad \text{und} \quad x^n = ((x+1) - 1)^n = \sum_{k=0}^{n} \binom{n}{k} (-1)^{n-k} (x+1)^k$$

gilt.

> **Definition 1.16** (Basisfolge)
> Eine *Basisfolge* für $V = \mathbb{Q}[x]$ ist eine Folge $(p_0(x), p_1(x), \ldots, p_n(x), \ldots) = P$ von Polynomen aus $\mathbb{Q}[x]$ mit $\mathrm{grad}(p_n) = n$ für alle n (insbesondere: $p_0(x) \neq 0$).

Ist $Q = (q_0(x), q_1(x), \ldots, q_n(x), \ldots)$ eine zweite Basisfolge, so existieren (eindeutig bestimmte) Matrizen $A = (a_{n,k})$ und $B = (b_{n,k})$ mit

$$p_n = \sum_{k=0}^{\infty} a_{n,k} q_k, \quad q_n = \sum_{k=0}^{\infty} b_{n,k} p_k,$$

A und B sind untere Dreiecksmatrizen, d. h.

$$a_{n,k} = b_{n,k} = 0, \quad \text{für} \quad k > n$$

und es gilt mit der Einheitsmatrix I: $A \cdot B = I = B \cdot A$, d. h.

$$\sum_{k=0}^{\infty} a_{n,k} b_{k,j} = \sum_{k=0}^{\infty} b_{n,k} a_{k,j} = [n = j].$$

Solche Paare von Matrizen kann man für Abzählprobleme wie folgt ausnutzen:
Für beliebige Folgen (s_n) und (t_n) gilt $A(s_n) = (t_n)$ g.d.w. $(s_n) = B(t_n)$, d. h.

$$\sum_{k=0}^{n} a_{n,k} s_k = t_k \text{ für alle } n \quad \text{g.d.w.} \quad \sum_{k=0}^{n} b_{n,k} t_k = s_k \text{ für alle } n.$$

Beispiel (Binomialinversion)

Es sei D_n die Anzahl der fixpunktfreien Permutationen in S_n und $D_{n,k}$ die Anzahl der Permutationen mit genau k Fixpunkten. Natürlich gilt $D_{n,k} = \binom{n}{k} D_{n-k}$. Somit erhalten wir

$$n! = \sum_{k=0}^{n} D_{n,k} = \sum_{k=0}^{n} \binom{n}{k} D_{n-k} = \sum_{k=0}^{n} \binom{n}{n-k} D_{n-k} = \sum_{k=0}^{n} \binom{n}{k} D_k.$$

Wir wählen $s_n = D_n$, $t_n = n!$ und $a_{n,k} = \binom{n}{k}$ und $b_{n,k} = (-1)^{n-k} \binom{n}{k}$.
Daraus folgt

$$D_n = \sum_{k=0}^{n} (-1)^{n-k} \binom{n}{k} k! = n! \sum_{k=0}^{n} (-1)^{n-k} \frac{1}{(n-k)!} = n! \sum_{k=0}^{n} (-1)^k \frac{1}{k!}.$$

Also

$$\frac{D_n}{n!} = \sum_{k=0}^{n} (-1)^k \cdot \frac{1}{k!} \approx \frac{1}{e}.$$

1.3 Der kombinatorische Nullstellensatz

Zum Abschluss dieses Kapitels kommen wir noch einmal auf den Beweis der Vandermonde-Identität für Polynome zurück. Unsere Schlussweise dort könnte man wie folgt formulieren: Es sei ein Polynom $P(x, y)$ in zwei Veränderlichen x und y gegeben. Wenn es unendliche Mengen von Zahlen X und Y gibt, sodass das Polynom für jedes Paar $(x, y) \in X \times Y$ verschwindet, so ist $P(x, y)$ das Nullpolynom. Ein wichtiges Werkzeug der Diskreten Mathematik, der *Kombinatorischen Nullstellensatz* von N. Alon [5], verallgemeinert und verschärft diese Aussage beträchtlich. Wir zeigen hier eine leichte Verallgemeinerung des Satzes von Alon durch M. Łason [74].

Es sei R ein Integritätsbereich, also ein kommutativer, nullteilerfreier Ring mit Eins. Ein Polynom $f = f(x_1, \ldots, x_n) \in R[x_1, \ldots, x_n]$ ist ein Ausdruck der Form

$$f(x_1, \ldots, x_n) = \sum_{\alpha = (\alpha_1, \ldots, \alpha_n) \in A} c_\alpha x_1^{\alpha_1} \cdots x_n^{\alpha_n}$$

mit Koeffizienten $c_\alpha \in R$. Dabei ist A eine endliche Teilmenge von $\mathbb{N}_0^n$. Ist $A = \{\alpha \in \mathbb{N}_0^n : c_\alpha \neq 0\}$, so nennen wir A den *Träger* von f und schreiben: $A = T(f)$. Die Elemente von $T(f)$ sind partiell geordnet durch die komponentenweise Ordnung auf $\mathbb{N}_0^n$:

$\alpha = (\alpha_1, \ldots, \alpha_n) \leq \beta = (\beta_1, \ldots, \beta_n)$ genau dann, wenn $\alpha_i \leq \beta_i$ für alle $1 \leq i \leq n$.

Für ein $\alpha \in T(f)$ sei $\deg(\alpha) := \sum_{i=1}^{n} \alpha_i$. Dann heißt $\deg(f) := \max\{\deg(\alpha) : \alpha \in T(f)\}$ der *Grad von* f. Jedes $\alpha \in T(f)$ mit $\deg(\alpha) = \deg(f)$ ist offenbar maximal in $T(f)$.

> **Satz 1.17** (Kombinatorischer Nullstellensatz; N. Alon, M. Łason)
> Es sei (wie oben beschrieben) $f(x_1, \ldots, x_n) \in R[x_1, \ldots, x_n]$ nicht das Nullpolynom und γ ein maximales Element im Träger $T(f)$. Sind nun A_i Teilmengen von R mit $|A_i| \geq \gamma_i + 1$ für alle $1 \leq i \leq n$, so existieren Elemente $a_i \in A_i$, $1 \leq i \leq n$, mit $f(a_1, \ldots, a_n) \neq 0$.

Beweis Wir verwenden vollständige Induktion nach $\deg(\gamma) = \sum_{i=1}^{n} \gamma_i$.

Ist $\deg(\gamma) = 0$, so sind alle $\gamma_i = 0$. Weil γ maximal in $T(f)$ ist, ist f das konstante Polynom c_γ, das überall von Null verschieden ist.

Nun sei γ maximal in $T(f)$ mit $\deg(\gamma) > 0$ und der Satz gelte für kleinere Werte von $\deg(\gamma)$. Ferner seien Mengen $A_i \subseteq R$ gegeben mit $|A_i| \geq \gamma_i + 1$, $1 \leq i \leq n$. Wir können o. B. d. A. annehmen, dass $\gamma_1 > 0$ ist, also $|A_1| \geq 2$, und wählen $a \in A_1$. Nun betrachten wir f als ein Element von $R[x_2, \ldots, x_n][x_1]$ und dividieren es mit dem gewöhnlichen Divisionsalgorithmus durch das Polynom $x_1 - a$. Wir erhalten dann zwei Polynome $g, h \in R[x_1, \ldots, x_n]$, sodass gilt:

$$f = g \cdot (x_1 - a) + h.$$

Dabei ist der x_1-Grad von h Null, also $h = h(x_2, \ldots, x_n)$.

Gäbe es $a_i \in A_i$, $2 \leq i \leq n$, mit $h(a_2, \ldots, a_n) \neq 0$, so wäre

$$f(a, a_2, \ldots, a_n) = h(a_2, \ldots, a_n) \neq 0$$

und die Behauptung des Satzes richtig.

Wir nehmen deshalb an, dass $h(a_2, \ldots, a_n) = 0$ für alle $(a_2, \ldots, a_n) \in A_2 \times \ldots \times A_n$ gilt.

Entscheidend ist nun die folgende

Behauptung: $\gamma' := (\gamma_1 - 1, \gamma_2, \ldots, \gamma_n)$ ist maximal in $T(g)$.

Wenn diese Behauptung stimmt, so können wir die Induktionsvoraussetzung auf g, γ' und die Mengen $A_1 \setminus \{a\}$, $A_2, \ldots, A_n$ anwenden und erhalten $a_1 \in A_1, a_1 \neq a, a_2 \in A_2, \ldots a_n \in A_n$ mit $g(a_1, a_2, \ldots, a_n) \neq 0$. Wegen $h(a_2, \ldots, a_n) = 0$ und $a_1 \neq a$ ist dann auch

$$f(a_1, a_2, \ldots, a_n) = (a_1 - a) \cdot g(a_1, a_2, \ldots, a_n) + h(a_2, \ldots, a_n) \neq 0$$

und der Satz ist bewiesen.

Zum Beweis der Behauptung betrachten wir nochmals die Gleichung $f = g \cdot (x_1 - a) + h$ und fragen: Wie kann das Monom $x_1^{\gamma_1} \cdots x_n^{\gamma_n}$ auf der rechten Seite entstehen? Das Polynom h spielt für die Frage keine Rolle, da es unabhängig von x_1 ist. Falls γ' nicht in $T(g)$ ist, so muss bereits γ in $T(g)$ sein. Wir wählen nun ein γ'' in $T(g)$ mit $\gamma'' \geq \gamma$ und maximaler erster Komponente γ_1''. Dann zeigt die Gleichung $f = g \cdot (x_1 - a) + h$ sofort, dass $(\gamma_1'' + 1, \gamma_2'', \ldots, \gamma_n'')$ in $T(f)$ ist. Dann kann aber γ nicht maximal in $T(f)$ sein, ein Widerspruch. Den Fall, dass γ' zwar in $T(g)$, aber dort nicht maximal ist, können wir völlig analog behandeln: Wir wählen dann ein $\gamma'' > \gamma'$ in $T(g)$ mit maximaler erster Komponente. Dann ist wiederum $(\gamma_1'' + 1, \gamma_2'', \ldots, \gamma_n'') > \gamma$ in $T(f)$ und γ damit nicht maximal in $T(f)$.

Also ist tatsächlich γ' maximal in $T(g)$. $\square$

Beispiel (Aufgabe aus der Internationalen Mathematik Olympiade (IMO) 2007)
Es sei n eine positive ganze Zahl. Gegeben sei

$$S := \{((x, y, z) : x, y, z \in \{0, 1, \ldots, n\}, x + y + z > 0\},$$

eine Menge von Punkten des drei-dimensionalen Raumes. Man bestimme die kleinstmögliche Zahl von Ebenen, deren Vereinigung die Menge S umfasst, nicht aber den Punkt $(0, 0, 0)$.

Lösung: Es ist klar, dass die $3n$ Ebenen $x = 1, \ldots, n$, $y = 1, \ldots, n$ und $z = 1, \ldots, n$ die Menge S überdecken und den Nullpunkt nicht enthalten.

Der Beweis, dass $3n$ die minimale Anzahl ist, beruht auf dem kombinatorischen Nullstellensatz:

Eine Ebene, die den Nullpunkt nicht enthält, ist gegeben durch eine Gleichung der Form $ax + by + cz = d$, wobei d und mindestens eine der Zahlen a, b, c von Null verschieden sind. Wir nehmen also an, dass es $k < 3n$ Ebenen gibt, die die Bedingung der Aufagbe erfüllen. Ihre Gleichungen seien

$$a_i x + b_i y + c_i z = d_i, \quad 1 \le i \le k.$$

Daraus bilden wir das Polynom

$$g(x, y, z) := \prod_{i=1}^{k} (a_i x + b_i y + c_i z - d_i).$$

Dann hat g folgende Eigenschaften:

- $g(x, y, z) = 0$ für alle $(x, y, z) \in S$
- $g(0, 0, 0) = \prod_{i=1}^{k} (-d_i) \neq 0$
- $\deg(\gamma) \le k < 3n$ für alle $\gamma \in T(g)$.

Ferner sei

$$h(x, y, z) := \prod_{i=1}^{n} (x - i)(y - i)(z - i).$$

Für h gilt:

- $h(x, y, z) = 0$ für alle $(x, y, z) \in S$
- $h(0, 0, 0) = (-1)^{3n} (n!)^3 \neq 0$.
- (n, n, n) ist maximal in $T(h)$.

Nun setzen wir

$$f(x, y, z) := h(x, y, z) - \frac{h(0, 0, 0)}{g(0, 0, 0)} g(x, y, z)$$

und wenden den kombinatorischen Nullstellensatz auf f an mit $\gamma := (n, n, n)$ und den Mengen $A_i := \{0, 1, \ldots, n\}$, $1 \le i \le 3$. Demnach müssten $u_1, u_2, u_3 \in \{0, 1, \ldots, n\}$ existieren mit $f(u_1, u_2, u_3) \neq 0$. Aber $f(x, y, z) = 0$ für alle $(x, y, z) \in S$ und $f(0, 0, 0)$ ist nach Konstruktion ebenfalls 0, ein Widerspruch!

Als zweites Beispiel beweisen wir einen klassischen Satz der additiven Zahlentheorie [26]. Dabei bezeichnet wie üblich $\mathbb{Z}_p$ den Körper der Restklassen modulo einer Primzahl p. Die Summe $A + B$ von zwei Teilmengen A und B einer abelschen Gruppe ist definiert als

$$A + B := \{a + b : a \in A, b \in B\}.$$

Satz 1.18 (Cauchy-Davenport)
Es seien p eine Primzahl und A und B zwei nichtleere Teilmengen von $\mathbb{Z}_p$. Dann gilt:

$$|A + B| \geq \min\{p, |A| + |B| - 1\}.$$

Beweis (nach [5])
Wir unterscheiden zwei Fälle:

1. $|A| + |B| > p$: Dann ist zu zeigen, dass $A + B = \mathbb{Z}_p$ ist. Es sei also $x \in \mathbb{Z}_p$ beliebig. Dann ist $|\{x\} - B| = |B|$, also auch $|A| + |\{x\} - B| > p$ und es existiert ein Element $a = x - b \in A \cap (\{x\} - B)$, also $x = a + b$ mit $a \in A$ und $b \in B$.
2. $|A| + |B| \leq p$. Angenommen, es wäre $|A + B| \leq |A| + |B| - 2$. Dann wählen wir ein $C \subseteq \mathbb{Z}_p$ mit $|C| = |A| + |B| - 2$ und $A + B \subseteq C$. Das Polynom $f(x, y) \in \mathbb{Z}_p[x, y]$ sei definiert als

$$f(x.y) := \prod_{c \in C} (x + y - c).$$

Es sei $\gamma_1 := |A| - 1$ und $\gamma_2 := |B| - 1$. Dann gilt:
$\gamma_1 + \gamma_2 = |C| = \deg(f)$ und der Koeffizient von $x^{\gamma_1} y^{\gamma_2}$ in f ist (wie im Beweis des binomischen Lehrsatzes) der Binomialkoeffizient $\binom{\gamma_1 + \gamma_2}{\gamma_1}$ modulo p. Wegen $\gamma_1 + \gamma_2 < p$ ist dieser Binomialkoeffizient nicht Null (in $\mathbb{Z}_p$), also $\gamma = (\gamma_1, \gamma_2) \in T(f)$. Nach dem kombinatorischen Nullstellensatz existieren also $a \in A$ und $b \in B$ mit $f(a, b) \neq 0$ im Widerspruch zur Definition von C. $\square$

Bei vielen Problemen können wir die genaue Anzahl der gesuchten Objekte nicht bestimmen. Dann versuchen wir, die gesuchte Anzahl abzuschätzen bzw. die Größenordnung der Anzahlfunktion zu bestimmen (vgl. das Beispiel $\bar{d}(n)$).

Beispiel

Es sei $\pi(n)$ die Anzahl der Primzahlen kleiner oder gleich n. Eine „geschlossene Formel" für $\pi(n)$ gibt es nicht. Einer der berühmtesten Sätze der Mathematik ist aber der sogenannte **Primzahlsatz:**

$$\pi(n) \sim \frac{n}{\log(n)}, \quad \text{d. h.} \quad \frac{\pi(n)\log(n)}{n} \longrightarrow 1 \; (n \longrightarrow \infty).$$

Der Primzahlsatz wurde 1896 von Hadamard und de La Vallée Poussin mit Hilfe funktionentheoretischer Methoden bewiesen. Erst 1949 fanden Selberg und Erdős elementare Beweise für diesen Satz. Wir werden später eine schwächere Version des Primzahlsatzes zeigen, die auf Chebyshev zurückgeht Satz (4.11).

Manchmal ist aber nicht nur die Größenordnung einer Funktion schwer zu berechnen, sondern sogar, ob sie größer als 0 ist oder nicht. Ein berühmtes Beispiel aus der Geschichte der Mathematik ist die Eulersche Vermutung über orthogonale lateinische Quadrate der Ordnung $n \equiv 2 \mod 4$ [42].

Ein *lateinisches Quadrat* der Ordnung n ist eine $n \times n$-Matrix A, sodass in jeder Zeile und jeder Spalte die Zahlen $1, 2, \ldots, n$ genau einmal vorkommen.

Zwei lateinische Quadrate A und B der Ordnung n heißen *orthogonal*, falls die Paare (a_{ij}, b_{ij}), $1 \leq i, j \leq n$ genau alle Paare aus $\{1, \ldots, n\} \times \{1, \ldots, n\}$ sind. Euler vermutete 1782, dass für $n \equiv 2 \mod 4$ keine solchen Quadratpaare existieren. Dies ist richtig für $n = 6$, aber falsch für $n = 10, 14, \ldots$, also alle Zahlen $n \equiv 2 \mod 4$ größer als 6. Bose, Shrikhande und Parker 1959 *konstruierten* 1960 Paare orthogonaler lateinischer Quadrate für alle $n \equiv 2$ (4), $n \geq 10$ und erhielten deshalb den Spitznamen „die Euler-Spoiler" [18].

2.1 Das Schubfachprinzip

Es gibt jedoch auch „nicht-konstruktive" Existenzbeweise in der Diskreten Mathematik. Häufig handelt es sich um Anwendungen von Varianten des sog. *Schubfachprinzips:*

Verteilt man n Gegenstände in k Fächer ($n > k$), so existiert ein Fach, in dem sich mehr als ein Gegenstand befindet. Mathematiker sind etwas präziser:

> **Satz 2.1** (Schubfachprinzip)
> Ist die Menge M Vereinigung von k Teilmengen, $M = A_1 \cup A_2 \cup \cdots \cup A_k$, und $N \subset M$ mit $|N| = n > k$ so existiert ein i, $1 \leq i \leq k$. sodass
> $$|N \cap A_i| \geq \left\lceil \frac{n}{k} \right\rceil.$$

Beweis Wir erhalten für den durchschnittlichen Wert von $|N \cap A_i|$:

$$\frac{1}{k} \sum_{i=1}^{k} |N \cap A_i| \geq \frac{|N|}{k} = \frac{n}{k},$$

es muss also einen Summanden geben mit $|N \cap A_i| \geq \left\lceil \frac{n}{k} \right\rceil$. $\qquad\square$

Das Prinzip lebt von Anwendungsbeispielen.

Beispiel 1
Der ungarische Mathematiker P. Erdős nahm sich manchmal Zeit, um hochbegabte Kinder zu fördern. Einer seiner Schüler war Louis Pósa. Erdős erzählte, dass er Pósa zuerst im Jahr 1959 traf. Zu diesem Zeitpunkt war Pósa noch 11 Jahre alt. Er ludt ihn zum Mittagessen ein und stellte ihm folgende Aufgabe:

„Beweise, dass es unter $n + 1$ Zahlen aus der Menge $\{1, 2, \ldots, 2n\}$ immer zwei gibt, die zueinander teilerfremd sind."

Pósa brauchte etwa eine halbe Minute bis er antwortete:

„Unter $n + 1$ Zahlen zwischen 1 und $2n$ gibt es immer zwei benachbarte und die sind dann teilerfremd."(nach R. Honsberger, [62])

Dieser Schluss ist eine Anwendung des Schubfachprinzips:
Die Schubfächer sind die Mengen $A_i = \{2i - 1, 2i\}$ für $1 \leq i \leq n$.

Ähnlich sind die folgenden Probleme, deren Lösung dem Leser als Übungsaufgabe empfohlen sei:

- Unter $n + 1$ Zahlen aus $\{1, \ldots, 2n\}$ gibt es immer zwei, sodass die eine Zahl die andere teilt.
- Wenn wir n Zahlen aus $\{1, \ldots, 2n\}$ gegeben haben, sodass das kleinste gemeinsame Vielfache von je zweien größer als $2n$ ist, so sind alle diese Zahlen größer als $\frac{2n}{3}$.

Beispiel 2

Manchmal wird das Schubfachprinzip nach dem Analytiker und Zahlentheoretiker P. G. L. Dirichlet benannt.

Er interessierte sich dafür, wie gut man reelle Zahlen durch Brüche mit relativ kleinen Nennern approximieren kann und zeigte:

Satz 2.2 (Dirichletscher Approximationssatz)
Zu jedem $\alpha \in \mathbb{R}$ und $N \in \mathbb{N}$ existieren $q \in \mathbb{N}$, $1 \le q < N$ und ein $p \in \mathbb{Z}$, mit

$$|q\alpha - p| \le \frac{1}{N}.$$

Beweis O. b. d. A. sei $\alpha > 0$.

Wir teilen das Intervall $[0, 1)$ in die N Intervalle

$$\left[0, \frac{1}{N}\right), \left[\frac{1}{N}, \frac{2}{N}\right), \ldots, \left[\frac{N-1}{N}, \frac{N}{N}\right)$$

ein. Nun betrachten wir die Zahlen

$$a_q := q\alpha - \lfloor q\alpha \rfloor \in [0, 1), \quad 1 \le q \le N - 1.$$

- Ist ein a_q in dem Intervall $[0, \frac{1}{N})$, so ist $0 \le q\alpha - \lfloor q\alpha \rfloor < \frac{1}{N}$ und die Behauptung gilt mit $p := \lfloor q\alpha \rfloor$.
- Ist $a_q \in [\frac{N-1}{N}, 1)$, so folgt $\frac{N-1}{N} \le q\alpha - \lfloor q\alpha \rfloor < 1$, also $-\frac{1}{N} \le q\alpha - (\lfloor q\alpha \rfloor + 1) < 0$, also gilt die Behauptung mit $p := \lfloor q\alpha \rfloor + 1$.
- Liegt keiner dieser beiden Fälle vor, so muss nach dem Schubfachprinzip eines der $N - 2$ Intervalle $[\frac{k}{N}, \frac{k+1}{N})$, $1 \le k \le N - 2$ zwei Punkte a_r und a_s, $1 \le r < s \le N - 1$, enthalten.

Dann gilt: $\frac{1}{N} > |a_s - a_r| = |(s - r)\alpha - (\lfloor s\alpha \rfloor - \lfloor r\alpha \rfloor)|$ und die Behauptung gilt mit $q := s - r$, $p := \lfloor s\alpha \rfloor - \lfloor r\alpha \rfloor$. $\qquad\square$

Es existieren also $p, q, 1 \leq q < N$ mit

$$\left| \alpha - \frac{p}{q} \right| \leq \frac{1}{qN}.$$

Durch iterierte Anwendung dieser Aussage erhält man:
Für irrationale α existieren unendlich viele q mit

$$\left| \alpha - \frac{p}{q} \right| \leq \frac{1}{q^2}.$$

Wir wollen den Dirichletschen Approximationssatz noch benutzen, um den folgenden Satz von L. Kronecker zu zeigen [72]:

Satz 2.3

Es sei α eine irrationale reelle Zahl und $I \subseteq [0, 1)$ ein Intervall positiver Länge. Dann existiert eine natürliche Zahl q mit

$$q\alpha - \lfloor q\alpha \rfloor \in I.$$

Beweis

Es seien α und I wie in der Formulierung des Satzes.

Für $n \in \mathbb{N}$ sei $a_n := n\alpha - \lfloor n\alpha \rfloor \in (0, 1)$.

Die natürliche Zahl N sei so groß gewählt, dass $\frac{1}{N}$ kleiner ist als die Länge ϵ des Intervalles I. Nach dem Dirichletschen Approximationssatz gibt es natürliche Zahlen q und p mit

$$|q\alpha - p| < \frac{1}{N}.$$

Die Zahl $a_q := q\alpha - \lfloor q\alpha \rfloor$ liegt also in einem der Intervalle $(0, \frac{1}{N})$ oder $(1 - \frac{1}{N}, 1)$. Wir betrachten die Zahlenfolge $a_{tq}, t = 1, 2, \ldots$.

Falls $a_q \in (0, \frac{1}{N})$, so liegt a_{2q} auf der reellen Geraden um genau die Streckenlänge a_q rechts von a_q, es ist also $a_{2q} = 2a_q$. Analog folgt $a_{tq} = ta_q$ so lange $ta_q < 1$ ist, also $t \leq m := \lfloor \frac{1}{a_q} \rfloor$. Wegen $0 < a_s < \frac{1}{N} < \epsilon$ gibt es dann ein s mit $a_{sq} = sa_q \in I$, $1 \leq s \leq m$.

Ist $a_q \in (1 - \frac{1}{N}, 1)$, so ist jeweils a_{tq} um $1 - a_q$ kleiner als $a_{(t-1)q}$ falls $t \leq m' := \lfloor \frac{1}{1-a_q} \rfloor$ und wir schließen analog. $\qquad\square$

Der Beweis zeigt, dass sogar unendlich viele Folgenglieder a_n im Intervall I liegen. In der Theorie der Gleichverteilung wird diese Aussage noch einmal verschärft: Die relative Häufigkeit der Folgenglieder a_n, die im Intervall I liegen, konvergiert gegen die Länge ϵ von I (vgl. etwa [61]):

$$\lim_{n \to \infty} \frac{1}{n} \cdot |\{k \mid a_k \in I, 1 \leq k \leq n\}| = \epsilon.$$

Als eine Anwendung lösen wir wieder ein Wettbewerbsproblem ([31]):

Satz 2.4
2^n kann mit jeder Ziffernkombination beginnen.

Beweis Zunächst präzisieren wir die zu beweisende Aussage:

Zu jeder endlichen Folge $a_1 a_2 \ldots a_k$ von Dezimalziffern existiert eine natürliche Zahl n, sodass die Dezimaldarstellung von 2^n mit den Ziffern $a_1 a_2 \ldots a_k$ beginnt.

Es sei

$$A := a_1 10^{k-1} + a_2 10^{k-2} + \ldots + a_{k-1} 10 + a_k.$$

Die natürlichen Zahlen N, deren Dezimaldarstellung mit der Folge $a_1 a_2 \ldots a_k$ beginnen, sind genau die Zahlen der Form

$$N = 10^m \cdot A + R, \quad \text{mit} \quad m \in \mathbb{N}_0 \quad \text{und} \quad 0 \le R < 10^m.$$

Nehmen wir den Logarithmus zur Basis 10, so ist dies gleichbedeutend mit

$$m + \log_{10} A \le \log_{10} N < m + \log_{10}(A + 1)$$

oder, äquivalent:

$$m + k + \log_{10}\left(\frac{A}{10^k}\right) \le \log_{10} N < m + k + \log_{10}\left(\frac{A+1}{10^k}\right).$$

Wir wenden den Satz von Kronecker an mit $\alpha = \log_{10} 2$ und $I := (\log_{10}(\frac{A}{10^k}), \log_{10} (\frac{A+1}{10^k}))$.

Wäre $\log_{10} 2 = \frac{p}{q}$ eine rationale Zahl, so folgte $10^p = 2^q$, eine Gleichung, die der eindeutigen Primfaktorzerlegung widerspricht. Da $\log_{10} 2$ irrational ist, gibt es nach den Satz von Kronecker $n, q \in \mathbb{N}$ mit $q \ge k$ und

$$q + \log_{10}\left(\frac{A}{10^k}\right) < n \log_{10} 2 < q + \log_{10}\left(\frac{A+1}{10^k}\right).$$

Setzt man $q = m + k$, so ist die Aussage bewiesen. $\qquad\square$

2.2 Ein Problem von Erdős, Szekeres und Klein

Im Jahr 1935 veröffentlichte P. Erdős eine Arbeit gemeinsam mit G. Szekeres mit dem Titel „A Combinatorial Problem in Geometry" [40]. Sie zeigten dort u. a. das folgende Resultat.

Satz 2.5
In jeder Folge $a_1, a_2, \ldots, a_{n^2+1}$ von $n^2 + 1$ (reellen) Zahlen gibt es eine monoton steigende oder eine monoton fallende Teilfolge der Länge $n + 1$, d. h. es gibt Indizes $1 \le i_1 < i_2 < \ldots < i_{n+1} \le n^2 + 1$ mit

$$a_{i_1} \le a_{i_2} \le \ldots \le a_{i_{n+1}} \quad \text{oder} \quad a_{i_1} \ge a_{i_2} \ge \ldots \ge a_{i_{n+1}}.$$

Beweis Angenommen, es gibt keine monoton steigende Folge der Länge $n + 1$.
Für $1 \le k \le n$ sei

$$A_k := \{i : \text{die längste monoton steigende Teilfolge, die mit } a_i \text{ startet, hat Länge } k\}.$$

Nach Annahme ist $A_1 \:\dot\cup\: \ldots \dot\cup\: A_n = \{1, \ldots, n^2 + 1\}$, also existiert nach dem Schubfachprinzip ein k mit $l := |A_k| \ge n + 1$. Ist $A_k = \{i_1 < i_2 < \ldots < i_l\}$, so muss offenbar gelten: $a_{i_1} > a_{i_2} > \ldots > a_{i_l}$ und wir sind fertig. $\square$

Wir geben auch den Originalbeweis von Erdős und Szekeres wieder:

Beweis Es sei $f(n)$ die minimale Zahl N, so dass jede Folge $a_1, \ldots, a_N$ reeller Zahlen eine monotone Teilfolge der Länge n enthält. Dann ist $f(1) = 1$, $f(2) = 2$ und $f(3) = 5$. Für allgemeine n sieht man anhand der (zeilenweise zu lesenden) Folge

$$
\begin{array}{cccc}
(n-1) > & (n-1) - 1 > & \ldots > & (n-1) - (n-2), \\
2(n-1) > & 2(n-1) - 1 > & \ldots > & 2(n-1) - (n-2), \\
\vdots & \vdots & & \vdots \\
(n-1)^2 > & (n-1)^2 - 1 > & \ldots > & (n-1)^2 - (n-2),
\end{array}
$$

dass $f(n) > (n-1)^2$ ist.
Wir wollen zeigen:

$$f(n) = (n-1)^2 + 1.$$

Dies zeigen wir durch Induktion nach n, wobei die Aussage im Fall $n = 1$ erfüllt ist.
    Für den Induktionsschluss machen wir die Annahme $f(n) = (n-1)^2 + 1$ und müssen noch zeigen, dass $f(n+1) \le n^2 + 1$ gilt. Es ist $n^2 + 1 - ((n-1)^2 + 1) = 2n - 1$.
    Angenommen, eine Folge

$$a_1, a_2, \ldots, a_{f(n)}, \ldots, a_{f(n)+2n-1}$$

ist gegeben.
    Die Folge $a_1, \ldots, a_{f(n)}$ enthält eine monotone Teilfolge der Länge n. Ihr letztes Element sei a_{j_1}. Nun entfernen wir a_{j_1} und ergänzen die Folge durch $a_{f(n)+1}$. Wir

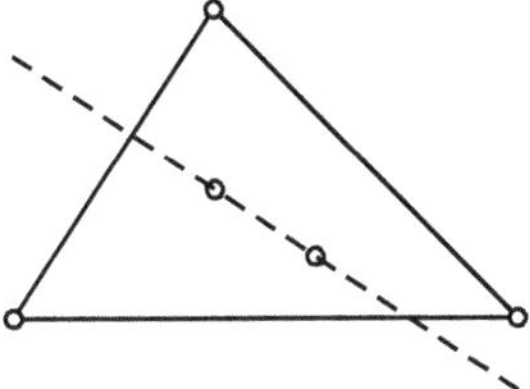

Abb. 2.1 $N_0(4) = 5$

erhalten wieder eine monotone Folge mit Endpunkt a_{j_2} ($j_1 \neq j_2$). Indem wir dieses Verfahren iterieren, erhalten wir $2n$ verschiedene Indizes $j_1, \ldots, j_{2n}$, so dass jedes a_{j_i} Endpunkt einer monotonen Folge der Länge n ist.

Es sei nun $\{j_1, \ldots, j_{2n}\} = S \,\dot\cup\, T$, wobei S genau aus den Indizes j_i besteht, die Endpunkt einer steigenden Folge der Länge n sind und T die entsprechenden Indizes der Endpunkte fallender Folgen enthält. Ist $S = \{s_1 < s_2 < \ldots < s_l\}$, so können wir o. B. d. A. annehmen, dass $\{a_{s_1} > a_{s_2} > \ldots > a_{s_l}\}$ ist (andernfalls haben wir sofort eine monotone Folge der Länge $n + 1$). Analog sei o. B. d. A. $\{a_{t_1} < a_{t_2} < \ldots < a_{t_k}\}$ für $T = \{t_1 < t_2 < \ldots < t_k\}$.

Dies bedeutet, dass wir wieder fertig sind, falls $l > n$ oder $k > n$.

Es bleibt also nur der Fall $l = k = n$:

Entweder ist $s_n < t_n$ oder $t_n < s_n$.

Falls $s_n < t_n$ ist, so vergleichen wir a_{s_n} und a_{t_n}. Im Fall $a_{s_n} \leq a_{t_n}$ können wir eine monoton steigende Folge, die mit a_{s_n} endet, durch Hinzufügen von a_{t_n} verlängern, im Fall $a_{s_n} > a_{t_n}$ haben wir die Folge $\{a_{s_1} > \ldots > a_{s_n} > a_{t_n}\}$. Der Fall $t_n < s_n$ ist analog. $\qquad\square$

Interessant an diesem Beweis ist das folgende Phänomen, das in vielen ähnlichen Situationen auftritt: „Wenn eine Struktur einer bestimmten Größe eine spezielle Teilstruktur haben muss, dann muss eine etwas größere Struktur viele solcher speziellen Teilstrukturen haben." Man könnte es das „Reichhaltigkeitsprinzip" nennen und wir werden ihm noch oft begegnen.

In der Arbeit „On a Combinatorial Problem in Geometry" geht es eigentlich um ein anderes Problem:

Können wir zu einer natürlichen Zahl n eine Zahl $N(n)$ finden, sodass aus jeder Menge mit mindestens $N(n)$ Punkten der Ebene in allgemeiner Lage n Punkte ausgewählt werden können, die ein konvexes n-Eck bilden? Das Problem stammt von der Mathematikerin Esther Klein, der späteren Frau Szekeres.

Die Punkte sind in allgemeiner Lage, wenn keine drei auf einer Geraden liegen. Betrachten wir zunächst fünf Punkte in allgemeiner Lage. Dann ist es immer möglich, vier Punkte auszuwählen, die ein konvexes Viereck bilden, denn:

Falls die konvexe Hülle der fünf Punkte ein Vier- oder Fünfeck ist, so ist nichts zu zeigen. Andernfalls ist die konvexe Hülle ein Dreieck und zwei Punkte liegen im Inneren des Dreiecks. Die Gerade durch diese beiden Punkte teilt die Ebene in zwei offene Halbebenen auf, von denen eine zwei Eckpunkte des Dreiecks enthält. Diese beiden Punkte bilden mit den beiden Punkten im Inneren des Dreiecks ein konvexes Viereck.

Erdős und Szekeres gaben zwei Beweise dafür an, dass zu jedem n ein $N(n)$, wie oben beschrieben, existiert. Wir bezeichnen mit $N_0(n)$ die kleinste Zahl, für die ein konvexes n-Eck garantiert werden kann. Wir wissen also bisher nur $N_0(3) = 3$ und $N_0(4) = 5$ (Abb. 2.1).

Satz 2.6

Es sei $n \geq 3$ eine natürliche Zahl. Dann gilt:

$$N_0(n) \leq \binom{2n-4}{n-2} + 1.$$

Beweis Wir untersuchen ein (zugänglicheres) Hilfsproblem: Es seien N Punkte in allgemeiner Lage gegeben. Wir führen kartesische Koordinaten ein, sodass wir die Punktmenge als $\{P_1, \ldots, P_N\}$ schreiben können mit $P_i = (x_i, y_i)$ und $x_1 < x_2 < \ldots < x_N$. Eine Teilkonfiguration $P_{i_1}, P_{i_2}, \ldots, P_{i_k}$ für $1 \leq i_1 < \ldots < i_k \leq N$, heißt konvex (konkav), falls der Graph des Polygonzugs $P_{i_1} \ldots P_{i_k}$ eine konvexe (konkave) Funktion darstellt. Anders formuliert: Die Steigungen der Geraden $\overline{P_{i_1} P_{i_2}}, \overline{P_{i_2} P_{i_3}}, \ldots, \overline{P_{i_{k-1}} P_{i_k}}$ sind monoton wachsend (fallend). Wir schreiben solche Konfigurationen in der Reihenfolge aufsteigender x-Koordinaten. Konvexe und konkave Konfigurationen der Größe n bilden offenbar konvexe n-Ecke.

Es sei nun $f(i, k)$ die minimale Anzahl von Punkten wie oben beschrieben, so dass stets eine konvexe Teilkonfiguration der Größe i oder eine konkave der Größe k existiert. Aus der Definition ergibt sich sofort $f(2, n) = f(n, 2) = 2$ und $f(3, n) = f(n, 3) = n$. Durch Spiegelung an der x-Achse folgt $f(i, k) = f(k, i)$. Wir behaupten außerdem, dass für $i, k \geq 3$ die Rekursion

$$f(i, k) = f(i - 1, k) + f(i, k - 1) - 1 \tag{2.1}$$

erfüllt ist.

Wir zeigen zunächst „$\leq$" durch Induktion nach $i + k \geq 3 + 3 = 6$. Induktionsanfang:

$$3 = f(3, 3) \leq f(2, 3) + f(3, 2) - 1 = 2 + 2 - 1.$$

Sind $P_1, \ldots, P_N$ mit $N = f(i - 1, k) + f(i, k - 1) - 1$ wie oben gegeben, so betrachten wir die ersten $m = f(i - 1, k)$ Punkte $P_1, \ldots, P_m$. Diese enthalten eine konvexe Konfiguration der Größe $i - 1$ oder eine konkave der Größe k. Im letzteren Fall sind wir fertig.

Ist $P_{j_1} \ldots, P_{j_{i-1}}$ die konvexe Konfiguration, so entfernen wir $P_{j_{i-1}}$ und fügen P_{m+1} zu den Punkten hinzu. Wieder erhalten wir eine konvexe Konfiguration der Größe $i - 1$ mit einem anderen Endpunkt, den wir dann entfernen und durch P_{m+2} ersetzen. So fortfahrend erhalten wir $l := f(i, k - 1)$ verschiedene Punkte

$P_{s_1}, P_{s_2}, \ldots, P_{s_l}$ die alle Endpunkte von konvexen Konfigurationen der Länge $i - 1$ sind. Wenn es unter diesen Punkten eine konvexe Konfiguration der Größe i gibt, so sind wir fertig. Also gibt es eine konkave Konfiguration der Größe $k - 1$, die wir mit $Q_1 Q_2 \ldots Q_{k-1}$ bezeichnen.

Nach Konstruktion ist Q_1 Endpunkt einer konvexen Konfiguration $R_1 R_2 \ldots R_{i-1} = Q_1$ der Länge $i - 1$. Wir betrachten die Steigung der Strecke $Q_1 Q_2$. Ist die Steigung größer als die von $R_{i-2} Q_1$, so ist $R_1 \ldots R_{i-2} Q_1 Q_2$ eine konvexe Konfiguration der Größe i, andernfalls ist $R_{i-2} Q_1 Q_2 \ldots Q_{k-1}$ eine konkave Konfiguration der Größe k. Damit ist die Ungleichung bewiesen.

Um die umgekehrte Ungleichung zu zeigen, wählen wir eine Konfiguration von Punkten $P_1, P_2, \ldots P_{r+s}$ mit $r = f(i - 1, k) - 1$, $s = f(k - 1, i) - 1$, sodass $P_1, P_2, \ldots P_r$ keine konvexe Teilkonfiguration der Größe $i - 1$ und keine konkave der Größe k enthält. Analog soll $P_{r+1}, P_{r+2}, \ldots P_{r+s}$ keine konvexe Teilkonfiguration der Größe k und keine konkave der Größe $i - 1$ enthalten. Durch Verschiebung von $P_{r+1}, P_{r+2}, \ldots P_{r+s}$ in Richtung der positiven y-Achse können wir sicherstellen, dass eine konvexe Teilkonfiguration von $P_1, P_2, \ldots P_r$ nur noch um höchstens einen Punkt P_j mit $j > r$ verlängert werden kann, eine konkave hingegen um keinen Punkt. Analog kann man garantieren, dass eine konkave Teilkonfiguration von $P_{r+1}, P_{r+2}, \ldots P_{r+s}$ um höchstens einen Punkt P_j mit $j \leq r$ verlängert werden kann, eine konvexe hingegen gar nicht. Das zeigt:

$$f(i, k) > f(i - 1, k) - 1 + f(i, k - 1) - 1 = f(i - 1, k) + f(i, k - 1) - 2.$$

Nun folgern wir für $i, k \geq 3$:

$$f(i, k) = \binom{i + k - 4}{i - 2} + 1 = \binom{i + k - 4}{k - 2} + 1.$$

Auch dies lässt sich mit Induktion nach $i + k$ zeigen. Zunächst gilt

$$f(n, 2) = 2 = \binom{n - 2}{0} + 1 \quad \text{und} \quad f(n, 3) = n = \binom{n + 3 - 4}{3 - 2} + 1.$$

Dann ist nach der Pascal-Rekursion

$$\binom{i + k - 4}{k - 2} + 1 = \binom{i + k - 5}{k - 2} + \binom{i + k - 5}{k - 3} + 1$$
$$= \binom{(i - 1) + k - 4}{k - 2} + \binom{i + (k - 1) - 4}{(k - 1) - 2} + 1$$
$$= f(i - 1, k) + f(i, k - 1) - 1.$$

Für Esther Kleins Problem folgt dann

$$N_0(n) \leq f(n, n) = \binom{2n - 4}{n - 2} + 1. \qquad \square$$

Bemerkung Die Abschätzung von 1935 ist nur geringfügig verbessert worden. Aus dem Jahr 2016 stammt das Resultat

$$N_0(n) \leq \binom{2n-5}{n-2} - \binom{2n-8}{n-3} + 2 \approx \frac{7}{16}\binom{2n-4}{n-2}$$

von Mojarrad und Vlachos. [82].

Die beste untere Schranke stammt wiederum von Erdős und Szekeres aus dem Jahre 1961 [57]:

$$N_0(n) \geq 1 + 2^{n-2}.$$

Bereits 1935 vermuteten sie, dass $1 + 2^{n-2} = N_0(n)$ für alle n gilt. Die Vermutung ist aber nur für $n \leq 6$ verifiziert.

2.3   Der Satz von Ramsey

Die Arbeit von 1935 enthält noch einen zweiten Beweis für die Existenz der Zahl $N_0(n)$ für alle $n \in \mathbb{N}$. Der Beweis liefert keine gute Abschätzung für $N_0(n)$, ist aber eine Anwendung eines fundamentalen Satzes der Diskreten Mathematik, des Satzes vom Ramsey. Dieser Satz erschien 1930 in den Proceedings der London Mathematical Society unter dem Titel „On a problem of formal logic" ([93]) und stellt eine tief liegende Verallgemeinerung des Schubfachprinzips dar. Er ist der Startpunkt für die sog. Ramsey-Theorie, die Sätze ähnlichen Charakters aus vielen Gebieten vereint (vgl. das Buch „Ramsey-Theory" von Graham, Rothschild und Spencer [54] und die Arbeit von J. Nešetřil [83]).

Der Satz lautet wie folgt:

Satz 2.7 (F.P. Ramsey, 1930)
Es seinen r, k, $q_1, \ldots, q_k$ natürliche Zahlen. Dann existiert eine (kleinste) natürliche Zahl $R = R_k^r(q_1, \ldots, q_k)$, so dass gilt:

Für jede Zerlegung

$$\binom{V}{r} = C_1 \,\dot\cup\, \ldots \,\dot\cup\, C_k$$

mit $|V| \geq R$ existiert ein $i \in \{1, \ldots, k\}$ und ein $W \subseteq V, |W| \geq q_i$, sodass gilt:

$$\binom{W}{r} \subseteq C_i.$$

Diskussion Betrachten wir zunächst den Fall $r = 1$:

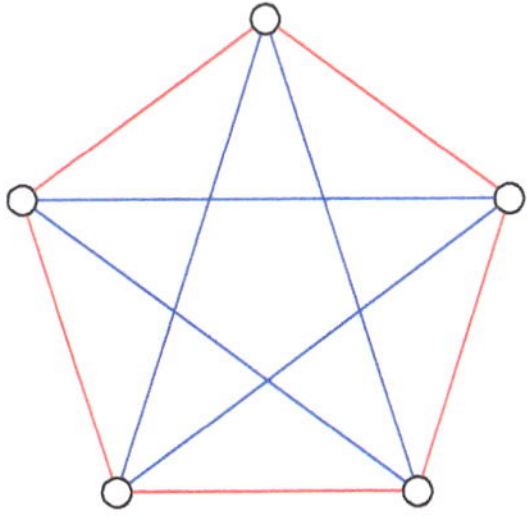

Abb. 2.2 Färbung des K_5 ohne monochromatische Dreiecke

Die Zahl $R_k^1(q_1, \ldots, q_k)$ ist offenbar $q_1 + \ldots + q_k - k + 1$, was im Wesentlichen aus dem Schubfachprinzip folgt.

Was bedeutet die Aussage für den Fall $r = 2$?

$\binom{V}{2}$ können wir interpretieren als die Kantenmenge eines vollständigen Graphen mit Punktmenge V. Eine Zerlegung kann man sich dann anschaulich als eine Färbung der Kanten vorstellen. Die Existenz von $R_2^2(p, q)$ etwa können wir nun wie folgt formulieren:

Färbt man die Kanten eines vollständigen Graphen mit $R_2^2(p, q)$ Punkten rot und blau, so gibt es einen vollständigen Untergraphen mit p Punkten, dessen Kanten alle rot sind oder einen mit q Punkten, dessen Kanten alle blau sind.

Als ein Beispiel überlegen wir uns, dass $R_2^2(3, 3) = 6$ ist:

Um einzusehen, dass $R_2^2(3, 3) \geq 6$ ist, können wir das in Abb. (2.2) dargestellte Beispiel einer Färbung des K_5 betrachten, welche keine einfarbigen Dreiecke enthält.

Nun wollen wir zeigen, dass $R_2^2(3, 3) \leq 6$ gilt. Die Kanten eines K_6 seien nun mit zwei Farben (rot und blau) gefärbt. Wir wählen einen beliebigen Punkt x aus. Dann gibt es mindestens drei Nachbarn von x, die mit x durch Kanten der gleichen Farbe verbunden sind, sagen wir durch rote Kanten. Ist ein Paar $\{y, z\}$ dieser Nachbarn ebenfalls durch eine rote Kante verbunden, so ist $\{x, y, z\}$ der gesuchte monochromatische K_3. Andernfalls sind alle Verbindungen unter den Nachbarn blau und wir haben einen blauen K_3.

Dieses Argument lässt sich verallgemeinern. Wir zeigen zunächst:

Lemma 2.8

Für $p, q \geq 3$ gilt:

$$R_2^2(p, q) \leq R_2^2(p - 1, q) + R_2^2(p, q - 1). \tag{2.2}$$

Beweis von (2.2):

Wir machen eine Induktion nach $p + q$, wobei wir den Induktionsanfang durch

$$R_2^2(3, 3) \leq 6 = 3 + 3 = R_2^2(2, 3) + R_2^2(3, 2)$$

leicht verifizieren können.

Für den Induktionsschritt seien $p, q \geq 3$, $p + q > 6$ und die Kanten eines K_R mit $R = R_2^2(p - 1, q) + R_2^2(p, q - 1)$ seien rot und blau gefärbt. Weiter sei x ein beliebiger Punkt. Dann existieren entweder $R_2^2(p - 1, q)$ Punkte, die mit x über rote Kanten verbunden sind oder $R_2^2(p, q - 1)$ Punkte, die mit x über blaue Kanten verbunden sind. Wir betrachten o. B. d. A. den ersten Fall, die entsprechende Punktmenge sei A. Nach Definition von $R_2^2(p - 1, q)$ enthält A einen roten K_{p-1} oder einen blauen K_q. Im letzteren Fall sind wir fertig. Im ersten Fall müssen wir zu dem roten K_{p-1} noch den Punkt x hinzufügen und erhalten einen roten K_p. $\square$

Korollar 2.9

Es seien $p, q \geq 1$ ganze Zahlen. Dann gilt:

$$R_2^2(p, q) \leq \binom{p + q - 2}{p - 1} = \binom{p + q - 2}{q - 1}.$$

Beweis (Übung) $\square$

Als Nächstes überlegen wir uns, dass die Farbenzahl $k = 2$ für die Existenz der Ramseyzahlen entscheidend ist:

Lemma 2.10

Ist $k \geq 2$, so gilt:

$$R_{k+1}^r(q_1, \ldots, q_{k+1}) \leq R_k^r\left(q_1, \ldots, q_{k-1}, R_2^r(q_k, q_{k+1})\right).$$

Beweis Ist $\binom{V}{r} = C_1 \dot\cup \ldots \dot\cup C_{k+1}$ eine Zerlegung und $|V| \geq R_k^r(q_1, \ldots, q_{k-1}, R_2^r$ $(q_k, q_{k+1}))$, so erhalten wir entweder ein $i \leq k - 1$ und $W \subseteq V$, $|W| \geq q_i$ mit $\binom{W}{r} \subseteq C_i$ (und sind fertig) oder ein $W \subseteq V$, $|W| \geq R_2^r(q_k, q_{k+1})$ mit $\binom{W}{r} \subseteq C_k \cup C_{k+1}$. Dann existiert entweder $W' \subseteq W$, $|W'| \geq q_k$ mit $\binom{W'}{r} \subseteq C_k$ oder $W' \subseteq W$, $|W'| \geq q_{k+1}$ mit $\binom{W'}{r} \subseteq C_{k+1}$. $\square$

Beweis (Satz von Ramsey (2.7))

Wir beweisen das Ergebnis durch Induktion nach r, wobei wir die Fälle $r = 1$ und $r = 2$ bereits behandelt haben. Im Induktionsschritt führen wir wieder eine Induktion nach $q_1 + \ldots + q_k$.

Ist ein $q_i = 1$ für $i = 1, \ldots, k$, so ist die Behauptung trivial. Es sei also $q_i \geq 2$ für alle i. Wir wählen eine Menge V, $|V| = N$, wobei N erst später festgelegt wird, und betrachten eine Zerlegung $\binom{V}{r} = C_1 \,\dot\cup\, \ldots \,\dot\cup\, C_k$.

Für ein festes $x \in V$ erzeugen wir eine Zerlegung von $\binom{V \setminus \{x\}}{r-1}$ wie folgt:

$$\binom{V \setminus \{x\}}{r-1} = C_1' \,\dot\cup\, \ldots \,\dot\cup\, C_k' \quad \text{mit} \quad C_i' := \left\{ A \in \binom{V \setminus \{x\}}{r-1} : A \cup \{x\} \in C_i \right\}.$$

Im Falle $N - 1 \geq R_k^{r-1}(p_1, \ldots, p_k)$ erhalten wir für ein i, $1 \leq i \leq k$, ein $W_i \subseteq V \setminus \{x\}$ mit $\binom{W_i}{r-1} \subseteq C_i'$, $|W_i| \geq p_i$. Nach Voraussetzung unserer Induktion nach r existieren diese Zahlen für beliebige p_i. Wir wählen nun spezielle p_i:

$$p_i := R_k^r(q_1, \ldots, q_{i-1}, q_i - 1, q_{i+1}, \ldots, q_k), \quad 1 \leq i \leq k.$$

Diese Zahlen existieren wiederum nach Voraussetzung der Induktion nach $q_1 + \ldots + q_k$. Was können wir über W_i sagen?

Zunächst induziert die Zerlegung $\binom{V}{r} = C_1 \,\dot\cup\, \ldots \,\dot\cup\, C_k$ eine Zerlegung von $\binom{W_i}{r}$ und nach Definition von p_i erhalten wir ein $j \neq i$, $1 \leq j \leq k$ mit

$$U \subseteq W_i, \ |U| \geq q_j \quad \text{und} \quad \binom{U}{r} \subseteq C_j$$

(und sind damit fertig) oder ein

$$U \subseteq W_i, \ |U| \geq q_i - 1 \quad \text{und} \quad \binom{U}{r} \subseteq C_i.$$

Im letzteren Fall betrachten wir $\binom{U \cup \{x\}}{r}$. Dann gilt tatsächlich sogar $\binom{U \cup \{x\}}{r} \subseteq C_i$, denn $U \subseteq W_i$.

Damit ist der Beweis abgeschlossen. $\square$

Beispiel

Erdős und Szekeres bewiesen die Existenz der Zahl $N_0(n)$ aus dem Problem von Esther Klein auch auf folgende Weise mit dem Satz von Ramsey:

Zunächst bemerkten sie, dass eine Menge von n Punkten ein konvexes n-Eck bildet genau dann, wenn keiner der Punkte in der konvexen Hülle von drei anderen Punkten liegt, d.h. wenn je vier Punkte ein konvexes Viereck bilden.

Es seien nun $N \geq R_2^4(5, n)$ Punkte in allgemeiner Lage gegeben. Wir färben eine vierelementige Teilmenge rot, falls die vier Punkte **kein** konvexes Viereck bilden, andernfalls blau. Wir haben bereits gesehen, dass man unter 5 Punkten stets 4 auswählen kann, die ein konvexes Viereck bilden, also die Farbe blau bekommen. Fünf Punkte, sodass alle 4-elementigen Teilmengen rot sind, kann es also gar nicht geben. Dann muss es n Punkte geben, sodass alle vierelementigen Teilmengen blau sind. Diese Punkte bilden nach Definition der Färbung ein konvexes n-Eck. $\square$

Auch den ersten Beweis für die Existenz von $N_0(n)$ kann man mit dem Satz von Ramsey modifizieren:

Dazu nehmen wir wieder an, dass $P_1, \ldots, P_N$ in allgemeiner Lage sind, sodass in einem kartesischen Koordinatensystem die x-Koordinaten der P_i mit den Indizes wachsen. Wir betrachten drei der Punkte P_i, P_j, P_k mit $i < j < k$. Nun färben wir das Tripel rot, falls die Steigung von $\overline{P_i P_j}$ kleiner ist als die von $\overline{P_j P_k}$ und blau andernfalls. Falls $N \geq R_2^3(n, n)$ ist, so erhalten wir n Punkte mit monochromatischen Tripeln. Diese bilden eine konvexe oder konkave Konfiguration. $\qquad\square$

2.4   Der Satz von van der Waerden

Bereits 1927 bewies B. L. van der Waerden einen Satz, der dem Satz von Ramsey auf gewisse Weise ähnelt [104]. In seiner Schrift *Einfall und Überlegung* [105] hat van der Waerden beschrieben, wie er bei einem Treffen mit E. Artin und O. Schreier den Beweis dieses Satzes entdeckt hat.

Satz 2.11 (van der Waerden, 1927)

Zu zwei natürlichen Zahlen $k, l \geq 2$ existiert eine kleinste natürliche Zahl $W(k, l)$ mit folgender Eigenschaft:

Zerlegt man die natürlichen Zahlen von 1 bis $W(k, l)$ in k Klassen, so enthält eine Klasse eine arithmetische Progression der Länge l, d. h. falls $\{1, \ldots, W(k, l)\} = C_1 \dot\cup \ldots \dot\cup C_k$, so existiert ein i, $1 \leq i \leq k$, und $a, d \in \mathbb{N}$, sodass gilt:

$$\{a, a + d, \ldots, a + (l - 1)d\} \subseteq C_i.$$

Bevor wir den Satz beweisen, diskutieren wir ihn etwas genauer.

Äquivalent ist die folgende Variante:

Zerlegt man $\mathbb{N}$ in k Klassen, so enthält (mindestens) eine Klasse arithmetische Progressionen beliebiger endlicher Länge.

Dass diese Aussage aus dem vorstehenden Satz folgt, ist dabei klar. Die Umkehrung ist eine Art „Kompaktheitsprinzip".

Angenommen, zu jedem W gäbe es (für ein festes Paar k, l mit $k, l \geq 2$) eine Zerlegung

$$\{1, \ldots, W\} = C_1^{(W)} \dot\cup \ldots \dot\cup C_k^{(W)},$$

so dass kein $C_i^{(W)}$ eine arithmetische Progression der Länge l enthält. Dann können wir eine Folge $W_1 < W_2 < \ldots < W_n < \ldots$ natürlicher Zahlen konstruieren, sodass gilt:

$$\text{Aus}\quad W_n < W_m \quad \text{folgt}\quad C_i^{(W_n)} = C_i^{(W_m)} \cap \{1, \ldots, W_n\} \quad \text{für alle}\quad n < m.$$

(Warum?)

Dann definieren wir $C_1, \ldots, C_k$ vermöge

$$a \in C_i \quad \text{g.d.w.} \quad a \in C_i^{(W_n)} \quad \text{für alle} \quad n \quad \text{mit} \quad W_n \geq a.$$

Offenbar ist dann $\mathbb{N} = C_1 \,\dot{\cup}\, \ldots \,\dot{\cup}\, C_k$ und kein C_i enthält arithmetische Progressionen der Länge l.

Beweis (Satz(2.11))

Wir benutzen Induktion nach l. Im Fall $l = 2$ folgt $W(k, 2) = k + 1$ nach dem Schubfachprinzip.

Wir nehmen nun an, dass die Existenz von $W(k, l)$ für ein festes $l \geq 2$ und *alle* k bereits bewiesen ist. Im Induktionsschritt werden wir für natürliche Zahlen r, s und $N := 2rs$, die wir erst später festlegen werden, Zerlegungen von $\{1, \ldots, N\}$ in *Blöcke* B_i der *Länge* s betrachten:

$$\{1, \ldots, N\} = B_0 \,\dot{\cup}\, B_1 \,\dot{\cup}\, \ldots \,\dot{\cup}\, B_{2r-1},$$

mit $B_0 := \{1, \ldots, s\}$ und $B_i := i \cdot s + B_0 = i \cdot s + \{1, \ldots, s\} = \{i \cdot s + 1, \ldots, (i + 1) \cdot s\}$.

Für eine arithmetische Progression $a, a + d, \ldots, a + (l - 1)d$ der Länge l bezeichnen wir das Element $a + ld$ als die *Fortsetzung* der arithmetischen Progression.

Eine Färbung (Zerlegung) $\{1, \ldots, N\} = C_1 \,\dot{\cup}\, \ldots \,\dot{\cup}\, C_k$ induziert eine Äquivalenzrelation auf der Menge der möglichen Färbungen der Blöcke B_i, $0 \leq i \leq 2r - 1$. Dabei gehören B_i und B_j ($i < j$) zur gleichen Äquivalenzklasse, falls $C_t \cap B_j = (j - i)s + (C_t \cap B_i)$ für alle $1 \leq t \leq k$. (Wir sagen dann auch, die Blöcke B_i und B_j haben das gleiche *Muster*.) Somit ist k^s die maximale Anzahl der Äquivalenzklassen verschiedener Muster.

Wenden wir nun die Induktionsvoraussetzung auf die Blöcke und ihre Färbungen (Muster) an, so erhalten wir folgende Aussage: Es existiert $W(k^s, l)$, d. h. falls $r \geq W(k^s, l)$, so existiert eine arithmetische Progression der Länge l

$$\{a, a + d, \ldots, a + (l - 1)d\} \subseteq \{0, \ldots, r - 1\},$$

sodass alle Blöcke $B_a, B_{a+d}, \ldots, B_{a+(l-1)d}$ das gleiche Muster haben. Es gilt: $a + (l - 1)d \leq r - 1$, also $a + (l - 1)d + 1 \leq r$. Das größte Element in $B_{a+(l-1)d}$ ist aber $(a + (l - 1)d + 1)s \leq rs = N/2$. Der Block B_{a+ld} ist dann immer noch in $\{1, \ldots, N\}$ enthalten. Der Induktionsschluss folgt nun mit folgender Hilfsaussage:

Zu jedem t, $1 \leq t \leq k$, existiert ein $N(t) \in \mathbb{N}$, sodass gilt:

Zerlegt man $\{1, \ldots, N(t)\}$ in k Klassen, so existiert in einer Klasse eine arithmetische Progression der Länge $l + 1$ oder es existieren t arithmetische Progressionen $A_1, \ldots, A_t$ der Länge l mit folgenden Eigenschaften:

i) Die A_i sind monochromatisch, aber von unterschiedlicher Farbe, d.h

$$A_i \subseteq C_{j_i}, \quad 1 \leq i \leq t, \quad j_i \neq j_h \quad \text{für} \quad i \neq h.$$

ii) Alle A_i haben die gleiche Fortsetzung, die noch in $\{1, \ldots, N(t)\}$ liegt.

Angenommen, die Hilfsaussage ist bewiesen. Dann wählen wir $N \geq N(k)$. Würde keine monochromatische arithmetische Progression der Länge $l + 1$ existieren, so hätten wir monochromatische arithmetische Progressionen $A_1, \ldots, A_k$ aller Farben, die in $\{1, \ldots, N\}$ die gleiche Fortsetzung besitzen. Dieses Element muss aber auch mit einer der k Farben gefärbt sein, ein Widerspruch.

Wir zeigen nun die Hilfsaussage durch Induktion nach t:

Im Fall $t = 1$ ist $N(1) \leq 2W(k, l)$.

Für den Induktionsschritt nehmen wir an, dass die Hilfsaussage für $t - 1 \geq 1$ bereits gezeigt ist. Nun zerlegen wir wie oben $\{1, \ldots, N\}$ in Blöcke $B_0, B_1, \ldots,$ B_{2r-1} mit $s := N(t - 1)$ und $r := W(k^s, l)$. Falls keine monochromatische arithmetische Progression der Länge $l + 1$ existiert, erhalten wir aus den beiden Induktionsannahmen zweierlei:

1. Es gibt eine arithmetische Progression von Blöcken $B_a, B_{a+d}, \ldots, B_{a+(l-1)d}$ gleichen Musters wie oben beschrieben.
2. Im Block B_a gibt es arithmetische Progressionen $A'_1, \ldots, A'_{t-1}$ der Länge l, o. B. d. A. $A'_i \subseteq C_i$ $(1 \leq i \leq t - 1)$, die alle die gleiche Fortsetzung $c \in B_a$ haben. O. B. d. A. sei $c \in C_t$.

Wir setzen $A_t := \{c, \ c + sd, \ldots, \ c + (l - 1)sd\}$. Wegen 1.) ist dann $A_t \subseteq C_t$ und $c + l \cdot sd$ ist die Fortsetzung von A_t.

Ist für ein $i < t$ etwa $A'_i = \{\alpha, \ \alpha + \delta, \ldots, \ \alpha + (l - 1)\delta\} \subseteq C_i$, so ist $c = \alpha + l \cdot \delta$ und $A_i = \{\alpha, \ \alpha + \delta + sd, \ldots, \ \alpha + (l - 1)(\delta + sd)\} \subseteq C_i$ ist eine arithmetische Progression mit Fortsetzung $\alpha + l(\delta + sd) = (\alpha + l \cdot \delta) + l \cdot sd = c + l \cdot sd$.

Damit ist auch die Hilfsaussage gezeigt. $\qquad\qquad\Box$

Paul Erdős hatte die Angewohnheit, für Probleme, die er selbst nicht lösen konnte, Geldpreise auszusetzen, deren Höhe sich nach der vermuteten Schwierigkeit des Problems richtete. Der höchste Betrag, den er jemals bezahlen musste, waren 1000 \$, und zwar an E. Szémerédi. Das Resultat, um das es dabei geht, hat etwas mit dem Satz von van der Waerden zu tun. Erdős fragte nach einer „Dichteversion" dieses Satzes. Bei einer Zerlegung von $\mathbb{N}$ in k Klassen liefert der Satz von van der Waerden nur die Existenz einer Klasse mit beliebig langen arithmetische Progressionen, nicht aber ein Verfahren, eine solche Klasse zu identifizieren. Zusammen mit P. Turán vermutete Erdős, dass eine Folge $a_1 < a_2 < \ldots < a_n < \ldots$ natürlicher Zahlen arithmetische Progressionen beliebiger Länge enthält, falls $\frac{1}{n}|\{k : a_k \leq n\}| \geq \epsilon$ ist für ein festes $\epsilon > 0$ und alle hinreichend großen n. (Man sagt, die Folge (a_k) hat eine *positive Dichte*). Der Beweis dieser Vermutung war Erdős' 1000 \$ – Problem (Vermutung

1936). Er gelang dem ungarischen Mathematiker Endre Szémerédi im Jahr 1975 ([101], Abel-Preis 2012) auf rein kombinatorischem Weg. Andere Beweise wurden später von Hillel Fürstenberg ([48], mit ergodentheoretischen Methoden) und Timothy Gowers ([52], mit Fourier-Analysis) gefunden. Gowers entwickelte damit Ideen von F. K. Roth weiter, der den Spezialfall arithmetischer Progressionen der Länge 3 bereits 1953 bewiesen hatte. Gowers und Roth bekamen beide die Fields-Medaille (1998 bzw. 1958).

Eine Variante der Vermutung von Erdős-Turán ist nach wie vor offen und mit 3000 $ dotiert:

Besitzt eine Folge (a_k) mit $\sum_{k=1}^{\infty} \dfrac{1}{a_k} = \infty$ arithmetische Progressionen beliebiger Länge?

Die harmonische Reihe $\sum_{k=1}^{\infty} \dfrac{1}{k}$ ist bekanntlich divergent und das gleiche gilt für Folgen (a_k) mit positiver Dichte (warum?).

Es gibt aber auch Folgen (a_k) mit $\sum_{k} \dfrac{1}{a_k} = \infty$, die keine positive Dichte haben, z. B. die Folge der Primzahlen

$$\sum_{p \text{ prim}} \frac{1}{p} = \infty, \quad \text{aber} \quad \frac{|\{p \,:\, p \text{ prim}, \; p \le n\}|}{n} \sim \frac{1}{\log(n)} \longrightarrow 0 \; (n \to \infty).$$

Für die Folge der Primzahlen wurde die Existenz beliebig langer arithmetischer Progressionen 2004 von T. Tao und B. Green bewiesen ([56]). T. Tao wurde 2006 ebenfalls mit der Fields-Medaille ausgezeichnet.

2.5 Extremale Graphentheorie: die Sätze von Turán und Erdős-Stone

Wie sieht es aus mit einer „Dichteversion" des Satzes von Ramsey? Wir beschränken uns dabei auf den Fall $r = 2$, also auf den Fall der Graphen.

Frage: Wie viele Kanten muss ein Graph auf n Punkten haben, damit man einen vollständigen Teilgraphen auf p Punkten garantieren kann?

Die Antwort stammt von P. Turán [103].

Beispiel

Ein *vollständiger $(q - 1)$-partiter Graph* mit Farbklassen $V_1, \ldots, V_{q-1}$ ist ein Graph, dessen Punktmenge V durch die Teilmengen $V_1, \ldots, V_{q-1}$ partitioniert wird $(V = V_1 \,\dot\cup\, \ldots \,\dot\cup\, V_{q-1})$, so dass zwei Punkte $x, y \in V$ genau dann adjazent sind, wenn sie zu *verschiedenen* Klassen gehören, also

$$x \in V_i, \; y \in V_j \quad \text{mit} \quad i \ne j.$$

Denkt man sich die Partitionierung als Färbung mit $q - 1$ Farben, so sind zwei Punkte genau dann verbunden, wenn sie verschieden gefärbt sind.

Ein vollständig $(q - 1)$-partiter Graph enthält keinen K_q: Ist nämlich $W \subseteq V$, $|W| \geq q$, so müssen zwei Punkte aus W zur gleichen Farbklasse gehören, sind also nicht adjazent. Der Turán-Graph $T_{q-1}(n)$ ist vollständig $(q - 1)$-partit mit $|V| = n$, sodass die Farbklassen möglichst gleich groß sind, also $||V_i| - |V_j|| \leq 1$ für alle i, j. Teilt man n durch $q - 1$ mit Rest, also $n = d(q - 1) + r$ mit $0 \leq r \leq q - 2$, so haben genau r Farbklassen die Kardinalität $d + 1$ und die anderen haben die Kardinalität d.

Unter allen vollständig $(q - 1)$-partiten Graphen mit n Punkten hat nur der Turán-Graph $T_{q-1}(n)$ die maximale Kantenzahl. Wäre nämlich G ein vollständig $(q - 1)$ partiter Graph mit n Punkten und maximaler Kantenzahl und $|V_i| \geq |V_j| + 2$ für zwei seiner Farbklassen, so könnte man die Kantenzahl erhöhen, indem man einen Punkt aus V_i entfernt und zu V_j hinzufügt.

Es gilt nun:

Satz 2.12 (P. Turán, 1941)
Ein Graph $G = (V, E)$ mit $|V| = n$, der keinen vollständigen Teilgraphen auf q Punkten besitzt, hat höchstens so viele Kanten wie der Turán-Graph, also $t_{q-1}(n)$. Ist $|E| = t_{q-1}(n)$, so gilt $G \simeq T_{q-1}(n)$.

Beweis (Erdős [36])
Wir zeigen den Satz durch Induktion nach q, wobei der Induktionsanfang $q = 2$ trivial ist.

Die Aussage sei nun für ein $q \geq 2$ bewiesen und wir betrachten einen Graphen $G = (V, E)$ mit n Punkten, der keinen vollständigen Teilgraphen auf $q + 1$ Punkten besitzt. Ferner sei $x \in V$ ein Punkt maximalen Grades $\Delta = \Delta(G)$, also $d_G(x) = \Delta$ und $N := N(x) := \{y \in V : xy \in E\}$ die Menge der Nachbarn von x.

G' entstehe aus G, indem für jedes $w \in W := V \setminus (\{x\} \cup N)$ zunächst alle inzidenten Kanten gelöscht und dann die Kanten wy, $y \in N$, hinzugefügt werden. G' hat folgende Eigenschaften:

(i) $W \cup \{x\}$ ist eine *unabhängige Menge*, d. h. zwischen den Punkten dieser Menge existieren keine Kanten (in G').

(ii) Alle Punkte in $W \cup \{x\}$ haben Grad Δ und die gleichen Nachbarn, nämlich die Punkte aus N.

(iii) Für alle $y \in N$ gilt: $d_{G'}(y) \geq d_G(y)$.

(iv) Es gilt: $|E(G')| = |E|$ g.d.w. $G = G'$.

(v) G' enthält keinen K_{q+1}.

Diese Eigenschaften sind leicht zu verifizieren. Wir zeigen hier nur (iv):

Es sei also $|E(G')| = |E|$. Offenbar ist G beim Übergang zu G' auf $\{x\} \cup N$ nicht verändert worden: $G[\{x\} \cup N] = G'[\{x\} \cup N]$. Ferner müssen die Punkte in W auch in G bereits den Grad Δ gehabt haben. Dann ist aber:

$$|E| = |E(G[\{x\} \cup N])| + |W| \cdot \Delta - |E(G[W])| = |E(G')|,$$

also $|E(G[W])| = 0$ und damit $G = G'$.

Ist nun G als *extremaler* Graph gewählt, also als Graph mit maximaler Kantenzahl ohne K_{q+1}, so folgt $G = G'$. Ferner kann man den von G auf N induzierten Teilgraphen H durch den Turán-Graphen $T_{q-1}(\Delta)$ ersetzen ohne die K_{q+1}-Freiheit zu zerstören, also folgt $H \simeq T_{q-1}(\Delta)$.

Nun folgt, dass G ein vollständig q-partiter Graph ist. Unter den vollständig q-partiten Graphen hat aber nur der Turán-Graph die maximale Kantenzahl. $\square$

Der Satz von Turán ist der Startpunkt für die *extremale Graphentheorie*. Seine Fragestellung kann auf viele Weisen variiert werden. Ist z. B. F irgendein Graph, so bezeichne $\mathrm{ex}(n; F)$ die maximale Anzahl von Kanten in einem Graphen mit n Punkten, der keinen zu F isomorphen Teilgraphen enthält.

Wir wollen $\mathrm{ex}(n; F)$ analysieren, wenn F ein fester Graph ist und n gegen unendlich strebt.

Lemma 2.13

Zu $t, q \in \mathbb{N}$ und $\varepsilon > 0$ reell existiert ein $N = N(t, q, \varepsilon) \in \mathbb{N}$ mit:

Falls $G = (V, E)$ mit $|V| = n > N$ und $\delta(G) \geq \left(1 - \frac{1}{q} + \varepsilon\right) n$, so enthält G den Turán-Graphen $T_{q+1}(t)$ als (nicht notwendig induzierten) Teilgraphen. Dabei bezeichnet $\delta(G)$ den Minimalgrad von G.

Beweis   Wir verwenden Induktion nach q und ergänzen die zu beweisende Aussage für $q = 0$:

Für $n > N$ enthält G einen $T_1(t)$ als Teilgraphen, was für $N \geq t - 1$ richtig ist.

Um von der Aussage für $q - 1$ auf q zu schließen, sei G ein Graph mit Minimalgrad mindestens $\left(1 - \frac{1}{q} + \varepsilon\right) n$ und n eine große Zahl, deren Größe wir erst später festlegen.

Wir wählen nun $s > 2t/\varepsilon$. Nach Induktionsvoraussetzung enthält G einen $T_q(s)$, falls $n > N(s, q - 1, \varepsilon)$ ist. Dieser habe die Punktmenge $T \subseteq V(G)$.

Von jedem Punkt $x \in T$ gehen mehr als $\left(1 - \frac{1}{q} + \varepsilon\right) n - |T|$ Kanten nach $V \setminus T$, also gilt für die Anzahl $e(T, V \setminus T)$ der Kanten zwischen T und $V \setminus T$ die untere Schranke

$$e(T, V \setminus T) > |T| \left(\left(1 - \frac{1}{q} + \varepsilon\right) n - |T| \right).$$

Es sei nun

$$U := \left\{ u \in V \setminus T : e(u, T) \geq \left(1 - \frac{1}{q} + \frac{\varepsilon}{2}\right) |T| \right\}.$$

Dann erhalten wir als obere Schranke:

$$e(T, V \setminus T) < |U| \cdot |T| + (n - |U| - |T|) \cdot \left(1 - \frac{1}{q} + \frac{\varepsilon}{2}\right) \cdot |T|$$

$$< |T| \cdot \left(|U| + n \left(1 - \frac{1}{q} + \frac{\varepsilon}{2}\right)\right),$$

also

$$|T| \left(\left(1 - \frac{1}{q} + \varepsilon\right) n - |T|\right) < |T| \cdot \left(|U| + n \left(1 - \frac{1}{q} + \frac{\varepsilon}{2}\right)\right),$$

$$\left(1 - \frac{1}{q} + \varepsilon\right) n - |T| < |U| + n \left(1 - \frac{1}{q} + \frac{\varepsilon}{2}\right),$$

$$\frac{\varepsilon}{2} n - |T| < |U|.$$

Da $s = |T|$ von n nicht abhängt, erhalten wir für hinreichend große n, dass $|U| > \frac{\varepsilon}{3} n$ ist und es gilt:

$$\left(1 - \frac{1}{q} + \frac{\varepsilon}{2}\right) \cdot |T| = (q - 1)\frac{s}{q} + \frac{\varepsilon}{2}|T|.$$

Damit hat jeder Punkt $u \in U$ mindestens $\frac{\varepsilon}{2}|T| = \frac{\varepsilon}{2}s$ Nachbarn in jeder Farbklasse unseres $T_q(s)$. Nach Wahl von s ist $\frac{\varepsilon}{2}s > t$. Nun wählen wir n so groß, dass mindestens t Punkte aus U genau die gleichen Nachbarn in T besitzen und erhalten so einen $T_{q+1}(t)$. $\qquad\square$

Das nächste Lemma zeigt, wie man von einer Bedingung für die Kantendichte zu einer Bedingung für den Minimalgrad kommt:

Lemma 2.14
Es seien $c, \varepsilon > 0$. Dann existiert eine Zahl $M = M(c, \varepsilon)$, sodass gilt:
Ist G ein Graph mit $n > M$ Punkten und $e(G) \geq (c + \varepsilon)\binom{n}{2}$ Kanten, so existiert ein Teilgraph H von G mit $|V(H)| \geq \sqrt{\varepsilon} \cdot n$ und $\delta(H) > c \cdot |V(H)|$.

Beweis
Angenommen ein solcher Teilgraph existiert nicht. Wir konstruieren eine Folge von Punkten $x_1, \ldots, x_s$, sodass die Graphen $G_0, G_1, \ldots, G_s$ mit

$$G_0 := G, \quad G_j := G_{j-1} - x_j, \ 1 \leq j \leq s,$$

durch Zerstörung eines Punktes x_j mit $d_{G_{j-1}}(x_j) \leq c(n-j+1)$ entstehen. Dann hat G_s noch $n-s$ Punkte. Für $\sqrt{\varepsilon} \cdot n - 1 \leq n - s < \sqrt{\varepsilon} \cdot n$ bzw. $s > (1 - \sqrt{\varepsilon})n$ und n hinreichend groß erhalten wir:

$$e(G_s) \geq (c + \varepsilon)\binom{n}{2} - \sum_{j=1}^{s} c(n-j+1)$$

$$= (c + \varepsilon)\binom{n}{2} - c\left(\binom{n+1}{2} - \binom{n-s+1}{2}\right)$$

$$= \varepsilon \frac{n(n-1)}{2} - cn + c\binom{n-s+1}{2}$$

$$\geq \frac{(\sqrt{\varepsilon} \cdot n)\sqrt{\varepsilon}(n-1)}{2} - cn + c\frac{(n-s)^2}{2}$$

$$> \frac{(\sqrt{\varepsilon} \cdot n)(\sqrt{\varepsilon} \cdot n - 1)}{2} + c\underbrace{\left(\frac{(n-s)^2}{2} - n\right)}_{>0 \text{ für große } n}$$

$$> \binom{n-s}{2}.$$

Aber G_s hat $n-s$ Punkte und kann deshalb nicht mehr als $\binom{n-s}{2}$ Kanten enthalten, ein Widerspruch. $\qquad\square$

Durch Kombination der beiden vorstehenden Lemmata erhalten wir den Satz von Erdős und Stone ([39])

> **Satz 2.15** (Erdős-Stone, 1946)
> Es seien $q, t \in \mathbb{N}$, $\varepsilon > 0$.
>   Dann existiert ein $n_0 = n_0(q, t, \varepsilon)$, sodass alle Graphen mit $e(G) > \left(1 - \frac{1}{q} + \varepsilon\right)\binom{n}{2}$ und $n > n_0$ einen Turán-Graphen $T_{q+1}(t)$ enthalten.

Beweis (Übung)

Nun folgt ein überraschendes Ergebnis über die Zahlen $\mathrm{ex}(n; F)$:

Für einen Graphen F bezeichnen wir mit $\chi(F)$ seine *chromatische Zahl*. Das ist die kleinste natürliche Zahl k, sodass eine Abbildung $f : V \rightarrow \{1, \ldots, k\}$ existiert mit der Eigenschaft, dass für alle Kanten $uv \in E(F)$ gilt: $f(u) \neq f(v)$. Die Abbildung f heißt in diesem Fall eine zulässige Färbung von G. Die chromatische Zahl gehört zu den am intensivsten studierten Invarianten der Graphentheorie.

Satz 2.16

Es sei F ein fest gewählter Graph. Dann gilt:

$$\lim_{n \to \infty} \frac{\mathrm{ex}(n; F)}{\binom{n}{2}} = 1 - \frac{1}{\chi(F) - 1}.$$

Beweis

Es sei $\chi(F) = q$. Dann kann F nicht in einem Turán-Graphen $T_{q-1}(n)$ enthalten sein. Dieser hat die Kantenzahl

$$t_{q-1}(n) \ \sim \ \binom{n}{2} - (q-1)\binom{\frac{n}{q-1}}{2} \ \sim \ \left(1 - \frac{1}{q-1}\right)\binom{n}{2},$$

also

$$\liminf_{n \to \infty} \frac{\mathrm{ex}(n; F)}{\binom{n}{2}} \geq 1 - \frac{1}{q-1}.$$

Andererseits enthält für $t \in \mathbb{N}$, $\varepsilon > 0$ und große n jedes G mit $e(G) > \left(1 - \frac{1}{q-1} + \varepsilon\right)\binom{n}{2}$ einen $T_q(t)$. Ist t mindestens so groß wie die größte Farbklasse von F bei einer zulässigen Färbung mit q Farben, so ist F in diesem $T_q(t)$ enthalten. Also

$$\limsup_{n \to \infty} \frac{\mathrm{ex}(n; F)}{\binom{n}{2}} < 1 - \frac{1}{q-1} + \varepsilon.$$

Mit $\varepsilon \to 0$ folgt die Behauptung. $\qquad\Box$

Wir definieren die *Dichte* $d(G)$ eines unendlichen Graphen $G = (V, E)$ als

$$d(G) = \limsup_{n \to \infty} \left\{ \frac{e(H)}{\binom{n}{2}} \ : \ H \text{ Teilgraph von } G \text{ mit } n \text{ Punkten} \right\}.$$

Korollar 2.17

Es sei $G = (V, E)$ ein unendlicher Graph. Dann kann die Dichte $d(G)$ nur die Werte

$$0, 1, \frac{1}{2}, \frac{2}{3}, \ldots, 1 - \frac{1}{q}, \ldots$$

annehmen.

Beweis (Übung)

2.6 Existenzbeweise mit Zufallsgraphen

Bevor wir das Thema „Existenzbeweise" wieder verlassen, wollen wir noch auf eine äußerst einflussreiche Methode von Erdős zu sprechen kommen, die sog. „probabilistische Methode" (vgl. [6]).

Wir illustrieren sie am Beispiel der Ramsey-Zahlen $R_2^2(q, q)$, für die wir einfach $R(q)$ schreiben und erinnern daran, dass wir die Ungleichung

$$R(q) \leq \binom{2q - 2}{q - 1} < 2^{2q-2}$$

bereits gezeigt haben.

Wie kann man $R(q)$ nach unten abschätzen?

Man muss die Kanten eines K_n geschickt rot und blau färben, sodass kein monochromatischer K_q entsteht. Gelingt dies, so ist $n < R(q)$.

Erdős hatte die Idee, eine zufällige Färbung könne gut sein.

Für einen gegebenen vollständigen Graphen K_n färbt er die Kanten unabhängig voneinander mit den Farben rot und blau, jeweils mit Wahrscheinlichkeit $\frac{1}{2}$.

Es sei A eine Menge von Punkten, $|A| = q$. Mit welcher Wahrscheinlichkeit ist der vollständige Graph K_A auf A monochromatisch?

Er ist rot mit Wahrscheinlichkeit $2^{-\binom{q}{2}}$ und blau mit der gleichen Wahrscheinlichkeit, also hat das gesuchte Ereignis die Wahrscheinlichkeit $2^{1-\binom{q}{2}}$. Daraus folgt:

$$P\left(\text{Es existiert ein } A \subseteq V(K_n),\ |A| = q,\ K_A \text{ monochromatisch}\right) \leq$$

$$\leq \sum_{\substack{A \subseteq V(K_n) \\ |A|=q}} 2^{1-\binom{q}{2}} = \binom{n}{q} 2^{1-\binom{q}{2}}.$$

Ist dieser Ausdruck kleiner als 1, so ist die Wahrscheinlichkeit, dass bei einer zufälligen Färbung *kein* monochromatischer K_q existiert, positiv. Ist etwa $n \leq 2^{\frac{q}{2}}$, so folgt

$$\binom{n}{q} 2^{1-\binom{q}{2}} = \frac{n(n-1)\cdots(n-q+1)}{q!} \cdot 2^{1-\frac{q^2}{2}+\frac{q}{2}}$$

$$< \frac{\left(2^{\frac{q}{2}}\right)^q}{q!} \cdot \frac{2^{1+\frac{q}{2}}}{2^{\frac{q^2}{2}}}$$

$$= \frac{2^{1+\frac{q}{2}}}{q!} < 1, \ \text{für } q \geq 3.$$

Es gilt also: $R(q) \geq 2^{\frac{q}{2}}$.

Insgesamt haben wir damit:

Satz 2.18

Für $q \geq 3$ gilt:

$$\left(\sqrt{2}\right)^q \leq R(q) \leq 4^q.$$

In seinem schönen Aufsatz „The two cultures of mathematics" würdigt T. Gowers die Bedeutung dieses Resultats ([53]):

Diese liege nicht darin, dass ein besonders schwieriges Problem gelöst wurde, sondern dass es ein Türöffner für die Anwendung probabilistischer Argumente in der Kombinatorik war. Diese Art von Argumenten sind mittlerweile unverzichtbare Werkzeuge jedes Kombinatorikers geworden.

Weder die obere noch die untere Schranke für $R(q)$ konnte bisher „wesentlich" verbessert werden. Die folgenden beiden Probleme sind offen:

Problem

(i) Existiert $a > \sqrt{2}$ mit $R(q) \geq a^q$ für große q?
(ii) Existiert $b < 4$ mit $R(q) < b^q$ für große q?

Mit der gleichen Idee können wir *Zufallsgraphen* definieren.

Definition 2.19 (Zufallsgraphen)

Ist V eine n-elementige Menge, so ist ein *Zufallsgraph* über V eine Familie von Zufallsvariablen $\left(X_e, \ e \in \binom{V}{2}\right)$ mit folgenden Eigenschaften:

(i) Die Familie ist stochastisch unabhängig.
(ii) Es existiert ein $p = p(n)$, $0 < p < 1$, sodass gilt:

$$\text{Für alle } e \in \binom{V}{2} : \ P(X_e = 1) = p = 1 - P(X_e = 0).$$

Zufallsgraphen haben verblüffende Eigenschaften. Wir präsentieren hier noch ein schwierigeres Resultat von Erdős von 1959, das die Kraft der probabilistischen Methode deutlich macht [35].

Dazu brauchen wir noch eine Definition:

Die *Taillenweite* girth(G) eines Graphen G ist die Länge eines kürzesten Kreises in G, falls ein solcher existiert. Andernfalls setzen wir girth(G) $= \infty$.

Die Frage, die Erdős beantwortet hat, lautet: Gibt es Graphen, die zugleich eine hohe chromatische Zahl und eine hohe Taillenweite haben? Er zeigte ([35]):

Satz 2.20 (Erdős, 1959)
Für alle $k, l \in \mathbb{N}$ existiert ein Graph G mit

$$\chi(G) \geq k \quad \text{und} \quad \text{girth}(G) \geq l.$$

Die Bedeutung des Satzes kann man sich wie folgt klar machen:

Wählt man 1000 Punkte in einem Graphen mit Taillenweite größer als 1000, so induzieren diese Punkte einen kreisfreien Graphen, also einen Wald. Solche Wälder haben stets chromatische Zahl ≤ 2, d. h. jede Teilmenge von 1000 Punkten kann man mit 2 Farben färben. Trotzdem kann man nach Erdős also erreichen, dass der ganze Graph mehr als 1000 Farben benötigt. Eine hohe chromatische Zahl zu haben, ist also keine „lokale" Eigenschaft des Graphen.

Beweis
Zuerst skizzieren wir grob, wie wir vorgehen wollen: Für Zufallsgraphen G_n mit geeignet gewählten Kantenwahrscheinlichkeiten $p = p(n)$ sei A_n (B_n) das Ereignis, dass ein Zufallsgraph mit n Punkten Taillenweite größer gleich l (chromatische Zahl größer gleich k), hat. Sollte sich herausstellen. dass für große n $P(A_n) + P(B_n) > 1$ ist, so folgt:

$$P(A_n \cap B_n) = P(A_n) + P(B_n) - P(A_n \cup B_n) > 0,$$

$A_n \cap B_n$ ist also nichtleer und der Existenzbeweis damit geführt. Es zeigt sich, dass es günstiger ist, die Bedingung für A_n etwas abzuschwächen: Wir versuchen, die Wahrscheinlichkeit nach unten abzuschätzen, dass G_n höchstens $n/2$ Kreise einer Länge $< l$ besitzt. Zerstört man jeweils einen Punkt in diesen kleinen Kreisen, so erhält man einen Graphen mit mindestens $n/2$ Punkten und Taillenweite mindestens l.

Es sei also nun $l \in \mathbb{N}$ beliebig aber fest. Für $n \in \mathbb{N}$ betrachten wir Zufallsgraphen mit

$$p = p(n) = n^{-\delta}, \ 0 < \delta < 1, \ n = |V|.$$

Dann gilt jedenfalls $np \to \infty$ für $n \to \infty$. Uns interessiert die Zufallsvariable Z, die angibt, wie viele Kreise einer Länge $< l$ der Zufallsgraph besitzt.

Ein Kreis der Länge i ist durch die Folge $x_1 x_2 \ldots x_i$ seiner Punkte festgelegt. Alle Kanten $x_1 x_2, x_2 x_3, \ldots, x_{i-1} x_i, x_i x_1$ müssen vorhanden sein. Die Wahrscheinlichkeit dafür ist p^i.

Für den Erwartungswert von Z gilt also die Abschätzung

$$E(Z) \leq \sum_{i=3}^{l-1} n^i p^i = \sum_{i=3}^{l-1} (np)^i < \frac{(np)^l - 1}{np - 1} < n^{(1-\delta)l} \quad \text{für große } n.$$

Wir erinnern an die Markoff-Ungleichung aus der Wahrscheinlichkeitstheorie:

$$P(Z \geq a) \leq \frac{1}{a} \int_{Z \geq a} Z \, dP \leq \frac{1}{a} E(Z),$$

für Zufallsvariablen $Z \geq 0$ und $a > 0$ reell. Damit folgt

$$P(Z \geq \frac{n}{2}) \leq \frac{2}{n} \cdot n^{(1-\delta)l} = 2 \cdot n^{(1-\delta)l - 1}.$$

Damit diese Wahrscheinlichkeit gegen Null strebt, schränken wir die Wahl von δ weiter ein: Wir brauchen, dass $(1 - \delta)l - 1 < 0$ ist, wählen also ein δ mit $1 - \frac{1}{l} < \delta < 1$.

Die chromatische Zahl schätzen wir nach unten ab mit Hilfe der *Unabhängigkeitszahl* $\alpha(G)$ eines Graphen G. Die Unabhängigkeitszahl ist definiert als die maximale Kardinalität einer *unabhängigen Menge* $U \subseteq V$, d. h. einer Menge U mit: $u, v \in U \Rightarrow uv \notin E$.

Da die Urbilder $f^{-1}(i)$ einer zulässigen Färbung f des Graphen G unabhängige Mengen sind, gilt die Ungleichung

$$\chi(G) \geq \frac{|V|}{\alpha(G)}.$$

Um zu garantieren, dass $\chi(G) \to \infty$ $(n \to \infty)$ gilt, brauchen wir, dass $\frac{\alpha(G)}{n} \to 0$ $(n \to \infty)$. Es gilt:

$$P(\alpha(G) \geq m) \leq \sum_{\substack{U \subseteq V \\ |U| = m}} P(U \text{ unabhängig}) = \binom{n}{m}(1 - p)^{\binom{m}{2}} \leq \left(n(1 - p)^{\frac{m-1}{2}} \right)^m.$$

Weiter ist

$$\log \left(n(1 - p)^{\frac{m-1}{2}} \right) = \log(n) - \frac{m-1}{2} \log \left(\frac{1}{1 - p} \right)$$

$$= \log(n) - \frac{m-1}{2} \left(p + \frac{p^2}{2} + \frac{p^3}{3} + \ldots \right)$$

$$< \log(n) - \frac{m-1}{2} p$$

$$= \log(n) - \frac{m-1}{2} n^{-\delta}.$$

Setzen wir $m(n) = \lfloor 3\log(n)n^{\delta}\rfloor$, so strebt dieser Ausdruck gegen $-\infty$, also auch

$$P(\alpha(G) \geq m(n)) \to 0 \;(n \to \infty).$$

Für große n können wir also einen Graphen G finden, der weniger als $\frac{n}{2}$ Kreise einer Länge $< l$ hat und zugleich

$$\alpha(G) < m(n) = \lfloor 3\log(n)n^{\delta}\rfloor$$

erfüllt. G' entstehe aus G, indem zu jedem Kreis einer Länge $< l$ ein Punkt des Kreises zerstört wird. Dann hat G' noch mehr als $\frac{n}{2}$ Punkte und seine Unabhängigkeitszahl ist nicht größer als die von G, also

$$\chi(G') \geq \frac{n/2}{\alpha(G')} \geq \frac{n/2}{3\log(n)n^{\delta}} = \frac{n^{1-\delta}}{6\log(n)} \to \infty \;(n \to \infty). \qquad \square$$

In Kap. 7 werden wir uns weiter mit der probabilistischen Methode beschäftigen.

Erzeugende Funktionen

3

In diesem Kapitel wenden wir uns wieder der exakten Lösung von Abzählproblemen zu. Ein unverzichtbares Hilfsmittel ist dabei *die Methode der erzeugenden Funktionen.*

3.1 Lineare Differenzengleichungen mit konstanten Koeffizienten

Wir beginnen mit einem Klassiker. Die Folge $(F_n)_{n=0}^{\infty}$, die definiert ist durch

$$F_0 := 0, \; F_1 := 1, \quad F_n := F_{n-1} + F_{n-2} \quad \text{für} \quad n \geq 2,$$

heißt *Fibonacci-Folge.* Sie gehört zu den bekanntesten Zahlenfolgen überhaupt und taucht so oft auf, dass eine ganze Zeitschrift, das „Fibonacci Quarterly", sich mit ihr beschäftigt. „Fibonacci" war der Spitzname des Mathematikers Leonardo von Pisa (ca. 1180–1241), der bei einer Untersuchung über die Vermehrung von Kaninchen auf diese Folge stieß.

Wir stellen uns die Aufgabe, eine explizite Formel für die n-te Fibonaccizahl zu finden. Dazu ordnen wir der Folge (F_n) die Potenzreihe

$$F(z) := \sum_{n=0}^{\infty} F_n z^n$$

© Der/die Autor(en), exklusiv lizenziert an Springer-Verlag GmbH, DE, ein Teil von Springer Nature 2025
E. Triesch, *Diskrete Mathematik,*
https://doi.org/10.1007/978-3-662-71624-3_3

zu. $F(z)$ heißt die *(gewöhnliche) erzeugende Funktion* der Folge (F_n). Die Rekursion für (F_n) ist nun zu einer Funktionalgleichung für $F(z)$ äquivalent:

$$F(z) = \sum_{n=0}^{\infty} F_n z^n = F_0 + F_1 z + \sum_{n=2}^{\infty} F_n z^n$$

$$= 0 + z + \sum_{n=2}^{\infty} (F_{n-2} + F_{n-1}) z^n$$

$$= 0 + z + z \cdot \sum_{n=1}^{\infty} F_n z^n + z^2 \cdot \sum_{n=0}^{\infty} F_n z^n$$

$$= z + z \cdot F(z) + z^2 \cdot F(z)$$

also

$$F(z) = \frac{z}{1 - z - z^2}.$$

Nun benutzen wir unsere Kenntnisse aus der Analysis, um die erhaltene gebrochen rationale Funktion in eine Potenzreihe zu entwickeln. Wir schreiben

$$1 - z - z^2 = z^2 \left(\frac{1}{z^2} - \frac{1}{z} - 1 \right) = z^2 \cdot q\left(\frac{1}{z} \right)$$

mit

$$q(z) = z^2 - z - 1 = (z - \alpha)(z - \beta),$$

wobei

$$\alpha = \frac{1 + \sqrt{5}}{2}, \quad \beta = \frac{1 - \sqrt{5}}{2}.$$

Also

$$1 - z - z^2 = z^2 \left(\frac{1}{z} - \alpha \right) \left(\frac{1}{z} - \beta \right) = (1 - \alpha z)(1 - \beta z).$$

Wir führen eine Partialbruchzerlegung durch:

$$\frac{z}{1 - z - z^2} = \frac{z}{(1 - \alpha z)(1 - \beta z)} = \frac{A}{1 - \alpha z} + \frac{B}{1 - \beta z}$$

und somit

$$A = \frac{\frac{1}{\alpha}}{1 - \frac{\beta}{\alpha}} = \frac{1}{\alpha - \beta} = \frac{1}{\sqrt{5}}, \quad B = \frac{1}{\beta - \alpha} = \frac{-1}{\sqrt{5}}.$$

Entwickelt man $\dfrac{A}{1-\alpha z}$ und $\dfrac{B}{1-\beta z}$ mit Hilfe der Formel für die geometrische Reihe, so folgt

$$F(z) = \sum_{n=0}^{\infty} \frac{1}{\sqrt{5}} (\alpha^n - \beta^n) z^n,$$

und damit

$$F_n = \frac{1}{\sqrt{5}} \left(\left(\frac{1+\sqrt{5}}{2} \right)^n - \left(\frac{1-\sqrt{5}}{2} \right)^n \right) \text{ für alle } n \geq 0.$$

Die Zahl $\dfrac{1+\sqrt{5}}{2} = \alpha$ ist der berühmte goldene Schnitt.

Wir können dieses Beispiel auf alle linearen Differenzengleichungen mit konstanten Koeffizienten verallgemeinern.

Satz 3.1
Es seien $a_1, \ldots, a_d \in \mathbb{C}$, $d \geq 1$, $a_d \neq 0$ und das Polynom $q(z) = z^d + a_1 z^{d-1} + \ldots + a_{d-1} z + a_d$ habe die Linearfaktorzerlegung

$$q(z) = \prod_{i=1}^{k} (z - \alpha_i)^{d_i}.$$

Dann sind die folgenden Aussagen für eine Folge $(f_n)_{n=0}^{\infty}$ äquivalent:

(1) *Rekursion der Länge d.* Für alle $n \geq 0$ gilt:

$$f_{n+d} + a_1 f_{n+d-1} + \ldots + a_d f_n = 0.$$

(2) *Erzeugende Funktion.*

$$F(z) := \sum_{n \geq 0} f_n z^n = \frac{p(z)}{1 + a_1 z + \ldots + a_d z^d},$$

wobei p ein Polynom vom Grad kleiner als d ist.

(3) *Partialbruchzerlegung.*

$$F(z) = \sum_{n \geq 0} f_n z^n = \sum_{i=1}^{k} \frac{g_i(z)}{(1 - \alpha_i z)^{d_i}},$$

für Polynome g_i vom Grad kleiner als d_i, $1 \leq i \leq k$.

(4) *Explizite Darstellung.*

$$f_n = \sum_{i=1}^{k} p_i(n)\alpha_i^n,$$

für Polynome $p_i(n)$ vom Grad kleiner als d_i, $1 \leq i \leq k$.

Beweis

Es sei V_i die Menge aller komplexen Folgen, welche Bedingung (i) erfüllen, für $i = 1, \ldots, 4$. Dann ist jedes V_i ein Vektorraum der Dimension d (Übung!). Für eine Gleichung $V_i = V_j$ braucht also nur eine der beiden Inklusionen $V_i \subseteq V_j$ oder $V_j \subseteq V_i$ gezeigt zu werden.

$V_1 = V_2$:

Erfüllt (f_n) Bedingung (2), so multiplizieren wir die Gleichung für $F(z)$ mit dem Nennerpolynom der rechten Seite:

$$F(z)(1 + a_1 z + \cdots + a_d z^d) = p(z).$$

Für $n \geq 0$ ist der Koeffizient von z^{n+d} auf der linken Seite $f_{n+d} + a_1 f_{n+d-1} + \ldots + a_d f_n$ und rechts 0 (wegen $n \geq 0$), also erfüllt die Folge die Bedingung (1).

$V_2 = V_3$:

Es ist

$$1 + a_1 z + \cdots + a_d z^d = z^d \cdot q\left(\frac{1}{z}\right) = \prod_{i=1}^{k} (1 - \alpha_i z)^{d_i}.$$

Erfüllt (f_n) die Bedingung (3), so müssen wir nur die Summe

$$\sum_{i=1}^{k} \frac{g_i(z)}{(1 - \alpha_i z)^{d_i}}$$

auf den Hauptnenner bringen und erhalten für $F(z)$ die Form aus (2).

$V_3 = V_4$:

Ist eine erzeugende Funktionen der Form (3) gegeben, so schreiben wir die Zählerpolynome $g_i(z)$ als Linearkombinationen der Polynome $g_{ij}(z) := (1 - \alpha_i z)^j$,

$0 \leq j < d_i$. Die erzeugende Funktion

$$\sum_{i=1}^{k} \frac{g_i(z)}{(1 - \alpha_i z)^{d_i}}$$

ist dann eine Linearkombination der gebrochen rationalen Funktionen

$$\frac{g_{ij}(z)}{(1 - \alpha_i z)^{d_i}} = (1 - \alpha_i z)^{j - d_i}, \quad 0 \leq j < d_i, \quad 1 \leq i \leq k.$$

Aus der Analysis ist bekannt:

$$\frac{1}{(1 - \alpha z)^m} = \sum_{n=0}^{\infty} \binom{-m}{n} (-\alpha z)^n.$$

Dabei ist

$$\binom{-m}{n} = \frac{(-m)(-m-1)\cdots(-m-n+1)}{n!} = (-1)^n \frac{(n+m-1)(n+m-2)\cdots(m)}{n!}$$

$$= (-1)^n \binom{n+m-1}{m-1} = (-1)^n \frac{(n+m-1)(n+m-2)\cdots(n+1)}{(m-1)!} = (-1)^n p_m(n),$$

wobei $p_m(n)$ ein Polynom vom Grad $m - 1$ in n ist.
Jedes

$$\frac{g_{ij}(z)}{(1 - \alpha_i z)^{d_i}} = (1 - \alpha_i z)^{j - d_i}$$

hat also eine entsprechende Potenzreihenentwicklung der Form

$$\sum_{n=0}^{\infty} p_{d_i - j}(n) \alpha_i^n z^n.$$

Daraus ergibt sich unmittelbar die Behauptung. $\qquad\square$
Eine andere berühmte Rekursion, die erfolgreich mit erzeugenden Funktionen gelöst werden kann, ist die Rekursion der *Catalan-Zahlen*.
Nehmen wir an, wir haben ein (nicht assoziatives) Produkt mit $n + 1$ Faktoren ($n \geq 0$). Auf wie viele Weisen kann man sinnvoll Klammern setzen? Diese Anzahl sei C_n.

Beispiel
Für $n = 2$ sind folgende Klammerungen sinnvoll

$$(x_0 \, x_1) \, x_2 \quad \text{und} \quad x_0 \, (x_1 \, x_2),$$

also $C_2 = 2$.

Ebenso offensichtlich ist $C_0 = C_1 = 1$.

Für $n > 2$ betrachten wir das Produkt $x_0 x_1 \cdots x_n$. Die äußeren Klammerpaare seien $(x_0 \cdots x_i)$ und $(x_{i+1} \cdots x_n)$, $0 \le i \le n - 1$. Dann kann $(x_0 \cdots x_i)$ auf C_i Weisen beklammert werden und $(x_{i+1} \cdots x_n)$ auf C_{n-i-1} Weisen, also insgesamt

$$C_n = C_0 C_{n-1} + C_1 C_{n-2} + \cdots + C_{n-1} C_0.$$

Diese Rekursion erinnert an das Cauchy-Produkt für Potenzreihen. Setzen wir also

$$C(z) := \sum_{n=0}^{\infty} C_n z^k$$

und bilden

$$C(z)^2 = \sum_{n=0}^{\infty} \left(\sum_{i=0}^{n} C_i C_{n-i} \right) z^n$$

$$= \sum_{n=0}^{\infty} C_{n+1} z^n = \frac{(C(z) - 1)}{z},$$

so erhalten wir

$$C(z)^2 - \frac{1}{z} C(z) + \frac{1}{z} = 0 \quad \text{bzw.} \quad C(z) = \frac{1}{2z} \left(1 \pm \sqrt{1 - 4z} \right).$$

Nun gilt

$$\sqrt{1 - 4z} = (1 - 4z)^{\frac{1}{2}} = \sum_{n=0}^{\infty} \binom{\frac{1}{2}}{n} (-4)^n z^n$$

$$= 1 + \sum_{n=1}^{\infty} \frac{1 \cdot 1 \cdot 3 \cdot 5 \cdots (2n - 3)}{n!} \cdot (-1) \cdot 2^n \cdot z^n$$

$$= 1 + \sum_{n=1}^{\infty} \frac{(2n - 2)!}{n!(n - 1)!} \cdot (-1) \cdot 2z^n$$

$$= 1 - 2 \cdot \sum_{n=1}^{\infty} \frac{1}{n} \binom{2n - 2}{n - 1} z^n$$

$$= 1 - 2 \cdot \sum_{n=0}^{\infty} \frac{1}{n + 1} \binom{2n}{n} z^{n+1}.$$

Wegen $C(0) = 1$ folgt

$$C(z) = \frac{1 - \sqrt{1 - 4z}}{2z} = \sum_{n=0}^{\infty} \frac{1}{n + 1} \binom{2n}{n} z^n,$$

also

$$C_n = \frac{1}{n+1}\binom{2n}{n}.$$

Bemerkung

Die Catalan-Zahlen sind nach dem belgischen Mathematiker E. C. Catalan (1814–1894) benannt. Wie die Fibonacci-Zahlen treten sie in vielen Abzählproblemen auf. So ist C_n zum Beispiel auch gleich der Anzahl der Triangulierungen eines konvexen $(n+2)$-Ecks durch Diagonalen.

Dazu seien die Punkte $P_0, P_1, \ldots P_{n+1}$ bei Umrundung des $(n+2)$-Ecks im mathematisch positiven Sinn nummeriert. Die gesuchte Anzahl von Triangulierungen sei T_n. Dann gibt es genau $T_{k-2} \cdot T_{n-1-(k-2)}$ Triangulierungen, bei denen $P_0 P_1 P_k$ ein Dreieck bilden, also

$$T_n = \sum_{k=2}^{n+1} T_{k-2} T_{n-1-(k-2)} = \sum_{k=0}^{n-1} T_k T_{n-1-k}.$$

3.2 Exponentiell erzeugende Funktionen

Manchmal ist es sinnvoll, diesen Ansatz zu variieren. Eine Folge $(a_n)_{n=1}^{\infty}$ wird dann mit Hilfe der (formalen) Potenzreihe

$$\hat{A}(z) := \sum_{n=0}^{\infty} a_n \frac{z^n}{n!}$$

codiert. Diese Potenzreihe heißt die *exponentiell erzeugende Funktion* der Folge (a_n). Wir nehmen an, dass wir noch eine zweite exponentiell erzeugende Funktion

$$\hat{B}(z) := \sum_{n=0}^{\infty} b_n \frac{z^n}{n!}$$

haben und berechnen das Produkt der beiden Potenzreihen:

$$\hat{A}(z) \cdot \hat{B}(z) = \sum_{n=0}^{\infty} \sum_{k=0}^{n} a_k \frac{z^k}{k!} b_{n-k} \frac{z^{n-k}}{(n-k)!} = \sum_{n=0}^{\infty} \sum_{k=0}^{n} \binom{n}{k} a_k b_{n-k} \frac{z^n}{n!} = \sum_{n=0}^{\infty} c_n \frac{z^n}{n!}$$

mit

$$c_n = \sum_{k=0}^{n} \binom{n}{k} a_k b_{n-k}$$

Beispiel

Wir betrachten die Folgen der Potenzen einer Zahl a: $a_n := a^n$, $n \in \mathbb{N}_0$. Dann ist

$$\hat{A}(z) = \sum_{n=0}^{\infty} a^n \frac{z^n}{n!} = \sum_{n=0}^{\infty} \frac{(az)^n}{n!} = e^{az}.$$

Mit $b_n := b^n$, $n \in \mathbb{N}_0$ und dem entsprechenden $\hat{B}(z)$ erhalten wir dann:

$$\sum_{n=0}^{\infty} \sum_{k=0}^{n} \binom{n}{k} a^k b^{n-k} \frac{z^n}{n!} = e^{az} \cdot e^{bz} = e^{(a+b)z} = \sum_{n=0}^{\infty} (a+b)^n \frac{z^n}{n!}.$$

Koeffizientenvergleich liefert für alle n:

$$(a+b)^n = \sum_{k=0}^{n} \binom{n}{k} a^k b^{n-k},$$

also den binomischen Lehrsatz.

Beispiel

Als zweites Beispiel untersuchen wir die Bell-Zahlen mit der Rekursion $\text{Bell}(0) = 1$ und

$$\text{Bell}(n+1) = \sum_{k=0}^{n} \binom{n}{k} \text{Bell}(k), \quad n \geq 0.$$

Es sei $\hat{B}(z) := \sum_{n=0}^{\infty} \text{Bell}(n) \frac{z^n}{n!}$. Dann gilt:

$$e^z \cdot \hat{B}(z) = \sum_{n=0}^{\infty} c_n \frac{z^n}{n!}$$

mit $c_n = \sum_{k=0}^{n} \binom{n}{k} \text{Bell}(k) = \text{Bell}(n+1)$

Die Potenzreihe $\sum_{n=0}^{\infty} \text{Bell}(n+1) \frac{z^n}{n!}$ entsteht aber durch Differentiation von $\hat{B}(z)$. Daraus ergibt sich: $(\hat{B})'(z) = e^z \cdot \hat{B}(z)$ oder mit $f(z) := \log \hat{B}(z)$: $f'(z) = e^z$, $f(z) = e^z + c$, also

$$\hat{B}(z) = e^{e^z + c}$$

für eine Konstante c. Setzt man in dieser Gleichung $z = 0$, so folgt $c = -1$, also

$$\hat{B}(z) = e^{e^z - 1}.$$

Daraus erhalten wir schließlich:

$$\hat{B}(z) = \frac{1}{e} \sum_{k=0}^{\infty} \frac{1}{k!} \sum_{n=0}^{\infty} \frac{(kz)^n}{n!} = \frac{1}{e} \sum_{n=0}^{\infty} \frac{z^n}{n!} \sum_{k=0}^{\infty} \frac{k^n}{k!}$$

und damit die bemerkenswerte Formel:

$$\mathrm{Bell}(n) = \frac{1}{e} \sum_{k=0}^{\infty} \frac{k^n}{k!}.$$

Beispiel

Die *Bernoulli-Zahlen* B_n sind definiert durch die Rekursion:

$$\sum_{j=0}^{n} \binom{n+1}{j} B_j = [n = 0],$$

also $\binom{1}{0} B_0 = B_0 = 1$, $\binom{2}{0} B_0 + \binom{2}{1} B_1 = 0$ und damit $B_1 = -1/2$. Die nächsten Werte sind $B_2 = 1/6$, $B_3 = 0$, $B_4 = -\frac{1}{30}$. Wir berechnen ihre exponentiell erzeugende Funktion $\hat{B}(z)$, indem wir diese mit $e^z - 1 = \sum_{k=1}^{\infty} \frac{z^k}{k!}$ multiplizieren:

$$\hat{B}(z) \cdot (e^z - 1) = \sum_{n=0}^{\infty} c_n \frac{z^n}{n!}$$

mit $c_0 = 0$ und $c_n = \sum_{j=0}^{n-1} \binom{n}{j} B_j$ für $n \geq 1$, also $c_1 = 1$ und $c_n = 0$ für $n > 1$. Es folgt:

$$\hat{B}(z) = \frac{z}{e^z - 1}.$$

Die Bernoulli-Zahlen treten auf bei der Auswertung der Summen

$$S_k(n) := 0^k + 1^k + 2^k + 3^k + \ldots + (n-1)^k = \sum_{j=0}^{n-1} j^k.$$

Es ist $S_0(n) = n$, $S_1(n) = \binom{n}{2}$ und allgemein, wie wir gleich sehen werden, $S_k(n)$ ein Polynom vom Grad $k + 1$ in n. Dazu setzen wir

$$\hat{S}(z, n) := \sum_{k=0}^{\infty} S_k(n) \frac{z^k}{k!} = \sum_{j=0}^{n-1} \sum_{k=0}^{\infty} j^k \frac{z^k}{k!} = \sum_{j=0}^{n-1} \sum_{k=0}^{\infty} \frac{(jz)^k}{k!} = \sum_{j=0}^{n-1} e^{jz}.$$

Das ist eine geometrische Summe:

$$\sum_{j=0}^{n-1} e^{jz} = \frac{e^{nz} - 1}{e^z - 1} = \frac{e^{nz} - 1}{z} \frac{z}{e^z - 1}.$$

Damit erhalten wir:

$$\hat{S}(z, n) = \left(\sum_{j=0}^{\infty} \frac{n^{j+1} z^j}{(j+1)!} \right) \cdot \left(\sum_{k=0}^{\infty} B_k \frac{z^k}{k!} \right),$$

$$S_k(n) = \sum_{j=0}^{k} \binom{k}{j} \frac{n^{j+1}}{j+1} B_{k-j},$$

ein Polynom in n vom Grad $k + 1$, dessen Koeffizienten mit Hilfe der Bernoulli-Zahlen berechnet werden können, z. B.

$$S_2(n) = n B_2 + 2\frac{n^2}{2} B_1 + \frac{n^3}{3} B_0 = \frac{n}{6} - \frac{n^2}{2} + \frac{n^3}{3} = \frac{n - 3n^2 + 2n^3}{6} = \frac{(n-1)n(2n-1)}{6}.$$

3.3 Partitionen

3.3.1 Ferrers-Graphen und erzeugende Funktionen

In diesem Abschnitt untersuchen wir Zahlpartitionen, also nicht Mengenpartitionen, wie sie durch die Stirling-Zahlen 2. Art oder die Bell-Zahlen abgezählt werden. Diese (Zahl-) Partitionen sind *ungeordnet,* d.h. die Reihenfolge der Summanden spielt keine Rolle.

Beispiel

$2 = 1 + 1,$

$3 = 2 + 1 = 1 + 1 + 1,$

$4 = 3 + 1 = 2 + 2 = 2 + 1 + 1 = 1 + 1 + 1 + 1,$

$5 = 4 + 1 = 3 + 2 = 3 + 1 + 1 = 2 + 2 + 1 = 2 + 1 + 1 + 1 = 1 + 1 + 1 + 1 + 1.$

Bezeichnen wir mit $p(n)$ die Anzahl der Partitionen von n in Summanden größer oder gleich 1, so gilt:

n	1	2	3	4	5	...
$p(n)$	1	2	3	5	7	...

Wir werden Partitionen häufig durch sog. *Ferrers-Graphen* oder *Young-Diagramme* veranschaulichen (Abb. 3.1 und 3.2).

Beispiel

Die Summanden entsprechen den Punkten bzw. Kästchen in den Zeilen und sie sind monoton fallend von oben nach unten geordnet.

Häufig werden wir an die Partitionen, die wir abzählen, zusätzliche Bedingungen stellen, etwa dass alle Summanden ungerade sind oder dass alle verschieden sind und so weiter.

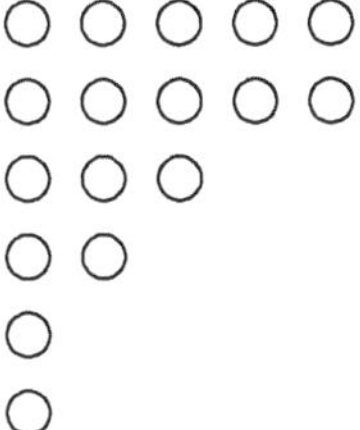

Abb. 3.1 Ferrers-Graph

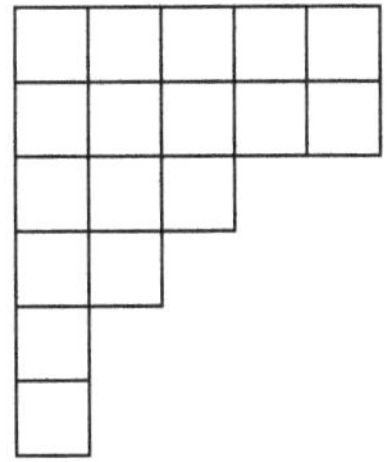

Abb. 3.2 Young-Digramm

Dann benutzen wir die Schreibweise $p(n \mid \text{Bedingung})$ für die Anzahl aller Partitionen, welche die genannte Bedingung erfüllen.

Beispiel

$$p(n \mid \text{alle Summanden} \leq m) = p(n \mid \text{Anzahl der Summanden} \leq m)$$

Dies folgt durch Spiegelung des Ferrersgraphen an der Hauptdiagonalen (sog. *Konjugation*).

Der Ferrers-Graph ist häufig bei der Konstruktion von Bijektionen zwischen gewissen Partitionsklassen von Nutzen.

Bei folgendem Beispiel benötigen wir den Ferrers-Graphen jedoch nicht.

Beispiel (Euler)

$$p(n \mid \text{alle Summanden verschieden}) = p(n \mid \text{alle Summanden ungerade})$$

Wir konstruieren eine Bijektion wie folgt.

Sind alle Summanden ungerade, so prüfen wir, ob zwei Summanden gleich sind. Wenn ja, werden sie zu einem Summanden zusammengefasst und es wird erneut geprüft, ob zwei gleiche Summanden vorhanden sind. Dieses Verfahren lässt sich solange ausführen bis schließlich alle Summanden verschieden sind und endet, weil die Anzahl der Summanden bei jeder Zusammenfassung kleiner wird.

Das Ergebnis ist darüber hinaus unabhängig von der Reihenfolge der Zusammenfassungen und kann wie folgt beschrieben werden:

Die Ausgangspartition sei durch den Ausdruck $r_1^{s_1} r_2^{s_2} \ldots r_k^{s_k}$ gegeben, wobei die r_i ungerade sind und s_i-mal als Summanden in der Partition vorkommen.

Wir schreiben s_i im Dualsystem, also

$$s_i = \sum_{j=0}^{t_i} a_{ij} 2^j, \quad a_{ij} \in \{0,1\}, \ 0 \le j \le t_i, \ a_{it_i} = 1.$$

Dann enthält das Ergebnis unseres Verfahrens genau die Summanden $r_i 2^j$, für die $a_{ij} = 1$ ist.

Umgekehrt können wir, ausgehend von einer Partition in lauter verschiedene Summanden, so lange gerade Summanden in zwei gleich große Teile zerlegen, bis wir nur noch ungerade Summanden haben.

Diese beiden Verfahren sind invers zueinander und beschreiben die gewünschte Bijektion.

Der folgende Satz wurde von Euler mit Hilfe erzeugender Funktionen bewiesen. Wir geben hier einen Beweis von F. Franklin wieder [46]:

Satz 3.2 (Eulerscher Pentagonalsatz)
Sei $n \in \mathbb{N}$, so gilt

$$p_e(n) := p(n \mid \text{Summanden verschieden, Anzahl gerade})$$
$$= \underbrace{p(n \mid \text{Summanden verschieden, Anzahl ungerade})}_{p_o(n)} + e(n),$$

$$\text{wobei } e(n) = \begin{cases} (-1)^j, & \text{falls } n = \frac{j(3j \pm 1)}{2} \text{ für ein } j \in \mathbb{N}, \\ 0, & \text{sonst.} \end{cases}$$

Beweis

Es sei $n = r_1 + r_2 + \cdots + r_k$ mit $r_1 > r_2 > \cdots > r_k > 0$. Wir definieren zwei Operationen auf Ferrersgraphen von Partitionen.

Operation A: Entferne die letzte Zeile des Ferrersgraphen und füge jeder der Zeilen $1, \ldots, r_k$ einen Punkt hinzu.

Operation B: Entferne aus den Zeilen $1, 2, \ldots, \sigma$ jeweils den letzten Punkt, wobei $\sigma := \max\{i \mid r_i = r_1 - i + 1\}$ und füge unten eine neue Zeile mit σ Punkten an den Ferrersgraphen an.

Es sei der Ferrersgraph F einer Partition in verschiedene Summanden gegeben. Wir sagen, Operation A ist *zulässig* (für F), falls $k > r_k$ ist, also falls es mehr Summanden als Punkte in der letzten Zeile gibt (Abb. 3.3).

Operation B heißt *zulässig* (für F), falls wieder der Ferrersgraph einer Partition in verschiedene Summanden entsteht. Beide Operationen ändern die Parität der Anzahl der Summanden und sind in gewisser Weise invers zueinander. Um dies zu präzisieren, definieren wir die *Operation C* wie folgt.

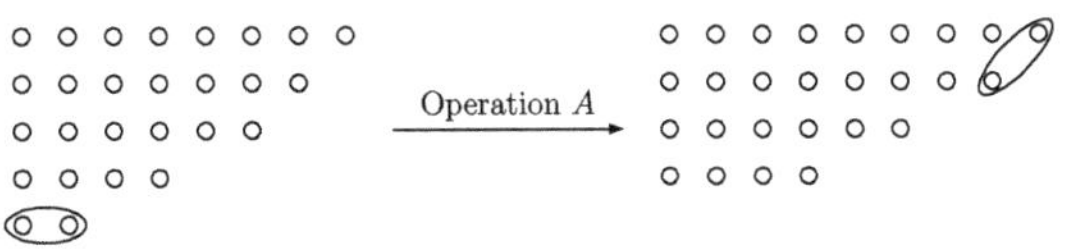

Abb. 3.3 Operation A

(1) Wende A an, falls $r_k < \sigma$.
(2) Wende B an, falls $r_k > \sigma$ und B zulässig.
(3) Wende A an, falls $r_k = \sigma$ und A zulässig.

Nehmen wir an, wir starten im Fall (1). Dann entsteht ein Ferrersgraph, der nun zum Fall (2) gehört und die zweimalige Anwendung von C führt auf den ersten Ferrersgraphen zurück. Ebenso ist es, falls wir im Fall (3) starten.

Wenden wir im Fall (2) Operation B an, so ist σ der kleinste Summand der neuen Partition, auf deren Ferrersgraphen dann A anwendbar ist, entweder im Fall (1) oder im Fall (3). Auch hier führt die zweimalige Anwendung von C auf die gewünschte Ausgangspartition zurück.

Es bleibt die Frage: Ist C denn stets anwendbar?

Dies ist nicht der Fall, aber die Ausnahmefälle haben eine sehr übersichtliche Struktur.

Ist C nicht anwendbar, so ist entweder $r_k > \sigma$ und B nicht zulässig oder $r_k = \sigma$ und A nicht zulässig.

Der erste Fall bedeutet, dass $r_k = \sigma + 1$ ist und der Summand r_k durch Operation B verkleinert würde, also $k = \sigma$ und somit

$$n = (\sigma + 1) + (\sigma + 2) + \cdots + (\sigma + \sigma) = \binom{2\sigma + 1}{2} - \binom{\sigma + 1}{2}$$

$$= \frac{1}{2}\sigma\left[2(2\sigma + 1) - (\sigma + 1)\right] = \frac{1}{2}\sigma(3\sigma + 1),$$

d. h. es gibt genau eine Ausnahmepartition und dies nur für den Fall $n = \frac{1}{2}\sigma(3\sigma + 1)$. Die Anzahl der Summanden dieser Partition ist σ.

Im zweiten Fall muss $r_k = \sigma = k$ gelten und die Ausnahmepartition ist

$$\sigma + (\sigma + 1) + \cdots + (\sigma + \sigma - 1) = \binom{2\sigma}{2} - \binom{\sigma}{2}$$

$$= \frac{1}{2}\sigma((2\sigma - 1) - (\sigma - 1)) = \frac{1}{2}\sigma(3\sigma - 1).$$

Dreieckszahlen: $1, 3, 6, 10, \ldots$

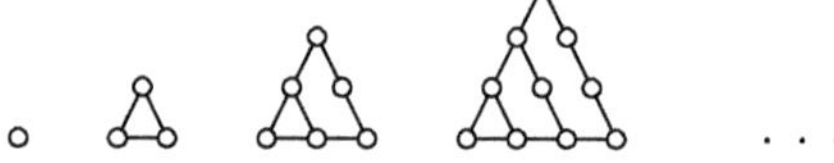

Quadratzahlen: $1, 4, 9, 16, \ldots$

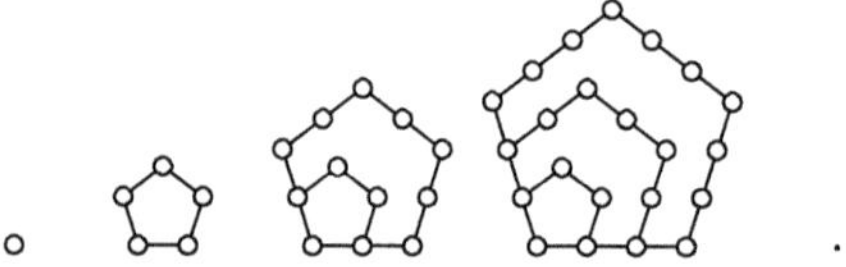

Pentagonalzahlen: $1, 5, 12, 22, \ldots$

Abb. 3.4 Veranschaulichung der Polygonalzahlen

Fassen wir nun zusammen:
Ist n nicht von der Form $\frac{1}{2}\sigma(3\sigma \pm 1)$, so definiert C eine Bijektion zwischen den betrachteten Partitionsklassen. Für $n = \frac{1}{2}\sigma(3\sigma \pm 1)$ gibt es in einer der beiden Klassen eine Partition mehr und diese hat σ Summanden. Damit ist der Satz bewiesen. $\qquad\square$

Bemerkung
Die Zahlen der Form $\frac{1}{2}\sigma(3\sigma - 1)$, $\sigma \in \mathbb{N}$, also $1, 5, 12, 22, 35, \ldots$ heißen Pentagonalzahlen, weil sie eine geometrische Deutung ähnlich den Dreiecks- oder Quadratzahlen gestatten, wie Abb. 3.4 zeigt.
Wenden wir uns nun den erzeugenden Funktionen zu! Wir starten mit den Partitionszahlen $p(n)$ (ohne weitere Bedingungen):

Satz 3.3
Für $|q| < 1$ gilt:

$$P(q) = \sum_{n=0}^{\infty} p(n)q^n = \prod_{k=1}^{\infty} \frac{1}{1 - q^k}.$$

Beweis

Wir schreiben für die rechte Seite der zu beweisenden Gleichung

$$F(q) := \prod_{k=1}^{\infty} \frac{1}{1-q^k}$$

und entwickeln jeden Faktor in eine unendliche Reihe:

$$(1 + q + q^2 + q^3 + \ldots)$$

$$(1 + q^2 + q^4 + q^6 + \ldots)$$

$$(1 + q^3 + q^6 + q^9 + \ldots)$$

$$\vdots$$

Wie erhalten wir beim Ausmultiplizieren die Potenz q^n?

Aus den Reihen $1 + q^k + q^{2k} + q^{3k} + \ldots$ muss für $k > n$ stets die 1 als Faktor gewählt werden.

Für $k < n$ wird eine Potenz $q^{k \cdot r_k}$ gewählt, sodass

$$q^{1 \cdot r_1} \cdot q^{2 \cdot r_2} \cdot \ldots \cdot q^{n \cdot r_n} = q^{1 \cdot r_1 + 2 \cdot r_2 + \ldots + n \cdot r_n} = q^n$$

ist. Um den Exponenten n zu erhalten, erzeugen wir eine Partition von n, bei der der Summand k genau r_k-mal vorkommt. Die Anzahl der Möglichkeiten, aus den Reihen Faktoren auszuwählen, sodass q^n entsteht, ist also genau $p(n)$.

Nun müssen wir uns noch davon überzeugen, dass dieses unendliche Produkt auch die Potenzreihe $P(q)$ im Sinne der Analysis liefert.

Dazu sei

$$F_m(q) := \prod_{k=1}^{m} \frac{1}{1-q^k} = \prod_{k=1}^{m} \left(\sum_{r=0}^{\infty} q^{k \cdot r} \right)$$

und $0 < q < 1$.

Ferner sei

$$F(q) := \prod_{k=1}^{\infty} \frac{1}{1-q^k}.$$

Aus der Analysis wissen wir, dass unendliche Produkte $\prod_{k=1}^{\infty} (1 + a_k)$ und unendliche

Reihen $\sum_{k=1}^{\infty} a_k$ für $a_k \geq 0$ beide konvergent oder beide divergent sind. Dies folgt aus

$$1 + a_1 + a_2 + \cdots + a_m \le \prod_{k=1}^{m} (1 + a_k) \le e^{a_1 + \cdots + a_m}.$$

Nun ist

$$\frac{1}{1 - q^k} = 1 + \frac{q^k}{1 - q^k} < 1 + \frac{q^k}{1 - q}$$

und

$$\sum_{k=1}^{\infty} \frac{q^k}{1 - q^k}$$

konvergent, also konvergiert auch $F_m(q)$ gegen $F(q)$ für $m \to \infty$.

Da $F_m(q)$ ein Produkt *endlich vieler* (absolut konvergenter) unendlicher Reihen ist, erhalten wir mit der anfangs beschriebenen Argumentation sofort

$$F_m(q) = \sum_{n=0}^{\infty} p_m(n) q^n$$

mit $p_m(n) := p(n \,|\, \text{alle Summanden} \le m)$. Es ist $p_m(n) \le p(n)$ mit Gleichheit für $m \ge n$.

Nun gilt

$$\sum_{n=0}^{m} p(n) q^n < F_m(q) < F(q) = \prod_{k=1}^{\infty} \frac{1}{1 - q^k},$$

also ist die Reihe

$$\sum_{n=0}^{\infty} p(n) q^n = P(q)$$

konvergent und es ist $P(q) \le F(q)$.

Andererseits ist $F_m(q) \le P(q)$ für alle m, also folgt für $m \to \infty$ auch $F(q) \le P(q)$ und damit $F(q) = P(q)$.

Die Einschränkung $0 < q < 1$ ist nicht wesentlich, denn nach bekannten Sätzen der Funktionentheorie müssen die beiden Funktionen für $|q| < 1$ analytisch sein und dort überall übereinstimmen. $\qquad\square$

Auf den ersten Blick scheint es notwendig zu sein, hier einen analytischen Beweis zu führen, weil die rechte Seite der Gleichung

$$\sum_{n=0}^{\infty} p(n) q^n = \prod_{k=1}^{\infty} \left(\sum_{r=0}^{\infty} q^{k \cdot r} \right) \tag{3.1}$$

ein unendliches Produkt von Potenzreihen darstellt und ein solches Produkt ist in einem Ring (nämlich dem Ring der formalen Potenzreihen) nicht so ohne weiteres definiert. Es gibt aber einen Ausweg: Wenn wir (3.1) modulo q^n betrachten (d. h. wir ignorieren Potenzen q^k mit $k \geq n$), so zeigt das Argument im Beweis von (3.3), dass die behauptete Identität für alle n modulo q^n gilt. In Zukunft werden wir Identitäten, in denen unendliche Produkte von Potenzreihen vorkommen, auf diese Weise interpretieren und entsprechend keine analytischen Beweise mehr führen.

Satz 3.4

Es sei $S \subseteq \mathbb{N}$. Dann gilt:

(i)

$$\sum_{n=0}^{\infty} p(n \mid \text{alle Summanden in } S)q^n = \prod_{k \in S} \frac{1}{1 - q^k}.$$

(ii)

$$\sum_{n=0}^{\infty} p(n \mid \text{alle Summanden in } S, \text{ verschieden})q^n = \prod_{k \in S} (1 + q^k).$$

Beweis

Völlig analog zum vorigen Satz. $\qquad\square$

Beispiel

(i) Es sei $S := \{1, 2, 2^2, \ldots, 2^k, \ldots\}$ die Menge der Zweierpotenzen. Dann gilt:

$$\sum_{n=0}^{\infty} p(n \mid \text{alle Summanden in } S, \text{ verschieden})q^n$$

$$= \prod_{k=0}^{\infty} (1 + q^{2^k})$$

$$= (1 + q)(1 + q^2)(1 + q^4)\ldots$$

$$= \frac{1 - q^2}{1 - q} \cdot \frac{1 - q^4}{1 - q^2} \cdot \frac{1 - q^8}{1 - q^4} \cdots = \frac{1}{1 - q}$$

$$= 1 + q + q^2 + \ldots + q^k + \ldots$$

Also ist jede natürliche Zahl eindeutig im Zweiersystem darstellbar.

(ii) Die Identität

$$(1+q)(1+q^2)(1+q^3)\cdots = \frac{1-q^2}{1-q}\cdot\frac{1-q^4}{1-q^2}\cdot\frac{1-q^6}{1-q^3}\cdots$$

$$= \frac{1}{1-q}\cdot\frac{1}{1-q^3}\cdot\frac{1}{1-q^5}\cdots$$

zeigt ebenfalls eine bekannte Tatsache:

$$p(n \mid \text{alle Summanden verschieden}) = p(n \mid \text{alle Summanden ungerade}).$$

(iii) Beim Ausmultiplizieren des unendlichen Produktes $\prod\limits_{k=1}^{\infty}(1-q^k)$ ist der Koeffizient von q^n genau die Differenz $p_e(n) - p_o(n)$, die im Eulerschen Pentagonalsatz bestimmt wurde, also

$$\prod_{k=1}^{\infty}(1-q^k) = 1 + \sum_{j=1}^{\infty}(-1)^j\left(q^{\frac{1}{2}j(3j-1)} + q^{\frac{1}{2}j(3j+1)}\right).$$

Interessant daran ist, dass die meisten Koeffizienten der Potenzreihe rechts Null sind und dass das unendliche Produkt genau $P(q)^{-1}$ ist, also

$$1 = \left(\sum_{n=0}^{\infty}p(n)\cdot q^n\right)\left(1 + \sum_{j=1}^{\infty}(-1)^j\left(q^{\frac{1}{2}j(3j-1)} + q^{\frac{1}{2}j(3j+1)}\right)\right).$$

Ausmultiplizieren und Koeffizientenvergleich von q^n auf beiden Seiten liefert eine nützliche Rekursion für $p(n)$.

$$0 = p(n) - p(n-1) - p(n-2) + p(n-5) + p(n-7) - \ldots$$

$$+ (-1)^j p\left(n - \frac{1}{2}j(3j-1)\right) + (-1)^j p\left(n - \frac{1}{2}j(3j+1)\right) + \ldots$$

Die Anzahl der Summanden in dieser Rekursion ist ungefähr $\sqrt{\frac{2}{3}n}$.

3.3.2 q-Binomialsätze und Jacobis Tripel-Produkt

Eine nützliche Bezeichnungsweise ist die folgende ([7]):

$$(a;q)_n := (1-a)(1-aq)\cdots(1-aq^{n-1}), \quad (a;q)_\infty := \lim_{n\to\infty}(a;q)_n, \quad (a;q)_0 := 1.$$

Wir betrachten den Ausdruck

$$(-aq; q)_N = (1 + aq)(1 + aq^2) \dots (1 + aq^N)$$

$$= \sum_{m=0}^{N} A(N, m, q) a^m.$$

Dabei sind die $A(N, m, q)$ Polynome in q, die wir genauer untersuchen wollen.
Zunächst folgt aus dem binomischen Lehrsatz $A(N, m, 1) = \binom{N}{m}$.
Klar ist ferner, dass

$$A(N, m, q) = \sum_{n \geq 0} p(n \mid \text{genau } m \text{ verschiedene Summanden, alle } \leq N) \cdot q^n.$$

Die Summe von m verschiedenen natürlichen Zahlen ist mindestens

$$1 + 2 + \dots + m = m(m + 1)/2.$$

Daraus ergibt sich, dass $A(N, m, q)$ durch $q^{\frac{m(m+1)}{2}}$ teilbar ist.
Wir können also Polynome $\begin{bmatrix} N \\ m \end{bmatrix}$ durch die Gleichung

$$\begin{bmatrix} N \\ m \end{bmatrix} \cdot q^{\frac{m(m+1)}{2}} = A(N, m, q)$$

definieren.

Die $\begin{bmatrix} N \\ m \end{bmatrix}$ heißen *Gaußsche Polynome* oder *Gaußsche Koeffizienten*.
Wir erhalten sofort eine Verallgemeinerung des binomischen Satzes.

Satz 3.5 (q-Binomialsatz)
Es gilt

$$(-aq; q)_N = (1 + aq)(1 + aq^2) \cdots (1 + aq^N) = \sum_{m=0}^{N} \begin{bmatrix} N \\ m \end{bmatrix} q^{\frac{m(m+1)}{2}} \cdot a^m.$$

Um eine Formel für die $\begin{bmatrix} N \\ m \end{bmatrix}$ zu erhalten, bemerken wir zunächst, dass $\begin{bmatrix} N \\ 0 \end{bmatrix} = \begin{bmatrix} N \\ N \end{bmatrix} = 1$ ist.
Ferner gilt

$$(1 + aq)(-aq^2, q)_N = (-aq, q)_{N+1},$$

also

$$(1 + aq) \sum_{m=0}^{N} \begin{bmatrix} N \\ m \end{bmatrix} q^{\frac{m(m+1)}{2}} q^m \cdot a^m = \sum_{m=0}^{N+1} \begin{bmatrix} N+1 \\ m \end{bmatrix} q^{\frac{m(m+1)}{2}} \cdot a^m.$$

Durch Koeffizientenvergleich erhalten wir

$$\begin{bmatrix} N+1 \\ m \end{bmatrix} q^{\frac{m(m+1)}{2}} = \begin{bmatrix} N \\ m \end{bmatrix} q^{\frac{m(m+1)}{2}} q^m + \begin{bmatrix} N \\ m-1 \end{bmatrix} q^{\frac{(m-1)m}{2}} q^m.$$

Division durch $q^{\frac{m(m+1)}{2}}$ liefert schließlich

$$\begin{bmatrix} N+1 \\ m \end{bmatrix} = \begin{bmatrix} N \\ m \end{bmatrix} \cdot q^m + \begin{bmatrix} N \\ m-1 \end{bmatrix},$$

ein Analogon zur Pascal-Rekursion für die Binomialkoeffizienten.

Satz 3.6

Für $0 \le m \le N$ gilt

$$\begin{bmatrix} N \\ m \end{bmatrix} = \prod_{k=0}^{m-1} \frac{1-q^{N-k}}{1-q^{k+1}} = \frac{(1-q^N)(1-q^{N-1})\ldots(1-q^{N-m+1})}{(1-q^m)(1-q^{m-1})\ldots(1-q)}.$$

Beweis

Wir führen den Beweis durch Induktion nach N. Im Fall $N = 0$ ist die Aussage trivialerweise erfüllt. Für den Induktionsschritt benutzen wir die obige Rekursion und erhalten somit

$$\begin{aligned}
\begin{bmatrix} N+1 \\ m \end{bmatrix} &= \frac{(1-q^N)\ldots(1-q^{N-m+1})}{(1-q^m)\ldots(1-q)} \cdot q^m + \frac{(1-q^N)\ldots(1-q^{N-m+2})}{(1-q^{m-1})\ldots(1-q)} \\
&= \frac{(1-q^N)\ldots(1-q^{N-m+2})\big((q^m - q^{N+1}) + (1-q^m)\big)}{(1-q^m)(1-q^{m-1})\ldots(1-q)} \\
&= \frac{(1-q^{N+1})(1-q^N)\ldots(1-q^{N-m+2})}{(1-q^m)(1-q^{m-1})\ldots(1-q)}.
\end{aligned}$$

$\square$

Bemerkung

Als Übung zeige man:

$$\begin{bmatrix} N \\ m \end{bmatrix} = \sum_{n} p(n \mid \text{höchstens } m \text{ Summanden, alle} \le N - m) \cdot q^n$$

$$\begin{bmatrix} N+m-1 \\ m \end{bmatrix} = \sum_{n} p(n \mid \text{höchstens } m \text{ Summanden, alle} \le N - 1) \cdot q^n$$

Der binomische Lehrsatz hat die folgende Verallgemeinerung für negative Exponenten.

Satz 3.7
Für $|a| < 1$ ist

$$\frac{1}{(1-a)^n} = \sum_{j=0}^{\infty} \binom{n+j-1}{j} a^j.$$

Wir zeigen das folgende „q-Analogon":

Satz 3.8
Es gilt:

$$\prod_{j=1}^{N} \frac{1}{1-aq^j} = \sum_{m=0}^{\infty} q^m \begin{bmatrix} N+m-1 \\ m \end{bmatrix} a^m.$$

Beweis
Wir schreiben die linke Seite als Produkt unendlicher Reihen

$$(1 + aq + a^2q^2 + \ldots + a^nq^n + \ldots)$$
$$(1 + aq^2 + a^2q^4 + \ldots + a^nq^{2n} + \ldots)$$
$$\vdots$$
$$(1 + aq^N + a^2q^{2N} + \ldots + a^nq^{nN} + \ldots).$$

Das unendliche Produkt können wir in der Form

$$\sum_{m=0}^{\infty} A_m(q)a^m$$

schreiben. $A_m(q)$ können wir wie folgt interpretieren:

$$A_m(q) = \sum_n p(n \mid \text{genau } m \text{ Summanden, alle } \leq N) \cdot q^n$$

$$\overset{(\star)}{=} \sum_n p(n - m \mid \text{höchstens } m \text{ Summanden, alle } \leq N - 1) \cdot q^n$$

$$= q^m \sum_n p(n - m \mid \text{höchstens } m \text{ Summanden, alle } \leq N - 1) \cdot q^{n-m}$$

$$= q^m \sum_n p(n \mid \text{höchstens } m \text{ Summanden, alle } \leq N - 1) \cdot q^n$$

$$= q^m \begin{bmatrix} N + m - 1 \\ m \end{bmatrix}.$$

Bei $(\star)$ benutzen wir die Bijektion, die 1 von jedem Summanden subtrahiert. $\qquad \square$

Der folgende Satz von Cauchy, für den wir noch eine zusätzliche Variable t benötigen, ist ebenfalls als q-Binomialsatz bekannt:

Satz 3.9 (Cauchy)

$$\sum_{n=0}^{\infty} \frac{(a;q)_n}{(q;q)_n} t^n = \frac{(at;q)_\infty}{(t;q)_\infty} = \frac{(1 - at)(1 - atq) \cdots (1 - atq^n) \cdots}{(1 - t)(1 - tq) \cdots (1 - tq^n) \cdots}.$$

Beweis Wir entwickeln die rechte Seite der zu beweisenden Gleichung in eine Potenzreihe nach t:

$$F(t) := \frac{(at;q)_\infty}{(q;q)_\infty} = \sum_{n=0}^{\infty} A_n(a,q) t^n.$$

Dann gilt $A_0(a,q) = 1$ und:

$$(1 - t)F(t) = (1 - at)F(tq),$$

also für $n \geq 1$:

$$A_n(a;q) - A_{n-1}(a,q) = q^n A_n(a,q) - a q^{n-1} A_{n-1}(a,q),$$

$$A_n(a,q)(1 - q^n) = A_{n-1}(a,q)(1 - a q^{n-1}).$$

Iterierte Anwendung dieser Gleichung liefert:

$$A_n(a,q) = \frac{(1 - aq^{n-1})}{(1 - q^n)} A_{n-1}(a,q) = \cdots = \frac{(1 - aq^{n-1}) \cdots (1 - a)}{(1 - q^n) \cdots (1 - q)} A_0(a,q) = \frac{(a;q)_n}{(q;q)_n}.$$

$\square$

Als Korollar erhalten wir zwei Identitäten von Euler:

Korollar 3.10
Es gelten die Identitäten:

(i)

$$\sum_{n=0}^{\infty} \frac{t^n}{(q;q)_n} = \frac{1}{(t;q)_\infty}.$$

(ii)

$$\sum_{n=0}^{\infty} \frac{t^n q^{n(n-1)/2}}{(q;q)_n} = (-t;q)_\infty.$$

Beweis Setzt man im q-Binomialsatz von Cauchy (3.9) $a = 0$, so erhält man die erste Identität.

Um die zweite zu erhalten, ersetzen wir zunächst a durch a/s und t durch st. Dann haben wir:

$$\sum_{n=1}^{\infty} \frac{(a/s;q)_n}{(q,q)_n} s^n t^n = \frac{(at;q)_\infty}{(st,q)_\infty},$$

oder ausführlicher:

$$\sum_{n=1}^{\infty} \frac{(1 - a/s)((1 - aq/s) \cdots (1 - aq^{n-1}/s)}{(1 - q)(1 - q^2) \cdots (1 - q^n)} s^n t^n = \frac{(1 - at)(1 - atq) \cdots (1 - atq^n) \cdots}{(1 - st)(1 - stq) \cdots (1 - stq^{n-1}) \cdots}$$

bzw.

$$\sum_{n=1}^{\infty} \frac{(s - a)((s - aq) \cdots (s - aq^{n-1})}{(1 - q)(1 - q^2) \cdots (1 - q^n)} t^n = \frac{(1 - at)(1 - atq) \cdots (1 - atq^n) \cdots}{(1 - st)(1 - stq) \cdots (1 - stq^{n-1}) \cdots}.$$

Setzen wir nun $s = 0$ und $a = -1$, so erhalten wir die zweite Identität. $\square$

Sind in der Hauptdiagonalen eines Ferrersgraphen j Felder besetzt, so enthält der Ferrersgraph ein Quadrat der Größe $j \times j$ in seiner Nordwest-Ecke. Entfernen wir es, so bleiben rechts und unterhalb des Quadrates eine Partition in höchstens j Summanden und eine Partition in Summanden $\leq j$. Das Quadrat heißt *Durfee-Quadrat* der Partition. Die erzeugende Funktion aller Partitionen mit einem Durfee-Quadrat der Größe j ist also:

$$\frac{q^{j^2}}{(1-q)^2 \dots (1-q^j)^2}.$$

Durch Summation über j erhalten wir eine neue Formel für $P(q) = \sum_n p(n)q^n$:

$$P(q) = \sum_{j=0}^{\infty} \frac{q^{j^2}}{(1-q)^2 \dots (1-q^j)^2}.$$

Alternativ können wir die j Felder in der Hauptdiagonalen entfernen und die Zahlen $a_1 > a_2 > \dots > a_j \geq 0$ in den ersten j Zeilen rechts der Hauptdiagonalen und $b_1 > b_2 > \dots > b_j \geq 0$ in den Spalten unter der Hauptdiagonalen notieren.
Die $(2 \times j)$-Matrix $\begin{pmatrix} a_1 & \cdots & a_j \\ b_1 & \cdots & b_j \end{pmatrix}$ beschreibt dann den Ferrersgraphen eindeutig.
Betrachten wir nun den Koeffizienten von $a^0 = 1$ in dem unendlichen Produkt

$$(-aq; q)_\infty \cdot (-a^{-1}; q)_\infty = \left\{ \left(1 + (aq)q^0\right)\left(1 + (aq)q^1\right)\left(1 + (aq)q^2\right) \cdots \left(1 + (aq)q^n\right) \cdots \right\}$$
$$\cdot \left\{ \left(1 + a^{-1}q^0\right)\left(1 + a^{-1}q^1\right)\left(1 + a^{-1}q^2\right) \cdots \left(1 + a^{-1}q^n\right) \cdots \right\}.$$

Um a^0 als Produkt zu bekommen, müssen wir in jeder geschweiften Klammer die gleiche Anzahl von Faktoren $\neq 1$ auswählen. Wir nehmen an, dass diese Anzahl j ist. Ein solches Produkt ist dann von der Form

$$q^j \cdot q^{(a_1 + \cdots + a_j)} \cdot q^{(b_1 + \cdots + b_j)}$$

mit $a_1 > a_2 > \cdots > a_j \geq 0$ und $b_1 > b_2 > \cdots > b_j \geq 0$. Also ist der Koeffizient der Potenz a^0 genau $P(q)$.
Damit können wir nun einen berühmten Satz aus der Theorie der elliptischen Funktionen beweisen:

Satz 3.11 (Jacobis Tripel-Produkt-Identität)
Für $a \neq 0$ gilt:

$$\sum_{n=-\infty}^{\infty} a^n q^{\frac{n(n+1)}{2}} = \prod_{n=1}^{\infty} (1-q^n)\left(1 + aq^n\right)\left(1 + a^{-1}q^{n-1}\right) = (q; q)_\infty (-aq; q)_\infty \cdot (-a^{-1}; q)_\infty.$$

Beweis Wir setzen

$$F(a) := (-aq; q)_\infty \cdot (-a^{-1}; q)_\infty,$$

also genau das unendliche Produkt, das wir vor dem Beweis betrachtet haben, und schreiben es als Laurent-Reihe um $a = 0$:

$$F(a) = \sum_{n=-\infty}^{\infty} A_n(q)a^n.$$

Unsere Betrachtung vor dem Beweis zeigte, dass

$$A_0(q) = P(q) = \frac{1}{\prod_{n \geq 1} (1 - q^n)}$$

ist. Substituieren wir aq für a, so folgt

$$F(aq) = \left(\prod_{n=2}^{\infty} (1 + aq^n)\right) \cdot (1 + a^{-1}q^{-1}) \cdot \prod_{n=1}^{\infty} (1 + a^{-1}q^{n-1})$$

$$= a^{-1}q^{-1} \prod_{n=1}^{\infty} (1 + aq^n) \cdot \prod_{n=1}^{\infty} (1 + a^{-1}q^{n-1})$$

$$= a^{-1}q^{-1} F(a).$$

Dies bedeutet für die Laurent-Reihen:

$$\sum_{n=-\infty}^{\infty} A_n(q)a^n = aq \cdot \sum_{n=-\infty}^{\infty} A_n(q)q^n a^n,$$

also

$$A_n(q) = q^n \cdot A_{n-1}(q) = q^n \cdot q^{n-1} \cdot A_{n-2}(q) = \ldots = q^{\frac{n(n+1)}{2}} \cdot A_0(q)$$

(auch für negative n) und damit

$$F(a) = P(q) \cdot \sum_{n=-\infty}^{\infty} q^{\frac{n(n+1)}{2}} \cdot a^n.$$

$\square$

Bemerkung
Die Formel enthält als Spezialfall den Eulerschen Pentagonalsatz. (Ersetze q durch q^3 und a durch $-q^{-1}$.)
Die beiden folgenden Formeln stammen von Gauß:

Korollar 3.12

(i)

$$\sum_{n=-\infty}^{\infty} (-1)^n q^{n^2} = \prod_{n=1}^{\infty} \frac{(1-q^n)}{(1+q^n)} = \frac{(q;q)_\infty}{(-q;q)_\infty}$$

(ii)

$$\sum_{n=0}^{\infty} q^{\frac{n(n+1)}{2}} = \prod_{n=1}^{\infty} \frac{1-q^{2n}}{1-q^{2n-1}} = \frac{(q^2;q^2)_\infty}{(q;q^2)_\infty}$$

Beweis Aus $\frac{1-q^{2n}}{1-q^n} = 1 + q^n$ erhalten wir:

$$\prod_{n=1}^{\infty} (1-q^{2n-1}) = \frac{\prod_{n=1}^{\infty}(1-q^n)}{\prod_{n=1}^{\infty}(1-q^{2n})} = \frac{1}{\prod_{n=1}^{\infty}(1+q^n)}.$$

Für die erste Formel substituieren wir im Tripelprodukt q^2 für q, $-q^{-1}$ für a. Das ergibt:

$$\sum_{n=-\infty}^{\infty} (-1)^n q^{n^2} = \prod_{n=1}^{\infty} (1-q^{2n})(1-q^{2n-1})(1-q^{2n-1})$$

$$= \prod_{n=1}^{\infty} (1-q^n)(1-q^{2n-1}) = \prod_{n=1}^{\infty} \frac{(1-q^n)}{(1+q^n)}$$

Die zweite Formel erhalten wir für $a = 1$:

$$\sum_{n=0}^{\infty} q^{\frac{n(n+1)}{2}} = \frac{1}{2} \sum_{n=-\infty}^{\infty} q^{\frac{n(n+1)}{2}} = \frac{1}{2} \prod_{n=1}^{\infty} (1-q^n)(1+q^n)(1+q^{n-1})$$

$$= \prod_{n=1}^{\infty} (1-q^{2n})(1+q^n) = \prod_{n=1}^{\infty} \frac{1-q^{2n}}{1-q^{2n-1}}.$$

$\square$

3.3.3 Die Rogers-Ramanujan-Identitäten

Dieser Abschnitt ist den Rogers-Ramanujan-Identitäten gewidmet. Sie lauten wie folgt:

Satz 3.13

Es gilt:

(i)

$$1 + \sum_{k=1}^{\infty} \frac{q^{k^2}}{(1-q)\ldots(1-q^k)} = \prod_{n=1}^{\infty} \frac{1}{(1-q^{5n-4})(1-q^{5n-1})}$$

(ii)

$$1 + \sum_{k=1}^{\infty} \frac{q^{k(k+1)}}{(1-q)\ldots(1-q^k)} = \prod_{n=1}^{\infty} \frac{1}{(1-q^{5n-3})(1-q^{5n-2})}.$$

Die linke Seite von (i) bzw. (ii) kann gedeutet werden als die erzeugende Funktion von

$$p(n \mid (\text{Summanden haben}) \text{ Mindestdifferenz } 2)$$

bzw.

$$p(n \mid \text{Mindestdifferenz } 2, \text{ Summanden} \geq 2),$$

während sich die rechte Seite deuten lässt durch

$$p(n \mid \text{alle Summanden} \equiv 1 \text{ oder } 4 \mod 5)$$

bzw.

$$p(n \mid \text{alle Summanden} \equiv 2 \text{ oder } 3 \mod 5).$$

Ein *einfacher* bijektiver Beweis wird immer noch gesucht (siehe aber [50]).

Die Identitäten wurden von dem englischen Analytiker L.J. Rogers bereits 1894 entdeckt und publiziert [94], stießen aber zunächst auf wenig Interesse. Im Jahr 1913 schrieb der indische Mathematiker S. Ramanujan an G.H. Hardy in Cambridge einen Brief, der u. a. diese Identitäten enthielt. Ramanujan hatte keinen Beweis dafür und auch Hardy und seine Kollegen konnten zunächst keinen finden. Deshalb sind die Formeln in einem der ersten Bücher über Kombinatorik, dem Buch *Combinatory Analysis* von P.A. MacMahon, ohne Beweis angegeben. Im Jahr 1917 entdeckte Ramanujan dann durch Zufall den alten Beweis von Rogers. Unabhängig davon hatte in Deutschland I. Schur die Identitäten entdeckt und auf zwei verschiedene Arten bewiesen ([96]). Der folgende Beweis beruht auf der Arbeit von Schur und der Darstellung in [91]:

Beweis (von (3.13))

Wir setzen

$$D_1(q) := \frac{1}{\prod\limits_{n=1}^{\infty} \left(1 - q^{5n-4}\right)\left(1 - q^{5n-1}\right)} \quad \text{und} \quad D_2(q) := \frac{1}{\prod\limits_{n=1}^{\infty} \left(1 - q^{5n-3}\right)\left(1 - q^{5n-2}\right)}.$$

Dann gilt

$$D_1(q) = \frac{\prod\limits_{n=1}^{\infty} \left(1 - q^{5n}\right)\left(1 - q^{5n-2}\right)\left(1 - q^{5n-3}\right)}{\prod\limits_{n=1}^{\infty} \left(1 - q^n\right)}.$$

Der Zähler entspricht dem Jacobi-Tripel-Produkt mit $a = -q^{-2}$ und q ersetzt durch q^5, also

$$D_1(q) \cdot \prod\limits_{n=1}^{\infty} \left(1 - q^n\right) = \sum\limits_{n=-\infty}^{\infty} (-1)^n q^{5\frac{n(n+1)}{2} - 2n}$$

$$= \sum\limits_{n=-\infty}^{\infty} (-1)^n \cdot q^{\frac{n}{2}(5n+1)}.$$

Durch Substitution von q^5 für q und $-q^{-1}$ für a ergibt sich analog die Formel:

$$D_2(q) \cdot \prod\limits_{n=1}^{\infty} \left(1 - q^n\right) = \sum\limits_{n=-\infty}^{\infty} (-1)^n q^{5\frac{n(n+1)}{2} - n}$$

$$= \sum\limits_{n=-\infty}^{\infty} (-1)^n \cdot q^{\frac{n}{2}(5n+3)}.$$

Wir definieren nun zwei Folgen von Polynomen $D_i^{(N)}(q)$, $i = 1, 2$, in der Variablen q: Bezeichnet $p_1(n|N)$ die Anzahl der Partitionen von n in Summanden mit Mindestabstand ≥ 2 und Summanden $\leq N$ und $p_2(n|N)$ die entsprechende Anzahl, wenn der Summand 1 ausgeschlossen wird, so sei

$$D_i^{(N)}(q) := \sum\limits_{n} p_i(n|N)q^n \quad , \quad i = 1, 2.$$

Offenbar gilt:

$$\lim\limits_{N \to \infty} D_1^{(N)}(q) = 1 + \sum\limits_{k=1}^{\infty} \frac{q^{k^2}}{(1-q)\ldots(1-q^k)}$$

und

$$\lim_{N\to\infty} D_2^{(N)}(q) = 1 + \sum_{k=1}^{\infty} \frac{q^{k(k+1)}}{(1-q)\ldots(1-q^k)}.$$

Wir haben also zu beweisen, dass

$$\lim_{N\to\infty} D_i^{(N)}(q) = D_i(q)$$

gilt, $i = 1, 2$. Das tun wir, indem wir zeigen, dass die Polynome $D_i^{(N)}(q)$ und die Potenzreihen $D_i(q)$ in den Koeffizienten der Potenzen q^k mit $k \leq \lfloor \frac{N}{2} \rfloor - 3$ übereinstimmen, $i = 1, 2$.
Klassifiziert man die Partitionen danach, ob der Summand N wirklich auftritt oder nicht, so erhält man die Rekursion

$$D_i^{(N)}(q) = D_i^{(N-1)}(q) + q^N D_i^{(N-2)}(q) \quad , \; i = 1, 2.$$

Zusammen mit den Anfangsbedingungen

$$D_1^{(1)}(q) = 1 + q, \quad D_1^{(2)}(q) = 1 + q + q^2, \quad D_2^{(1)}(q) = 1, \quad D_2^{(2)}(q) = 1 + q^2$$

sind die Polynome dadurch festgelegt.

Die Beweisidee von Schur besteht darin, mit Hilfe bekannter Funktionen Lösungen für die Rekursion

$$P_N(q) = P_{N-1}(q) + q^N P_{N-2}(q) \tag{3.2}$$

zu konstruieren und dann die $D_i^{(N)}(q)$ als Linearkombination dieser Lösungen darzustellen.
Als Werkzeug zur Konstruktion dieser Lösungen dienen ihm die Gaußschen Polynome

$$\begin{bmatrix} k \\ l \end{bmatrix} = \frac{(1-q^k)(1-q^{k-1})\cdots(1-q^{k-l+1})}{(1-q)(1-q^2)\cdots(1-q^l)}.$$

Wir beachten, dass $\begin{bmatrix} k \\ l \end{bmatrix} = \begin{bmatrix} k \\ k-l \end{bmatrix}$ gilt, sowie $\begin{bmatrix} k \\ l \end{bmatrix} = 0$ für $l > k$ oder $k = 0$, $l \neq 0$.
Wir erweitern die Definition, indem wir $\begin{bmatrix} k \\ 0 \end{bmatrix} := 1$ setzen (also auch $\begin{bmatrix} 0 \\ 0 \end{bmatrix} := 1$), sowie $\begin{bmatrix} k \\ l \end{bmatrix} := 0$ für $l < 0$. Den „Zähler" k betrachten wir nur für $k \geq 0$.
Wir erinnern auch an die Rekursion

$$\begin{bmatrix} k \\ l \end{bmatrix} = \begin{bmatrix} k-1 \\ l-1 \end{bmatrix} + q^l \begin{bmatrix} k-1 \\ l \end{bmatrix} , \; k \geq 1$$

sowie die Beziehung

$$\begin{bmatrix} k \\ l \end{bmatrix} = \frac{1-q^k}{1-q^l} \cdot \begin{bmatrix} k-1 \\ l-1 \end{bmatrix} = \begin{bmatrix} k-1 \\ l-1 \end{bmatrix} + \frac{q^l-q^k}{1-q^l} \cdot \begin{bmatrix} k-1 \\ l-1 \end{bmatrix}, \ k,l \geq 1.$$

Die erste Rekursion kann wegen der Symmetrie der Gaußschen Koeffizienten auch wie folgt geschrieben werden

$$\begin{bmatrix} k \\ l \end{bmatrix} = \begin{bmatrix} k-1 \\ l \end{bmatrix} + q^{k-l} \begin{bmatrix} k-1 \\ l-1 \end{bmatrix}, \ k \geq 1,$$

eine Gleichung, die schon ein wenig an (3.2) erinnert.

Schur betrachtet zunächst die (rationalen) Funktionen

$$F^{(i)}(k,l) := \begin{bmatrix} k \\ l \end{bmatrix} - q^{k-2l+2+i} \begin{bmatrix} k \\ l-2-i \end{bmatrix}, \ i = 0,1,$$

mit $k \geq 0, l \in \mathbb{Z}$.

Lemma 3.14

$$F^{(0)}(k,l) = F^{(1)}(k-1,l) + q^{k-1} \cdot F^{(0)}(k-2,l-1)$$

Beweis

$$\begin{aligned}
F^{(0)}(k,l) - F^{(1)}(k-1,l) &= \begin{bmatrix} k \\ l \end{bmatrix} - q^{k-2l+2} \begin{bmatrix} k \\ l-2 \end{bmatrix} - \begin{bmatrix} k-1 \\ l \end{bmatrix} + q^{k-2l+2} \begin{bmatrix} k-1 \\ l-3 \end{bmatrix} \\
&= q^{k-l} \begin{bmatrix} k-1 \\ l-1 \end{bmatrix} - q^{k-2l+2} \cdot q^{l-2} \cdot \begin{bmatrix} k-1 \\ l-2 \end{bmatrix} \\
&= q^{k-l} \cdot \left(\begin{bmatrix} k-1 \\ l-1 \end{bmatrix} - \begin{bmatrix} k-1 \\ l-2 \end{bmatrix} \right) \\
&= q^{k-l} \cdot \left(\begin{bmatrix} k-2 \\ l-2 \end{bmatrix} + q^{l-1} \cdot \begin{bmatrix} k-2 \\ l-1 \end{bmatrix} - \begin{bmatrix} k-2 \\ l-2 \end{bmatrix} - q^{k-l+1} \begin{bmatrix} k-2 \\ l-3 \end{bmatrix} \right) \\
&= q^{k-1} \cdot \left(\begin{bmatrix} k-2 \\ l-1 \end{bmatrix} - q^{k-2l+2} \cdot \begin{bmatrix} k-2 \\ l-3 \end{bmatrix} \right) \\
&= q^{k-1} \cdot F^{(0)}(k-2,l-1).
\end{aligned}$$

$\square$

Nun setzen wir

$$\varepsilon_n := [n \text{ ungerade}] \ \in \{0,1\},$$

also $\varepsilon_n \equiv n \bmod 2$.

Für später genauer zu definierende ganze Zahlen α, β sei nun

$$F_n := F_n(q, \alpha) := F^{(\varepsilon_n)}\left(n + 1, \left\lfloor \frac{n+1}{2} \right\rfloor - \alpha\right),$$

$$G_n := G_n(q, \beta) := F^{(1-\varepsilon_n)}\left(n + 1, \left\lfloor \frac{n}{2} \right\rfloor - \beta\right).$$

Dann folgt aus dem Lemma

$$F^{(0)}\left(n + 1, \left\lfloor \frac{n+1}{2} \right\rfloor - \alpha\right) = F^{(1)}\left(n, \left\lfloor \frac{n+1}{2} \right\rfloor - \alpha\right) + q^n \cdot F^{(0)}\left(n - 1, \left\lfloor \frac{n-1}{2} \right\rfloor - \alpha\right).$$

Ist n gerade, so bedeutet dies

$$F_n = F_{n-1} + q^n \cdot F_{n-2}$$

(wegen $\varepsilon_n = 0$, $\left\lfloor \frac{n+1}{2} \right\rfloor = \left\lfloor \frac{n}{2} \right\rfloor$), also eine Lösung von (3.2).

Analog gilt

$$F^{(0)}\left(n + 1, \left\lfloor \frac{n}{2} \right\rfloor - \beta\right) = F^{(1)}\left(n, \left\lfloor \frac{n}{2} \right\rfloor - \beta\right) + q^n F^{(0)}\left(n - 1, \left\lfloor \frac{n-2}{2} \right\rfloor - \beta\right)$$

und damit für ungerades n ($\left\lfloor \frac{n}{2} \right\rfloor = \left\lfloor \frac{n-1}{2} \right\rfloor$)

$$G_n = G_{n-1} + q^n G_{n-2}.$$

Aus der Definition der $F^{(i)}(k, l)$ ergibt sich

$$F_n = \begin{bmatrix} n + 1 \\ \left\lfloor \frac{n+1}{2} \right\rfloor - \alpha \end{bmatrix} - q^{2\alpha+3} \cdot \begin{bmatrix} n + 1 \\ \left\lfloor \frac{n}{2} \right\rfloor - \alpha - 2 \end{bmatrix},$$

sowie

$$G_n = \begin{bmatrix} n + 1 \\ \left\lfloor \frac{n}{2} \right\rfloor - \beta \end{bmatrix} - q^{2\beta+4} \cdot \begin{bmatrix} n + 1 \\ \left\lfloor \frac{n+1}{2} \right\rfloor - \beta - 3 \end{bmatrix}.$$

Nun betrachten wir „Linearkombinationen"

$$R_n(q) := \sum_{t=-\infty}^{\infty} Q_t(q) F_n(q, \alpha_t),$$

wobei (Q_t) eine Folge von Polynomen ist und $\alpha_t \in \mathbb{Z}$ mit $\alpha_t \to \infty$ ($t \to \infty$), sowie $\alpha_t \to -\infty$ ($t \to -\infty$) gelte.

Dann gilt für n gerade ebenfalls die Beziehung

$$R_n(q) = R_{n-1}(q) + q^n R_{n-2}(q).$$

Ferner ist

$$R_n(q) = \sum_{t=-\infty}^{\infty} Q_t \cdot \left(\begin{bmatrix} n+1 \\ \lfloor \frac{n+1}{2} \rfloor - \alpha_t \end{bmatrix} - q^{2\alpha_t+3} \cdot \begin{bmatrix} n+1 \\ \lfloor \frac{n}{2} \rfloor - \alpha_t - 2 \end{bmatrix} \right)$$

$$= - \sum_{t=-\infty}^{\infty} \underbrace{\left(Q_t q^{2\alpha_t+3} \begin{bmatrix} n+1 \\ \lfloor \frac{n}{2} \rfloor - \alpha_t - 2 \end{bmatrix} - Q_{t+1} \begin{bmatrix} n+1 \\ \lfloor \frac{n+1}{2} \rfloor - \alpha_{t+1} \end{bmatrix} \right)}_{(*)}.$$

Die Idee ist nun, die Q_t und α_t so zu bestimmen, dass der Summand $(*)$ (bis auf einen Faktor, der von n nicht abhängt) zu einem $G_n(q, \beta)$ wird. Dann gilt die gewünschte Rekursion auch für ein ungerades n.

Um die „Nenner" der Gaußschen Koeffizienten anzugleichen, setzen wir

$$\beta = \alpha_t + 2, \quad \beta + 3 = \alpha_{t+1}, \quad \text{also} \quad \alpha_{t+1} = \alpha_t + 5, \quad \alpha_t = \alpha_0 + 5t.$$

Außerdem brauchen wir

$$Q_{t+1} = Q_t \cdot q^{4\alpha_t+11} = Q_t \cdot q^{4\alpha_0+20t+11},$$

also

$$Q_t = Q_0 \cdot q^{4\alpha_0 t + 10t(t-1)+11t} = Q_0 \cdot q^{t(10t+4\alpha_0+1)}.$$

Setzen wir dieses Ergebnis wieder in die Definition der R_n ein, so folgt

$$R_n(q) = Q_0 \cdot \sum_{t=-\infty}^{\infty} \left(q^{t(10t+4\alpha_0+1)} \begin{bmatrix} n+1 \\ \lfloor \frac{n+1}{2} \rfloor - \alpha_0 - 5t \end{bmatrix} \right.$$

$$\left. - q^{t(10t+4\alpha_0+1)+2\alpha_0+10t+3} \begin{bmatrix} n+1 \\ \lfloor \frac{n}{2} \rfloor - \alpha_0 - 5t - 2 \end{bmatrix} \right).$$

Jetzt noch etwas Kosmetik:

$$t(10t + 4\alpha_0 + 1) = \frac{2t}{2} \cdot (5 \cdot 2t + 4\alpha_0 + 1)$$

und

$$t(10t + 4\alpha_0 + 1) + 2\alpha_0 + 10t + 3 = \frac{2t+1}{2} (5(2t+1) + 4\alpha_0 + 1),$$

$$\left\lfloor \frac{n+1}{2} \right\rfloor - 5 \cdot t = \left\lfloor \frac{n+1-5 \cdot 2t}{2} \right\rfloor, \quad \left\lfloor \frac{n}{2} \right\rfloor - 5t - 2 = \left\lfloor \frac{n+1-5(2t+1)}{2} \right\rfloor,$$

also

$$R_n(q) = Q_0 \cdot \sum_{m=-\infty}^{\infty} (-1)^m \cdot (q)^{\frac{m}{2}\cdot(5m+4\alpha_0+1)} \cdot \begin{bmatrix} n+1 \\ \left\lfloor \frac{n+1-5m}{2} \right\rfloor - \alpha_0 \end{bmatrix}.$$

Wählen wir $Q_0 = 1$, $\alpha_0 = 0$, so ergibt sich $R_0(q) = 1$, $R_1(q) = 1 + q$, also

$$D_1^{(N)}(q) = R_N(q) = \sum_{m=-\infty}^{\infty} (-1)^m \cdot q^{\frac{m}{2}\cdot(5m+1)} \cdot \begin{bmatrix} N+1 \\ \left\lfloor \frac{N+1-5m}{2} \right\rfloor \end{bmatrix}.$$

Für $Q_0 = 1$, $\alpha_0 = -1$ ergibt sich $R_0(q) = 1 = R_1(q)$, also

$$D_2^{(N)}(q) = \sum_{m=-\infty}^{\infty} (-1)^m \cdot q^{\frac{m}{2}(5m-3)} \cdot \begin{bmatrix} N+1 \\ \left\lfloor \frac{N+1-5m}{2} \right\rfloor + 1 \end{bmatrix}.$$

In dem Zählerprodukt des Gaußschen Koeffizienten $\begin{bmatrix} N+1 \\ \left\lfloor \frac{N+1-5m}{2} \right\rfloor \end{bmatrix}$ ist $1 - q^S$ der letzte

Faktor, $S = N + 1 - \left\lfloor \frac{N+1-5m}{2} \right\rfloor + 1 = \left\lfloor \frac{N+5m}{2} \right\rfloor + 1$.
Dann ist

$$\frac{m}{2}(5m+1) + \left\lfloor \frac{N+5m}{2} \right\rfloor + 1 \geq \frac{|m|(5|m|-1)}{2} + \frac{N-5|m|}{2}$$

$$\geq \frac{5|m|(|m|-2)}{2} + \frac{N}{2}$$

$$> \left\lfloor \frac{N}{2} \right\rfloor - 3.$$

Deshalb stimmt das Polynom

$$q^{\frac{m}{2}(5m+1)} \cdot \begin{bmatrix} N+1 \\ \left\lfloor \frac{N+1-5m}{2} \right\rfloor \end{bmatrix}$$

mit der Potenzreihe

$$\frac{q^{\frac{m}{2}(5m+1)}}{(1-q)(1-q^2)\ldots(1-q^{\left\lfloor \frac{(N+1-5m)}{2} \right\rfloor})}$$

in den Koeffizienten bis $\left\lfloor \frac{N}{2} \right\rfloor - 3$ überein und damit ebenso mit der Potenzreihe

$$\frac{q^{\frac{m}{2}(5m+1)}}{\prod_{n=1}^{\infty} (1-q^n)}.$$

$D_1^{(N)}(q)$ stimmt also mit der Reihe

$$\sum_{m=-\infty}^{\infty} (-1)^m q^{\frac{m}{2}(5m+1)} \cdot \frac{1}{\prod_{n\geq 1}(1-q^n)}$$

in den ersten $\left\lfloor \frac{N}{2} \right\rfloor - 3$ Koeffizienten überein.

Für $N \to \infty$ folgt daraus die behauptete Formel für $D_1(q)$. Ganz analog zeigt man die Formel für $D_2(q)$. $\qquad\square$

Ramanujan betrachtete den Kettenbruch $K(q) = 1 + \cfrac{q}{1 + \cfrac{q^2}{1 + \cfrac{q^3}{1 + \dots}}}$,

also den Grenzwert der Folge

$$1,\; 1+q,\; 1 + \frac{q}{1+q^2} = \frac{1+q+q^2}{1+q^2},\; \dots,$$

also

$$K_n(q) = 1 + \cfrac{q}{1 + \cfrac{q^2}{\cfrac{\ddots}{1+q^n}}} \quad \text{und} \quad K(q) = \lim_{n\to\infty} K_n(q).$$

Dann gilt

$$K_n(q) = \frac{D_1^{(n)}(q)}{D_2^{(n)}(q)} \quad \text{für alle } n, \quad \text{also}$$

$$K(q) = \frac{\displaystyle\prod_{n=1}^{\infty}(1-q^{5n-3})(1-q^{5n-2})}{\displaystyle\prod_{n=1}^{\infty}(1-q^{5n-4})(1-q^{5n-1})}.$$

Der Grenzwert existiert für $|q| < 1$ und Ramanujan bestimmte die Werte $K(e^{-2\pi})$, $K(e^{-\pi})$, $K(e^{-2\pi\cdot\sqrt{5}})$ aus dieser Gleichung.

So erhielt er zum Beispiel die Formeln

$$\cfrac{1}{1+\cfrac{e^{-2\pi}}{1+\cfrac{e^{-4\pi}}{1+\cfrac{e^{-6\pi}}{\ddots}}}} = \left(\sqrt{\frac{5+\sqrt{5}}{2}} - \frac{\sqrt{5}+1}{2}\right)\cdot e^{\frac{2\pi}{5}},$$

$$1 - \cfrac{e^{-\pi}}{1+\cfrac{e^{-2\pi}}{1-\cfrac{e^{-3\pi}}{\ddots}}} = \left(\sqrt{\frac{5-\sqrt{5}}{2}} - \frac{\sqrt{5}-1}{2}\right)\cdot e^{\frac{\pi}{5}},$$

von denen Hardy schreibt [60]:
„[These formulas] defeated me completely. I had never seen anything in the least
like them before. A single look at them is enough to show that they could only be
written down by a mathematician of the highest class. They must be true because, if
they were not true, no one would have had the imagination to invent them."

3.3.4 Der Satz von Dumont-Laß

Zum Abschluss dieses Kapitels zeigen wir noch den Beweis einer Vermutung von
D. Dumont durch B. Laß und zeigen die Stärke dieses Resultats [75]. Dabei geht
es um ein klassisches zahlentheoretisches Thema: Die Darstellung von natürlichen
Zahlen als Summe von Quadraten. Dabei sei $r_k^{1(2)}(n)$ die Anzahl der (geordneten)
k-Tupel $(x_1, x_2, \ldots, x_k)$ ungerader natürlicher Zahlen mit $n = x_1^2 + x_2^2 + \cdots + x_k^2$.
Die Anzahl der k-Tupel mit $n = x_1 x_2 + x_2 x_3 + \cdots + x_{k-1} x_k$ bezeichnen wir mit
$c_k^{1(4)}(n)$ oder $c_k^{3(4)}(n)$, je nachdem, ob die natürlichen Zahlen x_i alle kongruent zu 1
oder zu 3 mod 4 sein sollen.
Der folgende Satz ist die Vermutung von Dumont:

Satz 3.15 (D. Dumont, B. Laß)
Für alle natürlichen Zahlen n und k gilt:

$$r_k^{1(2)}(n) = c_k^{1(4)}(n) - (-1)^k c_k^{3(4)}(n).$$

Bevor wir den Beweis wiedergeben, zeigen wir, dass dieser Satz es gestattet, einige
klassische Resultate mit minimalem Aufwand zu beweisen. Der erste Satz stammt

von Gauß. Wir erinnern daran, dass eine Dreieckszahl eine Zahl der Form $\binom{n}{2} = n(n-1)/2$ ist ($n \in \mathbb{N}$).

Korollar 3.16 (Gauß)

Jede natürliche Zahl ist die Summe von (höchstens) drei Dreieckszahlen.

Beweis Es sei $n \in \mathbb{N}$. Wir müssen zeigen, dass natürliche Zahlen m_1, m_2, m_3 existieren mit

$$n = \binom{m_1}{2} + \binom{m_2}{2} + \binom{m_3}{2}.$$

Diese Gleichung ist äquivalent zu

$$8n = 4m_1^2 - 4m_1 + 4m_2^2 - 4m_2 + 4m_3^2 - 4m_3$$

bzw.

$$8n + 3 = (2m_1 - 1)^2 + (2m_2 - 1)^2 + (2m_3 - 1)^2.$$

Die Anzahl der Lösungen dieser Gleichung ist nach Definition $r_3^{1(2)}(8n+3)$, also $c_3^{1(4)}(8n+3) + c_3^{3(4)}(8n+3)$. Setzen wir $m_1 = m_2 = 1$ und $m_3 = 4n + 1$, so gilt offenbar $m_1 m_2 + m_2 m_3 + m_3 m_1 = 8n + 3$. Damit ist $r_3^{1(2)}(8n+3) \geq c_3^{1(4)}(8n+3) > 0$ und der Satz ist bewiesen. $\qquad\square$

Die nächsten vier Sätze stammen alle von Jacobi:

Korollar 3.17

Für alle natürlichen Zahlen n gilt:

$$r_2^{1(2)}(8n+2) = \sum_{d | 4n+1} (-1)^{(d-1)/2}.$$

Beweis Es ist $x_1 x_2 + x_2 x_1 = 8n + 2$ genau dann, wenn $x_1 x_2 = 4n + 1$. Dabei müssen die Zahlen x_1 und x_2 Teiler von $4n + 1$ sein und entweder beide kongruent zu 1 oder zu 3 modulo 4 sein. Im ersten Fall ist $(-1)^{(x_1-1)/2} = 1$, im zweiten gleich -1. Der Ausdruck

$$\sum_{d | 4n+1} (-1)^{(d-1)/2}$$

ist also nichts anderes als $c_2^{1(4)}(8n+2) - (-1)^2 c_2^{3(4)}(8n+2)$. $\qquad\square$

Korollar 3.18

Für alle natürlichen Zahlen n gilt:

$$r_4^{1(2)}(8n+4) = \sum_{d \mid 2n+1} d.$$

Beweis Wir untersuchen die Gleichung

$$(x_1 + x_3)(x_2 + x_4) = x_1 x_2 + x_2 x_3 + x_3 x_4 + x_4 x_1 = 8n + 4,$$

wobei die x_i alle kongruent 1 oder alle kongruent 3 modulo 4 sind. Sie gilt genau dann, wenn

$$2n + 1 = \frac{x_1 + x_3}{2} \cdot \frac{x_2 + x_4}{2}.$$

Wir erhalten also mit $2d := x_1 + x_3$ und $2d' := x_2 + x_4$ ein Paar (d, d') mit $dd' = 2n + 1$. Sind umgekehrt d, d' mit $dd' = 2n + 1$ gegeben, so ist d ungerade und $2d = 4k + 2$ mit $k = (d - 1)/2$. Es gibt dann $2k + 1$ mögliche Paare ungerader Zahlen (x_1, x_3) mit $x_1 + x_3 = 2d$, nämlich $(1, 4k + 1), (3, 4k - 1), \ldots, (4k + 1, 1)$. Bei $k + 1$ dieser Paare sind beide Komponenten kongruent zu 1 mod 4 und bei k sind beide kongruent zu 3 modulo 4. Eine analoge Überlegung trifft für d' und die $2k' + 1$ Paare (x_2, x_4) mit $x_2 + x_4 = 2d'$ zu, $k' = (d' - 1)/2$. Damit erhalten wir insgesamt:

$$r_4(8n+4) = c_4^1(8n+4) - c_4^3(8n+4) = \sum_{d \cdot d' = 2n+1} (k+1)(k'+1) - kk'$$

$$= \sum_{d \cdot d' = 2n+1} k + k' + 1 = \sum_{d \cdot d' = 2n+1} \frac{d-1}{2} + \frac{d'-1}{2} + 1$$

$$= \sum_{d \cdot d' = 2n+1} \frac{d + d'}{2} = \sum_{d \mid 2n+1} d.$$

$\square$

Wir bezeichnen mit $r_k(n)$ die Anzahl der k-Tupel *ganzer* Zahlen $(x_1, x_2, \ldots, x_k)$ mit $x_1^2 + x_2^2 + \cdots + x_k^2 = n$. Die x_i können also auch negativ oder 0 sein. Dann gilt:

Korollar 3.19

Für alle $n \in \mathbb{N}$ gilt:

$$r_2(n) = 4 \sum_{d \mid n, 2 \nmid d} (-1)^{(d-1)/2}.$$

Beweis Zuerst zeigen wir, dass für alle n $r_2(n) = r_2(2n)$ ist, indem wir eine Bijektion der entsprechenden Paare konstruieren:

Ist $n = x_1^2 + x_2^2$, so ist $y_1^2 + y_2^2 = 2n$ mit $y_1 := x_1 + x_2$ und $y_2 := x_1 - x_2$. Ist umgekehrt $y_1^2 + y_2^2 = 2n$, so sind y_1 und y_2 entweder beide gerade oder beide ungerade. Mit $x_1 := (y_1 + y_2)/2$ und $x_2 := (y_1 - y_2)/2$ gilt dann $x_1^2 + x_2^2 = n$.

Auch die rechte Seite der zu beweisenden Gleichung ändert sich offenbar nicht, wenn man n durch $2n$ ersetzt.

Deshalb genügt es, die Formel für den Fall $n \equiv 2 \mod 4$ zu zeigen.

In diesem Fall folgt aus der Gleichung $x_1^2 + x_2^2 = n$, dass x_1 und x_2 beide ungerade sind und wir haben $r_2(n) = 4r_2^{1(2)}(n)$. Durch Betrachtung der Quadrate modulo 8 sieht man, dass im Fall $n \equiv 6 \mod 8$ $r_2(n) = 4r_2^{1(2)}(n) = 0$ gilt. Im Fall $n \equiv 2 \mod 8$ folgt die behauptete Gleichung nun aus (3.17). $\qquad\square$

Korollar 3.20

Für alle $n \in \mathbb{N}$ gilt:

$$r_4(n) = 8 \sum_{d|n,\, 4\nmid d} d. \tag{3.3}$$

Beweis Wir betrachten die lineare Transformation T, $T(x_1 \ldots, x_4) = (y_1, \ldots, y_4)$, mit

$$y_1 := x_1 + x_2, \quad y_2 := x_1 - x_2, \quad y_3 := x_3 + x_4, \quad y_4 := x_3 - x_4$$

und ihre Inverse T^{-1}, $T^{-1}(y_1, \ldots, y_4) = (x_1, \ldots, x_4)$ mit

$$x_1 := \frac{y_1 + y_2}{2}, \quad x_2 := \frac{y_1 - y_2}{2}, \quad x_3 := \frac{y_3 + y_4}{2}, \quad x_4 := \frac{y_3 + y_4}{2}.$$

Dann gilt:

$$x_1^2 + x_2^2 + x_3^2 + x_4^2 = n \iff y_1^2 + y_2^2 + y_3^2 + y_4^2 = 2n.$$

Ist n gerade, also $2n \equiv 0 \mod 4$, so folgt aus $y_1^2 + y_2^2 + y_3^2 + y_4^2 = 2n$, dass die y_i entweder alle gerade oder alle ungerade sind und T vermittelt eine Bijektion zwischen den Lösungen der beiden Gleichungen $x_1^2 + x_2^2 + x_3^2 + x_4^2 = n$ und $y_1^2 + y_2^2 + y_3^2 + y_4^2 = 2n$, d.h wir haben $r_4(n) = r_4(2n)$. Der Wert der rechten Seite von (3.3), $8\sum_{d|n,\, 4\nmid d} d$, ändert sich wegen der Bedingung $4 \nmid d$ bei Übergang von n zu $2n$ ebenfalls nicht.

Ist n ungerade, also $2n \equiv 2 \mod 4$, so müssen im Fall $y_1^2 + y_2^2 + y_3^2 + y_4^2 = 2n$ genau zwei der y_i gerade und zwei ungerade sein. Es sei $\varepsilon_i := [y_i \text{ ungerade}] \in$

$\{0, 1\}$, $1 \leq i \leq 4$. Wir nennen $(\varepsilon_1, \ldots, \varepsilon_4)$ den Paritätsvektor von $y := (y_1, \ldots, y_4)$. Durch Permutation der Komponenten von y entstehen dann Vektoren mit genau $6 = \binom{4}{2}$ verschiedenen Paritätsvektoren und in genau 2 Fällen gilt $\varepsilon_1 = \varepsilon_2$ und $\varepsilon_3 = \varepsilon_4$. Daraus folgt, dass $r_4(2n) = 3r_4(n)$ ist.

Auch in diesem Fall gilt die entsprechende Gleichung für die rechte Seite von (3.3) :

$$8 \sum_{d \mid 2n, 4 \nmid d} d = 8 \sum_{d \mid 2n} d = 8 \sum_{d \mid n} (d + 2d) = 3 \cdot 8 \sum_{d \mid n} d.$$

Es genügt also, (3.3) für den Fall $n \equiv 4 \mod 8$ zu zeigen. In diesem Fall sind die Paritätsvektoren der Lösungen von $x_1^2 + x_2^2 + x_3^2 + x_4^2 = n$ entweder $(1, 1, 1, 1)$ oder $(0, 0, 0, 0)$. Im ersten Fall ist die Anzahl der Lösungen $16 \cdot r_4^{1(2)}(n)$, im zweiten $r_4(n/4)$. Da $n/4$ ungerade ist, gilt: $r_4(n/4) = r_4(n)/3$, also $r_4(n) = 16 \cdot r_4^{1(2)}(n) + r_4(n)/3$, $r_4(n) = 24 \cdot r_4^{1(2)}(n)$, also nach 3.18:

$$r_4(n) = 24 \cdot r_4^{1(2)}(n) = 24 \cdot \sum_{d \mid n/4} d = 8 \cdot \sum_{d \mid n/4} (d + 2d) = 8 \sum_{d \mid n, 4 \nmid d} d. \qquad \square$$

Als Korollar erhalten wir:

Korollar 3.21 (J.L. Lagrange)
Jede natürliche Zahl ist als Summe von höchstens 4 Quadratzahlen darstellbar.

Der Beweis von (3.15) beruht auf Eigenschaften gewisser unendlicher Matrizen

$$A := (a_{i,j}), \quad i, j = 0, 1, 2 \ldots,$$

deren Einträge $a_{i,j}$ Potenzreihen in der Variablen q sind. Für eine solche Potenzreihe $\sum_{l=0}^{\infty} a_k q^k$ bezeichnen wir mit $\delta(\sum_{l=0}^{\infty} a_k q^k)$ das kleinste k mit $a_k \neq 0$, $\delta(0) := \infty$. A heißt *zulässig*, falls zu jedem $n \in \mathbb{N}$ ein $m = m(n) = m(n, A) \in \mathbb{N}$ existiert, sodass $\delta(a_{i,j}) > n$ für alle i, j mit $|i - j| \geq m$ gilt. Betrachtet man eine zulässige Matrix modulo q^n, so sind die Einträge $\neq 0$ auf endlich viele Diagonalen konzentriert. Es gilt das folgende Lemma:

Lemma 3.22

(i) Sind $A = (a_{i,j})$ und $B = (b_{j,k})$ zulässig, so ist das Matrizenprodukt $A \cdot B = C = (c_{i,k})$ durch

$$c_{i,k} = \sum_{j=0}^{\infty} a_{i,j} b_{j,k}, \quad i, k = 0, 1, 2, \ldots$$

wohldefiniert und die Matrix C ist ebenfalls zulässig.

(ii) Das Produkt zulässiger Matrizen ist assoziativ und die Einheitsmatrix I ist zulässig.

(iii) Ist $A = (a_{i,j})$ zulässig mit $\delta(a_{i,j}) > 0$ für alle i, j, so existiert die Inverse $(I + A)^{-1}$ und es gilt:

$$(I + A)^{-1} = \sum_{k=0}^{\infty} (-1)^k A^k.$$

Beweis

(i): Wir zeigen zuerst, dass durch $\sum_{j=0}^{\infty} a_{i,j} b_{j,k}$ eindeutig eine Potenzreihe in q definiert wird. Beiträge zum Koeffizienten von q^n können nur aus den Produkten $a_{i,j} b_{j,k}$ mit $|i - j| < m(n, A)$ und $|j - k| < m(n, B)$ entstehen. Dies sind nur endlich viele Produkte im Ring der formalen Potenzreihen. Die Matrix C ist also wohldefiniert.

C ist auch zulässig, denn es gilt offenbar: $m(n, C) \leq m(n, A) + m(n, B)$.

(ii) ist trivial.

(iii) Aus der Voraussetzung an A folgt, dass $\delta(a_{i,j}^{(k)}) \geq k$ ist für jeden Eintrag $a_{i,j}^{(k)}$ von A^k. Die Summe $\sum_{k=0}^{\infty} (-1)^k A^k$ modulo q^n ist also gleich der Summe $\sum_{k=0}^{n} (-1)^k A^k$ modulo q^n. Daraus folgt, dass $\sum_{k=0}^{\infty} (-1)^k A^k$ wohldefiniert und zulässig ist. Multiplikation mit $I + A$ ergibt offenbar die Einheitsmatrix I. $\square$

Die Matrix $A = (a_{i,j})$ heißt *stark zulässig*, falls zu jedem $n \in \mathbb{N}$ ein $\ell = \ell(n) = \ell(n, A) \in \mathbb{N}$ existiert, sodass $\delta(a_{i,j}) \geq n$ für alle i, j mit $\max(i, j) \geq \ell$ gilt. Reduziert man stark zulässige Matrizen modulo q^n, so enthalten sie nur endlich viele Elemente $\neq 0$. Stark zulässige Matrizen sind also auch zulässig. Aus der Definition folgt unmittelbar, dass die *Spur* $\mathrm{tr}(A) := \sum_{i=0}^{\infty} a_{i,i}$ einer stark zulässigen Matrix A wohldefiniert ist. Der Beweis des folgenden Lemmas ist ähnlich dem des vorigen und wird weggelassen:

Lemma 3.23

Es sei $A = (a_{i,j})$ stark zulässig und $B = (b_{j,k})$ zulässig. Dann gilt:

(i) Die Produkte AB und BA sind stark zulässig.
(ii) $\mathrm{tr}(AB) = \mathrm{tr}(BA)$.

Es seien nun $A = (a_{i,j})$ mit

$$a_{i,j} := q^{(4i+1)(4j+1)},$$

$B := (b_{i,j})$ mit

$$b_{i,j} = \begin{cases} -q^{(4i-1)(4j-1)}, & \text{falls } i, j > 0, \\ \sum_{n=0}^{\infty} q^{(2n+1)^2}, & \text{falls } i = j = 0, \\ 0, & \text{sonst.} \end{cases}$$

und $C = (c_{i,j})$ mit

$$c_{i,j} = \begin{cases} -\dfrac{q^{12(j-i-1)+4}}{1 - q^{16(j-i-1)+8}} & \text{falls } j > i, \\[3ex] \dfrac{q^{4(i-j)}}{1 - q^{16(i-j)+8}} & \text{falls } 1 \le j \le i, \\[3ex] \dfrac{(q^8; q^{16})_i}{(q^{16}; q^{16})_i} q^{4i} & \text{falls } j = 0. \end{cases}$$

Offenbar sind A und B stark zulässig und C ist zulässig. Nach Lemma 3.22 (iii) ist C auch invertierbar. Entscheidend ist nun

Satz 3.24

Für die oben definierten Matrizen gilt:

$$CB = AC.$$

Bevor wir den Satz beweisen, zeigen wir, wie daraus Satz 3.15 folgt:
Das i-te Diagonalelement $a_{i,i}^{(k)}$ der Potenz A^k ist offenbar gegeben durch

$$a_{i,i}^{(k)} = \sum_{j_1,j_2,\ldots j_{k-1}=0}^{\infty} q^{(4i+1)(4j_1+1)} \cdot q^{(4j_1+1)(4j_2+1)} \cdots q^{(4j_{k-1}+1)(4i+1)}$$

$$= \sum_{j_1,j_2,\ldots j_{k-1}=0}^{\infty} q^{(4i+1)(4j_1+1)+(4j_1+1)(4j_2+1)+\cdots+(4j_{k-1}+1)(4i+1)}.$$

Summieren wir diese Potenzreihen über alle i, so ist das genau die Spur $\mathrm{tr}(A^k)$ und wir erhalten als Koeffizienten von q^n die Zahl $c_k^{1(4)}(n)$. Entsprechend für B^k:

$$b_{1,1}^{(k)} = \left(\sum_{n=0}^{\infty} q^{(2n+1)^2}\right)^k = \sum_{n=0}^{\infty} r_k^{1(2)}(n)q^n,$$

sowie für $i > 1$:

$$b_{i,i}^{(k)} = \sum_{j_1,j_2,\ldots j_{k-1}=1}^{\infty} (-1)^k q^{(4i-1)(4j_1-1)} \cdot q^{(4j_1-1)(4j_2-1)} + \cdots q^{(4j_{k-1}-1)(4i-1)}$$

$$= \sum_{j_1,j_2,\ldots j_{k-1}=1}^{\infty} (-1)^k q^{(4i-1)(4j_1-1)+(4j_1-1)(4j_2-1)\cdots+(4j_{k-1}-1)(4i-1)},$$

also $\mathrm{tr}(B^k) = \sum_{n=0}^{\infty}(r_k^{1(2)}(n) + (-1)^k c_k^{3(4)}(n))q^n$.
Aus Satz 3.24 folgt aber:

$$\mathrm{tr}\left(A^k\right) = \mathrm{tr}\left((CBC^{-1})^k\right) = \mathrm{tr}\left((CB^kC^{-1})\right) = \mathrm{tr}\left((B^kCC^{-1})\right) = \mathrm{tr}\left(B^k\right),$$

also durch Koeffizientenvergleich die gewünschte Formel:

$$c_k^{1(4)}(n) = r_k^{1(2)}(n) + (-1)^k c_k^{3(4)}(n))q^n.$$

Wir kommen nun zum Beweis von Satz 3.24:

Beweis Wir berechnen zunächst die Elemente $(CB)_{i,k}$ und $(AC)_{i,k}$ für $i \geq 0, k \geq 1$. Wegen $b_{0,k}=0$ für $k \geq 1$ haben wir:

$$\sum_{j=0}^{\infty} c_{i,j} \cdot b_{j,k} = -\sum_{j=1}^{i} \frac{q^{4(i-j)}}{1-q^{16(i-j)+8}} \cdot q^{(4j-1)(4k-1)} + \sum_{j=i+1}^{\infty} \frac{q^{12(j-i-1)+4}}{1-q^{16(j-i-1)+8}} \cdot q^{(4j-1)(4k-1)}$$

$$\sum_{j=0}^{\infty} a_{i,j}c_{j,k} = -\sum_{j=0}^{k-1} q^{(4i+1)(4j+1)} \cdot \frac{q^{12(k-j-1)+4}}{1-q^{16(k-j-1)+8}} + \sum_{j=k}^{\infty} q^{(4i+1)(4j+1)} \cdot \frac{q^{4(j-k)}}{1-q^{16(j-k)+8}}.$$

Die unendlichen Reihen auf beiden Seiten dieser Gleichungen werden subtrahiert und ein neuer Summationsindex ℓ eingeführt: In der ersten Summe setzen wir $\ell := j - k$ und in der zweiten $\ell := j - i - 1$.

$$\sum_{j=k}^{\infty} q^{(4i+1)(4j+1)} \cdot \frac{q^{4(j-k)}}{1 - q^{16(j-k)+8}} - \sum_{j=i+1}^{\infty} \frac{q^{12(j-i-1)+4}}{1 - q^{16(j-i-1)+8}} \cdot q^{(4j-1)(4k-1)}$$

$$= \sum_{\ell=0}^{\infty} \frac{q^{4\ell}}{1 - q^{16\ell+8}} q^{(4i+1)(4(\ell+k)+1)} - \sum_{\ell=0}^{\infty} \frac{q^{12\ell+4}}{1 - q^{16\ell+8}} q^{(4(\ell+i+1)-1)(4k-1)}$$

Es gilt:

$$4\ell + (4i + 1)(4(l + k) + 1) = 16i\ell + 8\ell + 16ik + 4k + 4i + 1$$
$$= 8\ell + 16(\ell l + 8)i + 16ki - 4i + 4k + 1 \text{ und}$$
$$12\ell + 4 + (4(\ell + i + 1) - 1)(4k - 1) = 16\ell k + 8\ell + 16ik - 4i + 12k + 1$$
$$= 8\ell + (16\ell + 8)k + 16ki - 4i + 4k + 1.$$

Mit dem Iverson-Symbol $[i > k]$ und unter Benutzung der Formel für die geometrische Reihe können wir obige Summe weiter umformen:

$$q^{16ki-4i+4k+1} \sum_{\ell=0}^{\infty} q^{8\ell} \frac{(q^{16\ell+8})^i - (q^{16\ell+8})^k}{1 - q^{16\ell+8}}$$

$$= q^{16ki-4i+4k+1} \sum_{\ell=0}^{\infty} q^{8\ell}(-1)^{[i>k]} \sum_{m=\min(i,k)}^{\max(i.k)-1} (q^{16\ell+8})^m$$

$$= (-1)^{[i>k]} q^{16ki-4i+4k+1} \sum_{m=\min(i,k)}^{\max(i.k)-1} \frac{q^{8m}}{1 - q^{16m+8}}.$$

Dies ist zu vergleichen mit:

$$\sum_{j=1}^{i} \frac{q^{4(i-j)}}{1 - q^{16(i-j)+8}} \cdot q^{(4j-1)(4k-1)} - \sum_{j=0}^{k-1} q^{(4i+1)(4j+1)} \cdot \frac{q^{12(k-j-1)+4}}{1 - q^{16(k-j-1)+8}}$$

In der ersten Summe setzen wir $\ell := i - j$ und in der zweiten $\ell := k - j - 1$ und wir erhalten:

$$q^{16ik+4i-4k+1} \left((-1)^{[i>k]} \sum_{\ell=\min(i,k)}^{\max(i,k)-1} q^{8\ell} \frac{(q^{16\ell+8})^{-\min(i,j)}}{1 - q^{16\ell+8}} + \sum_{\ell=0}^{\min(i,j)-1} q^{8\ell} \frac{(q^{16\ell+8})^{-k} - (q^{16\ell+8})^{-i}}{1 - q^{16\ell+8}} \right)$$

$$= q^{16ik+4i-4k+1}(-1)^{[i>k]} \left(\sum_{\ell=\min(i,k)}^{\max(i,k)-1} q^{8\ell} \frac{(q^{16\ell+8})^{-\min(i,j)}}{1 - q^{16\ell+8}} - \sum_{\ell=0}^{\min(i,j)-1} q^{8\ell} \frac{(q^{16\ell+8})^{-k} - (q^{16\ell+8})^{-i}}{1 - q^{16\ell+8}} \right).$$

Der Ausdruck in den äußeren Klammern ist:

$$\sum_{\ell=\min(i,k)}^{\max(i,k)-1} q^{8\ell} \frac{(q^{16\ell+8})^{-\min(i,j)}}{1-q^{16\ell+8}} - \sum_{\ell=0}^{\min(i,j)-1} q^{8\ell} \sum_{m=\min(i,k)}^{\max(i,k)-1} (q^{16\ell+8})^{-m-1}$$

$$= \sum_{m=\min(i,k)}^{\max(i,k)-1} q^{8m} \frac{(q^{16m+8})^{-\min(i,j)}}{1-q^{16m+8}} - \sum_{m=\min(i,k)}^{\max(i,k)-1} q^{-8(m+1)} \sum_{\ell=0}^{\min(i,j)-1} (q^{16m+8})^{-\ell}$$

$$= \sum_{m=\min(i,k)}^{\max(i,k)-1} \left(q^{8m} \frac{(q^{16m+8})^{-\min(i,j)}}{1-q^{16m+8}} - q^{-8(m+1)} \frac{(q^{16m+8})^{-\min(i,k)+1} - q^{16m+8}}{1-q^{16m+8}} \right)$$

$$= \sum_{m=\min(i,k)}^{\max(i,k)-1} \frac{q^{8m}}{1-q^{16m+8}}.$$

Damit ist der Fall $i \geq 0$, $k \geq 1$ bewiesen.

Ist $k = 0$, so erhalten wir:

$$(AC)_{i,0} = \sum_{j=0}^{\infty} q^{(4i+1)(4j+1)} \frac{(q^8; q^{16})_j}{(q^{16}; q^{16})_j} q^{4j}.$$

Wegen $(4i+1)(4j+1) + 4j = 16ij + 8j + 4i + 1 = (16i+8)j + 4i + 1$ ist diese Summe

$$q^{4i+1} \sum_{j=0}^{\infty} \frac{(q^8; q^{16})_j}{(q^{16}; q^{16})_j} (q^{16i+8})^j.$$

Wir wenden auf die Summe den q-Binomialsatz von Cauchy 3.9 an, indem wir für a q^8, für q q^{16} und für t q^{16i+8} substituieren und erhalten:

$$q^{4i+1} \frac{(q^{16i+16}; q^{16})_\infty}{(q^{16i+8}; q^{16})_\infty} = q \frac{(q^{16}; q^{16})_\infty}{(q^8; q^{16})_\infty} \cdot \frac{(q^8; q^{16})_i}{(q^{16i+8}; q^{16})_i} q^{4i}.$$

Auf den Ausdruck

$$\frac{(q^{16}; q^{16})_\infty}{(q^8; q^{16})_\infty}$$

wenden wir das Korollar von Gauß (3.12), Formel (ii) an:

$$\frac{(q^{16}; q^{16})_\infty}{(q^8; q^{16})_\infty} = \sum_{n=0}^{\infty} q^{4n(n+1)}.$$

Wegen $(2n+1)^2 = 4n(n+1) + 1$ erhalten wir insgesamt:

$$(AC)_{i,0} = \left(\sum_{n=0}^{\infty} q^{(2n+1)^2} \right) \cdot \frac{(q^8; q^{16})_i}{(q^{16}; q^{16})_i} q^{4i} = (CB)_{i,0}.$$

$\square$

Die Inzidenzalgebra

4

4.1 Einführung

Wir betrachten *Halbordnungen* $(P, \leq)$, wobei P *lokal endlich* ist, d. h. für alle $x, y \in P$ ist das Intervall $[x, y] := \{z \in P : x \leq z \leq y\}$ eine endliche Menge.

Diesen Halbordnungen werden wir eine algebraische Struktur, die Inzidenzalgebra, zuordnen, in der gewisse (natürliche) Abzählprobleme, die durch die Halbordnung gegeben sind, formuliert werden können. Die algebraischen Eigenschaften der Inzidenzalgebra motivieren dann die Wahl der erzeugenden Funktionen, mit denen die Abzählprobleme am besten gelöst werden können. Die hier dargestellte Theorie wurde vor allem von G.C. Rota und R. Stanley entwickelt. Eine ausführlichere Darstellung findet man in [1].

Zu unserer Halbordnung P sei $\mathcal{I}(P) := \{f : P \times P \to K : f(x, y) = 0$ falls $x \nleq y\}$.

K sei ein Körper der Charakteristik 0. Damit ist $\mathcal{I}(P)$ ein K-Vektorraum.

Für $f, g \in \mathcal{I}(P)$ definieren wir das Produkt $f * g$ wie folgt:

$$(f * g)(x, y) := \sum_{z \in [x, y]} f(x, z) \cdot g(z, y).$$

Offenbar ist $f * g$ in $\mathcal{I}(P)$ und man rechnet leicht nach, dass $\mathcal{I}(P)$ mit diesem Produkt zu einer Algebra wird, der sog. *Inzidenzalgebra* von $(P, \leq)$.

Wir definieren $\delta, \zeta \in \mathcal{I}(P)$ vermöge

$$\delta(x, y) := [x = y], \quad \zeta(x, y) := [x \leq y].$$

Dann ist δ das neutrale Element der Multiplikation: $f * \delta = \delta * f = f$ für alle $f \in \mathcal{I}(P)$.

© Der/die Autor(en), exklusiv lizenziert an Springer-Verlag GmbH, DE, ein Teil von Springer Nature 2025
E. Triesch, *Diskrete Mathematik*,
https://doi.org/10.1007/978-3-662-71624-3_4

In unseren Beispielen wird P stets endlich oder abzählbar unendlich sein. Um die Multiplikation besser zu verstehen, betten wir P in eine Totalordnung ein, d. h. wir schreiben $P = \{p_0, p_1, p_2, \dots\}$ oder $P = \{\dots, p_{-1}, p_0, p_1, \dots\}$, sodass gilt: $p_i \leq p_j \Rightarrow i \leq j$.

Dass eine solche Einbettung existiert, werden wir noch zeigen. Wir können uns dann die $f \in \mathcal{I}(P)$ als unendliche obere Dreiecksmatrizen vorstellen und das Produkt entspricht genau dem Matrizenprodukt

$$(f * g)(p_i, p_k) = \sum_{j\,:\,i \leq j \leq k} f(p_i, p_j) g(p_j, p_k).$$

Dabei entspricht δ der Einheitsmatrix.

Lemma 4.1

Jede abzählbare lokal-endliche Halbordnung kann zu einer lokal-endlichen Totalordnung erweitert werden.

Beweis Es sei $(P, \leq)$ lokal-endlich, $P = \{p_i \mid i \in \mathbb{N}_0\}$. Für $A \subseteq P$ sei

$$I(A) := \{p \in P : \exists a \in A \text{ mit } p \leq a\},$$

$$F(A) := \{p \in P : \exists a \in A \text{ mit } a \leq p\}.$$

$I(A)$ (bzw. $F(A)$) heißt das von A erzeugte *Ideal* (bzw. der von A erzeugte *Filter*). Ferner sei

$$M_+(A) := \{p \in P \setminus I(A) : \nexists a \in A \text{ mit } |\,[a, p]\setminus A| \geq 2\}$$

$$M_-(A) := \{p \in P \setminus F(A) : \nexists a \in A \text{ mit } |\,[p, a]\setminus A| \geq 2\}.$$

Weil P lokal-endlich ist, ist $M_+(A) = \emptyset$ genau dann, wenn $P = I(A)$ und $M_-(A) = \emptyset$ genau dann, wenn $P = F(A)$.

Wir betrachten nun den folgenden Algorithmus:

1. $a_0 := p_0$, $A := \{a_0\}$
2. Angenommen, $a_i, \dots, a_0, \dots, a_j$ sind bereits definiert, $A := \{a_i, \dots, a_0, \dots, a_j\}$.

  2.1. Teste, ob $M_+(A) \neq \emptyset$ ist.

     Falls ja, wähle $p_k \in M_+(A)$ mit minimalem Index k, setze

$$a_{j+1} := p_k, \quad A := \{a_i, \dots, a_0, \dots, a_{j+1}\}.$$

2.2. Teste, ob $M_-(A) \neq \emptyset$ ist.

Falls ja, wähle $p_k \in M_-(A)$ mit minimalem Index k und setze

$$a_{i-1} := p_k, \quad A := A \cup \{a_{i-1}\}.$$

Der Algorithmus bricht ab, falls $M_+(A) = M_-(A) = \emptyset$ ist (was gleichbedeutend mit $P = A$ ist).

Dieser Algorithmus produziert eine Folge $(a_k)_{k \in S}$ mit folgenden Eigenschaften:

1. Es gilt

$$
\begin{aligned}
S &= \{i, \ldots, 0, \ldots, j\} \text{ mit } i, j \in \mathbb{Z} && \text{oder} \\
S &= \{i, \ldots, 0, \ldots\} = \mathbb{Z}_{\geq i} && \text{oder} \\
S &= \{\ldots, 0, \ldots, j\} = \mathbb{Z}_{\leq j} && \text{oder} \\
S &= \mathbb{Z}.
\end{aligned}
$$

2. Zu jedem $p \in P$ existiert genau ein $k \in S$ mit $a_k = p$. Wir schreiben $k = k(p)$.
3. Ferner gilt:

$$p \leq q \Rightarrow k(p) \leq k(q) \text{ für alle } p, q \in P.$$

(Beweis Übung)

Da S mit der natürlichen Ordnung auf $\mathbb{Z}$ total geordnet ist, folgt die Behauptung. $\qquad\square$

Die Analogie zu den oberen Dreiecksmatrizen legt den folgenden Satz nahe:

Satz 4.2
Ein $f \in \mathcal{I}(P)$ ist genau dann invertierbar, wenn $f(x, x) \neq 0$ für alle $x \in P$.

Die (zweiseitige) Inverse f^{-1} ist gegeben durch

$$f^{-1}(x, x) = \frac{1}{f(x, x)},$$

$$\text{für } x \neq y: \quad f^{-1}(x, y) = -\frac{1}{f(y, y)} \cdot \sum_{z : x \leq z < y} f^{-1}(x, z) f(z, y),$$

d. h. $f^{-1}(x, y)$ hängt nur von den Werten von f im Intervall $[x, y]$ ab und kann rekursiv (nach $|[x, y]|$) berechnet werden.

Beweis Aus $f * g = \delta$ (oder $g * f = \delta$) folgt für alle $x \in P$:

$$1 = \delta(x, x) = (f * g)(x, x) = f(x, x) \cdot g(x, x) = (g * f)(x, x),$$

also $f(x, x) \neq 0$. Definiert man induktiv ein $f^{-1} \in \mathcal{I}(P)$ wie im Satz angegeben, so rechnet man sofort nach, dass

$$
\begin{aligned}
(f^{-1} * f)(x, y) &= \sum_{z \,:\, x \leq z \leq y} f^{-1}(x, z) \cdot f(z, y) \\
&= \sum_{z \,:\, x \leq z < y} f^{-1}(x, z) \cdot f(z, y) + f^{-1}(x, y) \cdot f(y, y) \\
&= \delta(x, y)
\end{aligned}
$$

gilt. Analog zeigt man die Existenz einer Rechtsinversen g und es ist

$$g = (f^{-1} * f) * g = f^{-1} * (f * g) = f^{-1}. \qquad \square$$

Mit dem gleichen Argument sieht man, dass die rekursive Berechnung der Inversen auch mit der Formel

$$f^{-1}(x, x) = \frac{1}{f(x, x)},$$

$$\text{für } x \neq y : \ f^{-1}(x, y) = -\frac{1}{f(x, x)} \cdot \sum_{z \,:\, x < z \leq y} f^{-1}(x, z) f(z, y)$$

vorgenommen werden kann.

Ist $f \in \mathcal{I}(P)$ mit $f(x, x) = 0$ für alle $x \in P$, so macht es Sinn, die „unendliche Reihe" $\sum\limits_{k=0}^{\infty} f^k$ zu betrachten. Für beliebige (feste) $x, y \in P$ ist nämlich

$$
\begin{aligned}
f^k(x, y) &= \sum_{x \leq z_1 \leq z_2 \leq \dots \leq z_{k-1} \leq y} f(x, z_1) \cdot f(z_1, z_2) \dots f(z_{k-1}, y) \\
&= \sum_{x < z_1 < z_2 < \dots < z_{k-1} < y} f(x, z_1) \cdot f(z_1, z_2) \dots f(z_{k-1}, y) \\
&= 0, \ \text{ falls } k \geq |\,[x, y]\,|.
\end{aligned}
$$

Die Summe ist also für jedes Paar x, y endlich. Dies ermöglicht unter anderem eine alternative Darstellung der Inversen.

Satz 4.3
Es sei $f \in \mathcal{I}(P)$ invertierbar und $\tilde{f}$ der Diagonalanteil von f, d. h.

$$\tilde{f}(x, y) := f(x, y) \cdot [x = y], \quad (x, y \in P).$$

Dann ist

$$f * \tilde{f}^{-1} = \delta - g \quad \text{mit } g(x, x) = 0 \text{ für alle } x$$

und es gilt:

$$f^{-1} = \tilde{f}^{-1} * (f * \tilde{f}^{-1})^{-1} = \tilde{f}^{-1} * (\delta - g)^{-1}$$

$$= \tilde{f}^{-1} * \sum_{k=0}^{\infty} g^k = \sum_{k=0}^{\infty} \tilde{f}^{-1} * g^k.$$

Beweis Übung.

Die Inzidenzalgebra bestimmt P bis auf Isomorphie:

Satz 4.4
Seien P, Q lokal-endlich. Dann gilt:

$$\mathcal{I}(P) \cong \mathcal{I}(Q) \Rightarrow P \cong Q$$

Beweis Übung.

Beispiele
Außer δ und ζ führen wir weitere Bezeichnungen für spezielle Inzidenzfunktionen ein:

(i) $\mu := \zeta^{-1}$ heißt *Möbiusfunktion* von P.
Es gilt für $x, y \in P$:

$$\mu(x, x) = 1,$$

$$\mu(x, y) = - \sum_{z \, : \, x \leq z < y} \mu(x, z) = - \sum_{z \, : \, x < z \leq y} \mu(z, y)$$

(ii) $\lambda(x, y) := \begin{cases} 1 & , 1 \leq |\,[x, y]\,| \leq 2 \\ 0 & , \text{ sonst.} \end{cases}$

(iii) $\eta := \zeta - \delta$ heißt *Kettenfunktion*.

(iv) $\kappa := \lambda - \delta$ heißt *Cover-Funktion*.

Satz 4.5

Für $x, y \in P$ gilt:

(i) $\eta^k(x, y) = $ Anzahl der $(x\text{-}y)$-Ketten der Länge k.

(ii) $\kappa^k(x, y) = $ Anzahl der maximalen $(x\text{-}y)$-Ketten der Länge k.

(iii) $\zeta^k(x, y) = $ Anzahl der$(x\text{-}y)$-Ketten mit Wiederholung der Länge k.

(iv) $\lambda^k(x, y) = $ Anzahl der maximalen $(x\text{-}y)$-Ketten mit Wiederholung der Länge k.

(v)
$$\sum_{k \geq 0} \eta^k(x, y) = (2\delta - \zeta)^{-1}(x, y) = \text{ Anzahl der } (x\text{-}y)\text{-Ketten.}$$

(vi)
$$\sum_{k \geq 0} \kappa^k(x, y) = (2\delta - \lambda)^{-1}(x, y) = \text{ Anzahl der maximalen } (x\text{-}y)\text{-Ketten.}$$

Beispiele

(i) Es sei $(P, \leq) = (\mathbb{N}_0, \leq)$. Dann ist

$$\eta^k(x, y) = \binom{n-2}{k-1} \text{ mit } n = |\,[x, y]\,| = y - x + 1.$$

(Die Ketten entsprechen den *geordneten* k-Partitionen von n.)

$$\zeta^k(x, y) = \binom{n+k-2}{n-1} \text{ und } \lambda^k(x, y) = \binom{k}{n-1}.$$

(Übung.)

(ii) Es sei $(P, \leq) = (\mathcal{P}_e(\mathbb{N}), \subseteq)$ mit $\mathcal{P}_e(\mathbb{N}) := \{X \subseteq \mathbb{N} : X \text{ endlich}\}$.
Für $X, Y \in \mathcal{P}_e(\mathbb{N})$ und $n := |Y \setminus X|$ erhalten wir:

$$\eta^k(X, Y) = k! \, S_{n,k}, \quad S^k(X, Y) = k^n$$

$$\kappa^k(X, Y) = [n = k] \cdot k!, \quad \lambda^k(X, Y) = k^{\underline{n}}.$$

(iii) Es sei $(P, \leq) = (\mathbb{N}, |)$, also die natürlichen Zahlen mit der Teilbarkeitsrelation.
Für $x, y \in \mathbb{N}$ mit $x \mid y$ sei $\frac{y}{x} = p_1^{\alpha_1} \ldots p_r^{\alpha_r}$ mit verschiedenen Primzahlen
$p_1, \ldots, p_r$ und $\alpha_1, \ldots, \alpha_r \geq 1$. Dann ist $\zeta^2(x, y)$ die Anzahl der Teiler von $\frac{y}{x}$,
also $(\alpha_1 + 1) \cdots (\alpha_r + 1)$.
$\kappa^k(x, y)$ ist nur im Fall $k = \alpha_1 + \ldots + \alpha_r$ von Null verschieden.
Es ergibt sich dann

$$\binom{k}{\alpha_1} \cdot \binom{k - \alpha_1}{\alpha_2} \cdots \binom{k - \alpha_1 - \ldots - \alpha_{r-1}}{\alpha_r},$$

der sogenannte Multinomialkoeffizient

$$\binom{k}{\alpha_1, \ldots, \alpha_r}.$$

Beispiel (Möbius-Funktionen)

(i) $(\mathbb{N}_0, \leq)$:
$$\mu(x, y) = \begin{cases} 1, & \text{falls } x = y \\ -1, & \text{falls } y = x + 1 \\ 0, & \text{sonst.} \end{cases}$$

(ii) $(\mathcal{P}_e(\mathbb{N}), \subseteq)$: $\mu(X, Y) = (-1)^{|Y \setminus X|} \cdot [X \subseteq Y]$.

(iii) $(\mathbb{N}, |)$:
$$\mu(x, y) = \begin{cases} (-1)^r, & \text{falls } \frac{y}{x} \text{ Produkt von } r \text{ Primzahlen, quadratfrei} \\ 1, & \text{falls } x = y \\ 0, & \text{sonst.} \end{cases}$$

Es bezeichne $\bar{\mu}(y) = \mu(1, y)$ mit $y \in \mathbb{Z}$ die *zahlentheoretische Möbiusfunktion*.

Es seien endlich viele lokal endliche Halbordnungen $(P_i, \leq_i)$ gegeben, $1 \leq i \leq n$.
Wir betrachten die *Produkthalbordnung* $(P, \leq)$ mit $P := P_1 \times \cdots \times P_n$ und

$$(x_1, \ldots, x_n) \leq (y_1, \ldots, y_n) :\Leftrightarrow x_i \leq y_i \quad \text{für alle } 1 \leq i \leq n.$$

Für die Zetafunktion gilt offenbar

$$\zeta_P((x_1, \ldots, x_n), (y_1, \ldots, y_n)) = \prod_{i=1}^{n} \zeta_{p_i}(x_i, y_i).$$

Nun rechnet man leicht nach, dass auch die Möbiusfunktion μ_p eine entsprechende Produktzerlegung gestattet

$$\mu_p((x_1,\ldots,x_n),(y_1,\ldots,y_n)) = \prod_{i=1}^{n} \mu_{p_i}(x_i,y_i).$$

Dies wollen wir auf unsere Beispiele (i)–(iii) anwenden.

Zu (i): Dies kann man sofort mit Induktion nach $y - x$ beweisen, wenn man auf unsere Formel zur rekursiven Berechnung der Inversen zurückgreift.

Für (ii) betrachten wir ein festes Intervall $[X, Y]$, $X \subseteq Y \subseteq \mathbb{N}$. Weil die Werte von $\mu(X, Y)$ nur von den Werten $\mu(X, Z)$ und $\mu(Z, Y)$ mit $Z \in [X, Y]$ abhängen, genügt es, die Formel für die Halbordnung $([X, Y], \subseteq)$ zu zeigen. Diese ist offenbar isomorph zu $(\{0, 1\}, \leq)^n$ mit $n = |Y \backslash X|$.

Aus (i) und der Produktformel ergibt sich: $\mu(X, Z) = (-1)^{|Z \backslash X|}$, was zu zeigen war.

Analog im Fall (iii): Wir schreiben

$$x = \prod_{i=1}^{n} p_i^{\alpha_i}, \quad y = \prod_{i=1}^{n} p_i^{\beta_i}, \quad p_i \text{ prim}, \quad 0 \leq \alpha_i \leq \beta_i, \quad 1 \leq i \leq n.$$

$([x, y], |)$ ist dann isomorph zum Produkt von n Ketten (Totalordnungen) der Längen $\beta_i - \alpha_i$, deren Möbiusfunktion nach (i) bekannt ist. Daraus folgt die angegebene Formel für μ.

Die Möbiusfunktionen dienen zur Inversion von Summenformeln.

Satz 4.6 (Möbius-Inversion)

Es sei $(P, \leq)$ lokal endlich (und abzählbar) und $f, g : P \to K$, wobei K ein Körper der Charakteristik 0 ist, der auch unserer Inzidenzalgebra zu Grunde liegt.

Dann gilt:

(i) Falls alle Hauptideale $I(x)$, $x \in P$ endlich sind:

$$g(x) = \sum_{y : y \leq x} f(y) \qquad \text{für alle } x \in P$$

$$\Leftrightarrow f(x) = \sum_{y : y \leq x} g(y)\mu(y, x) \qquad \text{für alle } x \in P$$

(ii) Falls alle Hauptfilter $F(x)$ $(x \in P)$ endlich sind:

$$g(x) = \sum_{y:x \le y} f(y) \qquad \text{für alle } x \in P$$

$$\Leftrightarrow f(x) = \sum_{y:x \le y} \mu(x, y)g(y) \qquad \text{für alle } x \in P$$

Beweis Indem wir $(P, \le)$ in eine lokal endliche Totalordnung einbetten, können wir ζ und μ durch (evtl. unendliche) Matrizen $\hat{\zeta}$ und $\hat{\mu}$ darstellen. Analog entsprechen f und g (evtl. unendlichen) Zeilen- bzw. Spaltenvektoren $\hat{f}, \hat{g}$ bzw. $\bar{f}, \bar{g}$.

Die Äquivalenzen unter (i) und (ii) bedeuten dann lediglich

$$\hat{g} = \hat{f} \cdot \hat{\zeta} \Leftrightarrow \hat{g}\hat{\mu} = \hat{f} \quad \text{bzw.} \quad \hat{\zeta} \cdot \bar{f} = \bar{g} \Leftrightarrow \bar{f} = \hat{\mu}\bar{g}. \qquad \square$$

4.2 Das Prinzip von Inklusion und Exklusion

Beispiel
Wie viele Zahlen zwischen 1 und 900 sind zu 900 teilerfremd?

Dazu betrachten wir die Primfaktorzerlegung von 900:

$$900 = 9 \cdot 100 = 3^2 \cdot 2^2 \cdot 5^2.$$

Es sei

$$A := \{n \in \mathbb{N} : n \le 900, 2 \mid n\}, \quad B := \{n \in \mathbb{N} : n \le 900, 3 \mid n\},$$
$$C := \{n \in \mathbb{N} : n \le 900, 5 \mid n\}.$$

Dann ist die gesuchte Anzahl $900 - |A \cup B \cup C|$. Zur Bestimmung von $|A \cup B \cup C|$ addieren wir zunächst $|A| + |B| + |C|$. Dies ist zu viel, da die Zahlen in $A \cap B$, $A \cap C$, $B \cap C$ doppelt gezählt wurden, wir subtrahieren also diese Kardinalitäten. Nun kann es aber noch Elemente in $A \cap B \cap C$ geben. Diese wurden insgesamt 0-mal gezählt. Wir addieren $|A \cap B \cap C|$ und haben ein korrektes Ergebnis (Abb. 4.1)

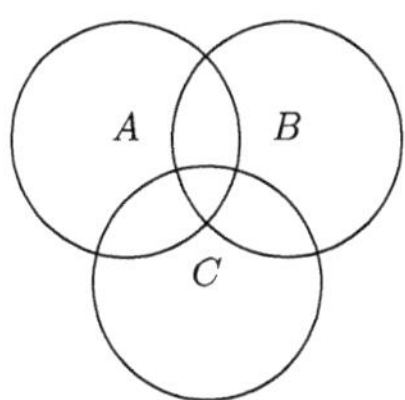

Abb. 4.1 Inklusion und Exklusion

In unserem Beispiel ergibt sich

$$|A| = 450, \quad |B| = 300, \quad |C| = 180, \quad |A \cap B| = \frac{900}{2 \cdot 3} = 150,$$

$$|A \cap C| = 90, \quad |B \cap C| = 60, \quad |A \cap B \cap C| = 30.$$

Somit erhalten wir

$$|A \cup B \cup C| = 450 + 300 + 180 - 150 - 90 - 60 + 30 = 660,$$

die gesuchte Anzahl ist also $900 - 660 = 240$.

Etwas allgemeiner taucht das Problem in der Wahrscheinlichkeitstheorie auf. Wir haben Ereignisse $A_1, \ldots, A_n$ und ein Wahrscheinlichkeitsmaß P und wollen $P(A_1 \cup \cdots \cup A_n)$ bestimmen.

Satz 4.7

Es seien $A_1, \ldots, A_n$ Ereignisse, P ein Wahrscheinlichkeitsmaß. Dann gilt:

$$P\left(\bigcup_{i=1}^{n} A_i\right) = \sum_{\emptyset \neq I \subseteq \{1,\ldots,n\}} (-1)^{|I|-1} P(A_I),$$

wobei $A_I := \bigcap_{i \in I} A_i$ ist.

Beweis Zunächst ist

$$P\left(\bigcup_{i=1}^{n} A_i\right) = 1 - P\left(\bigcap_{i=1}^{n} A_i^c\right).$$

Für ein Ereignis B bezeichne $\mathbb{1}_B$ seine Indikatorfunktion: $\mathbb{1}_B(\omega) := [\omega \in B]$.

Offenbar gilt $\mathbb{1}_{B^c} = 1 - \mathbb{1}_B$, $\mathbb{1}_{A \cap B} = \mathbb{1}_A \cdot \mathbb{1}_B$, sowie $E(\mathbb{1}_B) = P(B)$ für den Erwartungswert.

Nun folgt

$$P\left(\bigcap_{i=1}^{n} A_i^c\right) = E\left(\mathbb{1}_{\bigcap_{i=1}^{n} A_i^c}\right) = E\left(\prod_{i=1}^{n} \mathbb{1}_{A_i^c}\right) = E\left(\prod_{i=1}^{n} (1 - \mathbb{1}_{A_i})\right)$$

$$= \sum_{I \subseteq \{1,\ldots,n\}} (-1)^{|I|} E\left(\prod_{i \in I} \mathbb{1}_{A_i}\right)$$

$$= \sum_{I \subseteq \{1,\ldots,n\}} (-1)^{|I|} E\left(\mathbb{1}_{\bigcap_{i \in I} A_i}\right)$$

$$= \sum_{I \subseteq \{1,\ldots,n\}} (-1)^{|I|} P(A_I),$$

woraus die Behauptung folgt. $\qquad\square$

Wir versuchen nun, diese Formeln mit Hilfe der Möbius-Inversion zu verstehen und zu verallgemeinern.

Sind Teilmengen $A_1, \ldots, A_n \subseteq S$ gegeben, so sei $T := \{1, \ldots, n\}$, $f(I)$ sei die Anzahl der Elemente von S, die genau zu den A_i mit $i \in I$ gehören und zu keinen anderen, d. h.

$$f(I) := \left|\bigcap_{i \in I} A_i \cap \bigcap_{i \in T \setminus I} A_i^c\right| \qquad I \subseteq T.$$

Offenbar gilt

$$\sum_{J:\, I \subseteq J \subseteq T} f(J) = \left|\bigcap_{i \in I} A_i\right|,$$

also per Möbius-Inversion

$$f(I) = \sum_{J:\, I \subseteq J \subseteq T} (-1)^{|J \setminus I|} \left|\bigcap_{i \in I} A_i\right|,$$

die klassische Siebformel für $I = \emptyset$.

Interessiert man sich für die Anzahl der Elemente von S, die in genau k der Mengen A_i liegen, so folgt

$$\sum_{I:\, I\subseteq T,\, |I|=k} f(I) = \sum_{I:\, |I|=k}\ \sum_{J:\, I\subseteq J\subseteq T} (-1)^{|J\setminus I|}\left|\bigcap_{i\in J} A_i\right|$$

$$= \sum_{J:\, |J|\ge k}\ \sum_{\substack{I:\, I\subseteq J,\\ |I|=k}} (-1)^{|J|-k}\left|\bigcap_{i\in J} A_i\right|$$

$$= \sum_{l=k}^{n} (-1)^{l-k}\binom{l}{k}\ \sum_{J:\, |J|=l}\left|\bigcap_{i\in J} A_i\right|.$$

Dies kann sofort verallgemeinert werden:

Es sei S endlich, $A_1,\dots,A_n \subseteq S$ und $w: S \to \mathbb{R}$. Wir setzen

$$w(A) := \sum_{a\in A} w(a) \quad \text{für alle } A \subseteq S.$$

Dann gelten die folgenden Siebformeln:

(i)

$$w\left(\bigcup_{j=1}^{n} A_j\right) = \sum_{\emptyset\ne I\subseteq T} (-1)^{|I|-1} w\left(\bigcap_{i\in I} A_i\right).$$

(ii) Mit $B_k := \{x \in S : x \text{ gehört zu genau } k \text{ der Mengen } A_1,\dots,A_n\}$ gilt:

$$w(B_k) = \sum_{l=k}^{n} (-1)^{l-k}\binom{l}{k}\ \sum_{J:\, |J|=l} w\left(\bigcap_{i\in I} A_i\right).$$

Beispiel (Eulersche φ-Funktion)

Wir verallgemeinern das erste Beispiel zum Prinzip von Inklusion und Exklusion.

Es sei

$$m = p_1^{\alpha_1}\cdot\dots\cdot p_n^{\alpha_n}, \quad p_i \text{ prim}, \quad \alpha_i > 0 \text{ für } 1 \le i \le n.$$

Weiter seien $S := \{1,\dots,m\}$, $T := \{1,\dots,n\}$ und $A_i := \{x \in S : p_i|x\}$, $1 \le i \le m$. Dann ist

$$\left|\bigcap_{i\in I} A_i\right| = \frac{m}{\prod\limits_{i\in I} p_i}$$

und wir erhalten für $\varphi(m)$, die Anzahl der zu m teilerfremden Zahlen in S,

$$\varphi(m) = |B_0| = \sum_{l=0}^{n} (-1)^l \sum_{J:\,|J|=l} \frac{m}{\prod\limits_{j\in J} p_j}$$

$$= m \cdot \prod_{i=1}^{n} \left(1 - \frac{1}{p_i}\right).$$

Mit Hilfe der zahlentheoretischen Möbiusfunktion $\bar\mu$ können wir dies wie folgt ausdrücken

$$\varphi(m) = \sum_{d\,\mid\,m} d\,\bar\mu\left(\frac{m}{d}\right).$$

Die Inversion über den Teilerverband $([1, m]\,, \,|)$ liefert

$$m = \sum_{d\,\mid\,m} \varphi(d).$$

4.3 Reduzierte Algebra und erzeugende Funktionen

Wir betrachten nun eine Äquivalenzrelation „$\approx$" auf den Intervallen einer lokal endlichen Halbordnung $(P, \leq)$ mit einer gewissen Verträglichkeitsbedingung.

Definition 4.8 Es sei $\mathrm{Int}(P) := \{[x, y] \mid x, y \in P,\ x \leq y\}$. Eine Äquivalenzrelation $\approx$ auf $\mathrm{Int}(P)$ heißt *zulässig*, falls für alle $f, g \in \mathcal{I}(P)$ gilt:

$f * g$ ist konstant auf $\approx$-Klassen, falls f und g konstant auf $\approx$-Klassen sind.

Beispiele

(i) Ordnungsisomorphie ist zulässig.
Seien $[x, y]\,, [u, v] \in \mathrm{Int}(P)$, $\varphi : [x, y] \to [u, v]$ ein Ordnungsisomorphismus und f, g konstant auf $\approx$-Klassen. Dann gilt

$$(f * g)(x, y) = \sum_{z:\, x \le z \le y} f(x, z) \cdot g(z, y)$$

$$= \sum_{z:\, x \le z \le y} f(\varphi(x), \varphi(z)) \cdot g(\varphi(z), \varphi(y))$$

$$= \sum_{z:\, x \le z \le y} f(u, \varphi(z)) \cdot g(\varphi(z), v)$$

$$= \sum_{w:\, u \le w \le v} f(u, w) \cdot g(w, v) = (f * g)(v, w).$$

(ii) Für $(\mathbb{N}, \mid)$ betrachten wir

$$[k, l] \approx [m, n] :\Leftrightarrow \frac{l}{k} = \frac{n}{m}.$$

Diese Äquivalenzrelation ist feiner als Ordnungsisomorphie.

Die Abbildung „$i \mapsto i \cdot \frac{m}{k}$" ist ein Ordnungsisomorphismus von $[k, l]$ auf $[m, n]$, aber zwei Intervalle der Form $[1, p]$ (p prim) sind niemals äquivalent, obwohl sie trivialerweise ordnungsisomorph sind. Die Zulässigkeit folgt aus

$$(f * g)(k, l) = \sum_{i:\, k \mid i \mid l} f(k, i) g(i, l)$$

$$= \sum_{i:\, k \mid i \mid l} f(m, i \cdot \frac{m}{k}) g(i \cdot \frac{m}{k}, n)$$

$$= \sum_{j:\, m \mid j \mid n} f(m, j) g(j, n) = (f * g)(m, n).$$

Definition 4.9

Die Menge der Äquivalenzklassen $\mathrm{Int}(P)/\approx$ bezeichnen wir kurz mit T und nennen ihre Elemente *Typen*. $F(P, \approx)$ bezeichne die Menge der Funktionen von T in K.

Sind α, β, γ Typen und $[x, y] \in \alpha$, so heißen die Zahlen

$$\begin{bmatrix} \alpha \\ \beta\ \gamma \end{bmatrix} := |\{z \in [x, y] \mid [x, z] \in \beta, [z, y] \in \gamma\}|$$

die *Inzidenzkoeffizienten* von $F(P, \approx)$.

Diese sind unabhängig von der Wahl des Intervalls $[x, y] \in \alpha$, denn:
Für $\omega \in T$ definieren wir $f_\omega \in \mathcal{I}(P)$ vermöge

$$f_\omega(x, y) := \begin{cases} 1, & [x, y] \in \omega \\ 0, & \text{sonst.} \end{cases}$$

Dann gilt für $[x, y], [u, v]$, die beide zu α gehören,

$$|\{z \mid z \in [x, y], [y, z] \in \beta, [z, y] \in \gamma\}| = (f_\beta * f_\gamma)(x, y) \overset{\approx \text{ zulässig}}{=} (f_\beta * f_\gamma)(u, v)$$
$$= |\{w \mid w \in [u, v], [u, w] \in \beta, [w, v] \in \gamma\}|.$$

Satz 4.10

$F(P, \approx)$ wird zu einer (assoziativen) Algebra mit der gewöhnlichen Addition und skalaren Multiplikation und dem Produkt $f * g = h$, das definiert ist vermöge

$$h(\alpha) := \sum_{\beta, \gamma \in T} \begin{bmatrix} \alpha \\ \beta \ \gamma \end{bmatrix} f(\beta) g(\gamma) \quad (\alpha \in T).$$

Diese Algebra ist isomorph zur Unteralgebra der Funktionen aus $\mathcal{I}(P)$, die konstant auf den Typen sind. $F(P, \approx)$ ist abgeschlossen unter Inversenbildung.

Beweis Klar bis auf die Aussage über die Inverse.

Diese folgt aus der Darstellung der Inversen als „geometrische Reihe" (Satz 4.3). $\square$

Die Funktionen ζ, μ, η, κ (bzw. ihre isomorphen Bilder) gehören alle zu $F(P, \approx)$.

Für die wichtigsten Beispiele, die wir betrachtet haben, versuchen wir nun, die Struktur von $F(P, \approx)$ genauer zu verstehen.

(i) $(\mathbb{N}_0, \leq)$: $\approx$: Ordnungsisomorphie

Die Typen sind Kettenlängen und entsprechen bijektiv den Zahlen $\{0, 1, 2, \dots\}$. Die Funktion $f \in F(P, \approx)$ ist also durch die Folge $(a_n)_{n=0}^\infty$ mit $f(n) = a_n$ ($n \in T$) bestimmt. Die Inzidenzkoeffizienten sind

$$\begin{bmatrix} n \\ k \ l \end{bmatrix} = [n = k + l].$$

Sind $f, g, h \in F(P, \approx)$ mit $f * g = h$ und $f(n) = a_n, g(n) = b_n, h(n) = c_n$, so folgt

$$c_n = \sum_{k,l:\, k+l=n} a_k b_l = \sum_{k=0}^{n} a_k b_{n-k}.$$

$F(P, \approx)$ ist also isomorph zur Algebra der formalen Potenzreihen mit dem üblichen Cauchy-Produkt.

Dabei ist die ζ-Funktion gegeben durch

$$\sum_{k=0}^{\infty} x^k = \frac{1}{1-x} =: \bar{\zeta}(x)$$

und somit $\bar{\mu}(x) = 1 - x$.

Beispiel (Geordnete Zahlpartitionen von n)

Wir wissen, dass $\eta^k(x, y)$ die Anzahl der $(x - y)$-Ketten der Länge k ist, also entspricht die Anzahl aller Ketten

$$\sum_{k \geq 0} \eta^k(x, y) = (\delta + \eta + \eta^2 + \ldots)(x, y) = (\delta - \eta)^{-1} = (2\delta - \zeta)^{-1}.$$

Wir erhalten für die Anzahl der geordneten Zahlpartitionen von n in k Summanden $P_{n,k}$

$$\sum_{n} P_{n,k} x^n = \left(\frac{1}{1-x} - 1 \right)^k = \left(\frac{x}{1-x} \right)^k = x^k \cdot \frac{1}{(1-x)^k}$$

$$= x^k \cdot \sum_{j=0}^{\infty} \binom{k+j-1}{j} x^j = \sum_{n=k}^{\infty} \binom{n-1}{k-1} x^n.$$

Für die geordneten Partitionen in eine beliebige Zahl von Summanden folgt

$$\sum_{n=0}^{\infty} P_n x^n = \frac{1}{2 - (1-x)^{-1}} = \frac{1-x}{1-2x} = (1-x) \cdot \sum_{n=0}^{\infty} (2x)^n$$

$$= (1-x) \cdot \sum_{n=0}^{\infty} 2^n x^n = 1 + \sum_{n=1}^{\infty} 2^{n-1} x^n.$$

(ii) $(\mathcal{P}_e(\mathbb{N}), \subseteq), \approx$: Ordnungsisomorphie

Der Isomorphietyp von $[X, Y]$ ist durch $|Y \setminus X|$ gegeben und somit $T = \{0, 1, 2, \ldots\}$.

Als Inzidenzkoeffizienten erhalten wir

$$\begin{bmatrix} n \\ k\, l \end{bmatrix} = \begin{cases} \binom{n}{k}, & k + l = n \\ 0, & \text{sonst.} \end{cases}$$

Für $a_n = f(n)$, $b_n = g(n)$, $c_n = (f * g)(n)$ gilt die Beziehung

$$c_n = \sum_{k+l=n} \binom{n}{k} a_k b_l = \sum_{k=0}^{n} \binom{n}{k} a_k b_{n-k}.$$

Die Multiplikation entspricht der Multiplikation *exponentiell erzeugender* Funktionen

$$\frac{c_n}{n!} = \sum_{k=0}^{n} \frac{a_k}{k!} \cdot \frac{b_{n-k}}{(n-k)!}.$$

Die ζ-Funktion entspricht also hier the exponential function

$$\bar{\zeta}(x) = \sum_{n=0}^{\infty} 1 \cdot \frac{x^n}{n!} = e^x$$

und damit $\bar{\mu}(x) = e^{-x}$.

Beispiel (Geordnete Partitionen einer n-elementigen Menge in k Klassen)
Diese Anzahl $c_{n,k}$ ist $S_{n,k} \cdot k!$. Andererseits entsprechen diese Partitionen wieder Ketten der Länge k, also

$$\sum_{n} c_{n,k} \cdot \frac{x^n}{n!} = \bar{\eta}^k(x) = (\bar{\zeta} - \bar{\delta})^k(x) = (e^x - 1)^k.$$

Summation über alle k liefert

$$\frac{1}{1 - (e^x - 1)} = \frac{1}{2 - e^x}.$$

(iii) $(\mathbb{N}, \mid) : [k, l] \approx [m, n] \Leftrightarrow \dfrac{l}{k} = \dfrac{n}{m}$

Die Typen entsprechen $T = \{1, 2, 3, \dots\}$. Als Inzidenzkoeffizienten erhalten wir

$$\begin{bmatrix} n \\ k\ l \end{bmatrix} = \begin{cases} 1, & n = k \cdot l \\ 0, & \text{sonst.} \end{cases}$$

Es gilt

$$c_n = \sum_{k,l} \begin{bmatrix} n \\ k\ l \end{bmatrix} a_k b_l = \sum_{k \mid l} a_k b_{\frac{n}{k}}.$$

Dies ist die Multiplikationsvorschrift für sogenannte *Dirichletreihen*

$$\left(\sum_{k=1}^{\infty} \frac{a_k}{k^s} \right) \cdot \left(\sum_{l=1}^{\infty} \frac{b_l}{l^s} \right) = \sum_{n=1}^{\infty} \sum_{k \cdot l = n} a_k \cdot b_l \cdot \frac{1}{n^s}.$$

Dies ist die verbreitetste Art von erzeugenden Funktionen in der Zahlentheorie. Dann ist

$$\zeta(s) = \bar{\zeta}(s) = \sum_{n=1}^{\infty} \frac{1}{n^s}$$

die Riemannsche ζ-Funktion und $\bar{\zeta}^{-1}(s) = \sum_{n=1}^{\infty} \frac{\bar{\mu}(n)}{n^s}$.

Die Funktion $(2 - \zeta(s))^{-1}$ zählt hier die Anzahl der geordneten Faktorisierungen einer Zahl in Faktoren ≥ 2.

Diese Funktion wurde bereits von Euler betrachtet. Er betrachtete das Produkt

$$\prod_{\substack{p \text{ prim,} \\ p \leq N}} \frac{1}{1 - \frac{1}{p}} = \prod_{\substack{p \text{ prim,} \\ p \leq N}} \left(1 + \frac{1}{p} + \frac{1}{p^2} + \dots \right)$$

$$\overset{(*)}{=} \sum_{\substack{n: \text{ alle Primfaktoren} \\ \text{von } n \leq N}} \frac{1}{n},$$

wobei die Gleichheit in $(*)$ aus dem Satz über die eindeutige Primfaktorzerlegung folgt. Wegen der Divergenz der harmonischen Reihe liefert dies einen Beweis dafür, dass es unendlich viele Primzahlen gibt.

Riemann betrachtete nun $\zeta(s)$ für komplexe $s = \sigma + it$ mit $\sigma = \text{Re}(s) > 1$ und erhielt die Produktdarstellung

$$\zeta(s) = \prod_{p \text{ prim}} (1 - p^{-s})^{-1}.$$

Offensichtlich hat $\zeta(s)$ bei $s = 1$ eine Polstelle. Die Funktion kann meromorph auf die ganze komplexe Ebene fortgesetzt werden. Diese Fortsetzung von $\zeta(s)$ hat (triviale) Nullstellen an den Stellen $-2, -4, -6, \dots$. Alle übrigen Nullstellen liegen im sogenannten *kritischen Streifen* $\{s \mid 0 \leq \sigma \leq 1\}$. Die berühmte *Riemannsche Vermutung* lautet nun:

Alle Nullstellen von $\zeta(s)$ im kritischen Streifen liegen auf der Geraden $\sigma = \frac{1}{2}$.

Der früher schon erwähnte Primzahlsatz ist äquivalent zu der Aussage, dass keine Nullstelle von $\zeta(s)$ auf der Geraden $\sigma = 1$ liegt.

Die ersten wichtigen Resultate in Richtung des Primzahlsatzes wurden jedoch von Chebyshev erzielt. Er studierte die Funktionen

$$\vartheta(x) = \sum_{p:\, p \leq x} \log p \quad \text{und} \quad \psi(x) = \sum_{(p,m):\, p^m \leq x} \log p,$$

wobei p immer für eine Primzahl steht.

Wegen $p^m \le x$ g.d.w. $m \le \dfrac{\log x}{\log p}$ gilt

$$\psi(x) = \sum_{p:\, p \le x} \left\lfloor \frac{\log x}{\log p} \right\rfloor \cdot \log p \le \sum_{p:\, p \le x} \frac{\log x}{\log p} \cdot \log p = \pi(x) \cdot \log x,$$

also

$$\frac{\vartheta(x)}{x} \le \frac{\psi(x)}{x} \le \pi(x) \cdot \frac{\log x}{x}.$$

Andererseits ist für $\varepsilon > 0$

$$\vartheta(x) \ge \sum_{x^{1-\varepsilon} < p \le x} \log p \ge \sum_{x^{1-\varepsilon} < p \le x} \log(x^{1-\varepsilon}) = (1 - \varepsilon) \cdot \log x \cdot \left(\pi(x) - \pi\left(x^{1-\varepsilon}\right)\right),$$

also

$$\frac{\vartheta(x)}{x} \ge (1 - \varepsilon) \cdot \pi(x) \cdot \frac{\log x}{x} - (1 - \varepsilon) \cdot \frac{\log x}{x^{\varepsilon}}.$$

Aus diesen Ungleichungen schloss Chebyshev

$$a := \liminf_{x \to \infty} \frac{\vartheta(x)}{x} = \liminf_{x \to \infty} \frac{\psi(x)}{x} = \liminf_{x \to \infty} \frac{\pi(x)\log x}{x}$$

und ebenso

$$A := \limsup_{x \to \infty} \frac{\vartheta(x)}{x} = \limsup_{x \to \infty} \frac{\psi(x)}{x} = \limsup_{x \to \infty} \frac{\pi(x)\log x}{x}$$

Betrachten wir zunächst den Binomialkoeffizienten $\binom{2n+1}{n} = \frac{(2n+1)!}{n!(n+1)!}$, der zweimal in der Binomialentwicklung von $(1 + 1)^{2n+1}$ vorkommt. Dann gilt

$$2 \cdot \binom{2n + 1}{n} < 2^{2n+1} \quad \text{bzw.} \quad \binom{2n + 1}{n} < 2^{2n}.$$

Da jede Primzahl p mit $n + 1 < p \le 2n + 1$ diesen Binomialkoeffizienten teilt, folgt

$$\vartheta(2n + 1) - \vartheta(n + 1) = \sum_{n+1 < p \le 2n+1} \log p \le \log\binom{2n + 1}{2} < 2n \log 2.$$

Nun folgt durch Induktion nach m, dass $\vartheta(m) \le 2m \cdot \log 2$ ist: Die Ungleichung ist sicher richtig für $m \le 2$ und für den Induktionsschluss ($m - 1 \to m$) unterscheiden wir zwei Fälle.

1. Fall $m = 2n$:

$$\vartheta(m) = \vartheta(2n) = \vartheta(2n - 1) \le 2(2n - 1) \cdot \log 2 < 4n \cdot \log 2 = 2m \log 2.$$

2. Fall $m = 2n + 1$:

$$\vartheta(m) = \vartheta(2n+1) - \vartheta(n+1) + \vartheta(n+1) \leq 2n \cdot \log 2 + 2(n+1) \cdot \log 2$$
$$= 2(2n+1) \cdot \log 2 = 2m \log 2.$$

Also gilt auch für ein beliebiges $x \in \mathbb{R}$

$$\vartheta(x) = \vartheta(\lfloor x \rfloor) \leq 2\lfloor x \rfloor \log 2 \leq 2x \log 2$$

und somit

$$\limsup_{x \to \infty} \frac{\vartheta(x)}{x} \leq 2 \log 2.$$

Eine untere Schranke erhalten wir durch Betrachtung von $\binom{2n}{n}$. Dazu zählen wir, wie oft eine Primzahl p die Zahl $m!$ teilt. Diese Anzahl sei $N_p(m)$, also

$$m! = \prod_{p \leq m} p^{N_p(m)}. \tag{4.1}$$

Wir betrachten die Matrix $M = (m_{ij}) \in \{0, 1\}^{k \times m}$ mit $m_{ij} = [\, p^i \mid j \,]$, wobei $k = \left\lfloor \frac{\log m}{\log p} \right\rfloor$. Die Spalte j enthält also l Einsen, g.d.w. p^l die größte p-Potenz ist, die j teilt, d. h.

$$N_p(m) = \sum_{j=1}^{m} \sum_{i=1}^{k} m_{ij} = \sum_{i=1}^{k} \sum_{j=1}^{m} m_{ij} = \sum_{i=1}^{k} \left\lfloor \frac{m}{p^i} \right\rfloor. \tag{4.2}$$

Damit können wir schreiben

$$\log \binom{2n}{n} = \log((2n)!) - 2 \cdot \log(n!) = \sum_{p \leq 2n} \left(N_p(2n) - 2N_p(n) \right) \cdot \log p$$

$$= \sum_{p \leq 2n} \sum_{i=1}^{\infty} \left(\left\lfloor \frac{2n}{p^i} \right\rfloor - 2 \cdot \left\lfloor \frac{n}{p^i} \right\rfloor \right) \cdot \log p.$$

Wegen $\lfloor 2x \rfloor - 2\lfloor x \rfloor \in \{0, 1\}$ folgt

$$\log \binom{2n}{n} \leq \sum_{p \leq 2n} \left\lfloor \frac{\log 2n}{\log p} \right\rfloor \log p = \psi(2n).$$

Der Binomialkoeffizient $\binom{2n}{n}$ ist der größte in der Entwicklung

$$2^{2n} = (1+1)^{2n} = \sum_{i=0}^{2n} \binom{2n}{i},$$

also

$$\binom{2n}{n} > \frac{1}{2n+1} 2^{2n}$$

und damit

$$\psi(2n) > 2n \cdot \log 2 - \log(2n+1).$$

Ist nun $x \in \mathbb{R}$, so wählen wir das größte n mit $2n \leq x$, also

$$\psi(x) \geq \psi(2n) > (2n)\log 2 - \log(2n+1) \geq (x-2)\log 2 - \log(x+1).$$

Daraus folgt nun

$$\frac{\psi(x)}{x} \geq \log 2 \cdot \frac{x-2}{x} - \frac{\log(x+1)}{x} \to \log 2 \quad (x \to \infty).$$

Zusammenfassend erhalten wir

Satz 4.11 (Chebyshev)

$$\log 2 \leq \liminf_{x \to \infty} \pi(x) \frac{\log x}{x} \leq \limsup_{x \to \infty} \pi(x) \frac{\log x}{x} \leq 2 \cdot \log 2.$$

Chebyshev hat diese Konstanten noch verbessert, aber niemand war bisher in der Lage, mit seiner Methode allein den Primzahlsatz zu beweisen.

Bereits im Jahr 1845 vermutete J. Bertrand, dass zwischen n und $2n$ stets eine Primzahl liegt [10], eine Aussage, die unter dem Namen *Bertrands Postulat* bekannt geworden ist. Das wurde fünf Jahre später von Chebyshev bewiesen [24]. Im Jahr 1932 veröffentlichte P. Erdős einen wesentlich einfacheren Beweis für den Satz. Der hier wiedergegebene Beweis geht auf S.S. Pillai zurück [86], [87].

Satz 4.12 (Bertrands Postulat, Chebyshev 1850)

Zwischen n und $2n$ befindet sich stets eine Primzahl. ($n \geq 1$)

Beweis Sei $p \leq 2n$ eine Primzahl. Wir nehmen an, dass keine Primzahl q mit $n < q \leq 2n$ existiert. Dann ist $p \leq n$ und wir betrachten wieder

$$N = \binom{2n}{n} = \frac{2n(2n-1)\ldots(n+1)}{n!}.$$

Ist $p > \frac{2}{3}n$, so teilt p den Zähler von N genauso oft wie den Nenner und es folgt, dass $p \leq \frac{2}{3}n$ ist für jedes p, das N teilt, also

$$\sum_{p \mid N} \log p \leq \sum_{p \leq \frac{2}{3}n} \log p = \vartheta\left(\frac{2}{3}n\right) \leq \frac{4}{3}n \log 2.$$

Gilt nun $p^k \mid N$ mit $k \geq 2$, so folgt

$$2 \cdot \log p \leq k \cdot \log p \leq \log(2n),$$

also $p \leq \sqrt{2n}$ und damit:

$$\sum_{\substack{(k,p):\, p^k \mid N,\, p^{k+1} \nmid N, \\ k \geq 2}} k \cdot \log p \leq \sqrt{2n} \cdot \log(2n),$$

also

$$\log N \leq \sum_{p \mid N} \log p + \sqrt{2n} \cdot \log(2n) \leq \frac{4}{3}n \log 2 + \sqrt{2n} \cdot \log(2n).$$

Andererseits ist für $n \geq 2$

$$2^{2n} = 2 + \binom{2n}{1} + \binom{2n}{2} + \cdots + \binom{2n}{2n-1} \leq 2n \cdot N,$$

also

$$2n \log 2 \leq \log(2n) + \log N \leq \frac{4}{3}n \log 2 + \left(1 + \sqrt{2n}\right) \cdot \log(2n),$$

$$\frac{2}{3}n \log 2 \leq (1 + \sqrt{2n}) \cdot \log(2n)$$

bzw. nach Division durch $n/3$:

$$2 \cdot \log 2 \leq 3 \cdot \left(\frac{1}{n} + \frac{\sqrt{2}}{\sqrt{n}}\right) \cdot \log(2n) =: f(n).$$

Durch Differentiation stellt man fest, dass $f(n)$ für $n \geq 5$ monoton fallend ist. Für $n = 512 = 2^9$ ergibt sich:

$$f(512) = 3 \cdot \left(\frac{1}{512} + \frac{1}{16}\right) \cdot 10 \cdot \log 2 = \frac{990}{512} \log 2 < 2 \log 2,$$

also ein Widerspruch. Bertrands Postulat gilt also für $n \geq 512$.

Für kleinere Werte betrachten wir die Primzahlfolge

$$2, 3, 5, 7, 13, 23, 43, 83, 163, 317, 631,$$

in der jede Primzahl kleiner ist als das Doppelte ihres Vorgängers. $\qquad\square$

5.1 Gruppenoperationen und ihre Bahnen

Wie viele Graphen mit 4 Punkten gibt es? Diese Frage können wir wie folgt interpretieren und lösen:

Es sei $V = \{1, 2, 3, 4\}$. Gesucht ist die Anzahl der (V, E) mit $E \subseteq \binom{V}{2}$, also, da V fest gewählt ist, die Anzahl der Teilmengen von $\binom{V}{2}$. Damit ist die Lösung $2^{\binom{4}{2}} = 2^6 = 64$.

Allgemeiner erhalten wir für Graphen mit n Punkten die Anzahl $2^{\binom{n}{2}}$.

Andererseits ist die Liste in Abb. 5.1 auch eine „vollständige" Liste aller Graphen mit 4 Punkten:

Jeder Graph auf 4 Punkten ist zu einem Graphen dieser Liste isomorph. Es gibt somit 11 *nicht-isomorphe* Graphen auf 4 Punkten, d. h. 11 Isomorphieklassen.

Eine „schöne", geschlossene Formel für die Anzahl der nicht-isomorphen Graphen gibt es nicht. Es gibt aber eine Theorie, mit der wir die Anzahl mit vertretbarem Aufwand bestimmen können und die wir in diesem Kapitel kennenlernen wollen. Diese Theorie geht auf eine Arbeit von G. Pólya aus dem Jahr 1937 zurück, die sage und schreibe 109 Seiten umfasst und ein didaktisches Meisterstück darstellt ([89]).

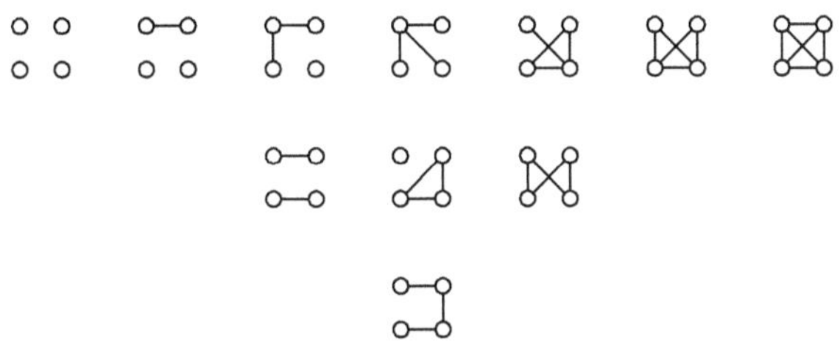

Abb. 5.1 Graphen mit 4 Punkten

© Der/die Autor(en), exklusiv lizenziert an Springer-Verlag GmbH, DE, ein Teil von Springer Nature 2025
E. Triesch, *Diskrete Mathematik*,
https://doi.org/10.1007/978-3-662-71624-3_5

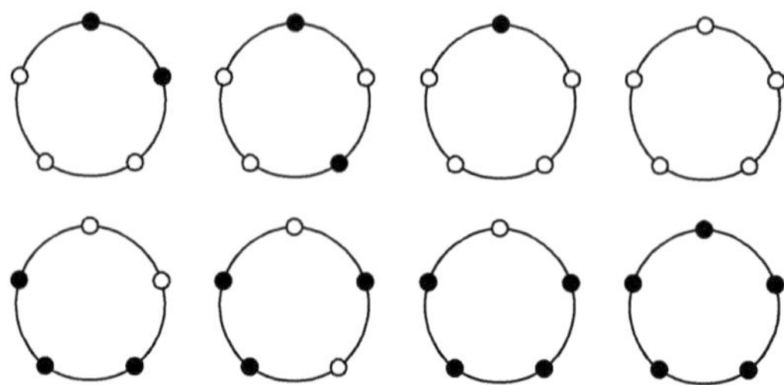

Abb. 5.2 Halsketten mit 5 Perlen und 2 Farben

Pólya war damals Professor an der ETH Zürich und wurde durch die dortigen Chemiker mit dem Isomerenproblem konfrontiert.

Wie viele verschiedene Isomere gibt es zu einer gegebenen chemischen Summenformel? Die Chemiker haben Baukästen (oder heutzutage Computerprogramme), mit denen sie die Atome (oder Atomgruppen) gemäß den Regeln der chemischen Bindung zu Modellen zusammensetzen können. Zwei Modelle repräsentieren die gleiche Verbindung, wenn sie durch eine orientierungserhaltende Bewegung des Raumes ineinander überführt werden können.

Es stellt sich die Frage: Wie erzeugt man Modelle für alle verschiedenen Isomere? Insbesondere: Wie kann man sicher sein, dass man alle gefunden hat?

Hier sind noch zwei weitere Beispiele für analoge Fragestellungen:

Beispiel (Halskettenproblem)
Aus einem Vorrat von Perlen mit a Farben soll eine Halskette mit n Perlen hergestellt werden. Zwei Halsketten gelten als gleich, wenn sie durch eine Drehung der Kette ineinander überführt werden können. Wie viele verschiedene Halsketten dieser Art gibt es?

Für $n = 5, a = 2$ gibt es 8 verschiedene Halsketten (Abb. 5.2).

Beispiel
Wir färben die 6 Flächen eines Würfels mit a Farben. Zwei Färbungen heißen äquivalent, falls sie durch eine Drehung des Würfels ineinander übergehen. Wie viele verschiedene Färbungen gibt es?

Bei allen diesen Beispielen wird die Äquivalenz oder Isomorphie durch eine Gruppenoperation definiert.

Definition 5.1
Es sei G eine Gruppe und M eine Menge. G *operiert* auf M, falls es eine Abbildung $* : G \times M \to M$ gibt mit:

(i)

$$h * (g * m) = (hg) * m \quad \text{für alle } g, h \in G,$$

(ii)

$$1_G * m = m.$$

Das heißt, die Gruppenmultiplikation ist mit der Operation $*$ verträglich und das Einselement von G lässt jedes $m \in M$ fest.

Die Abbildung $\pi_g : M \to M$, $m \mapsto g * m$ ist eine Permutation von M und „$g \mapsto \pi_g$" ein Homomorphismus von G in die symmetrische Gruppe S_M. Wenn nichts anderes gesagt wird, setzen wir im Folgenden G und M als endlich voraus. Solange Missverständnisse ausgeschlossen sind, verzichten wir auf das Symbol $*$.

Definition 5.2
Für $m \in M$ sei $G(m) := \{gm \mid g \in G\}$ die *Bahn* von m. Definiert man

$$m \sim m' :\Leftrightarrow \text{ es existiert ein } g \in G \text{ mit } gm = m',$$

so ist „$\sim$" eine Äquivalenzrelation. Die Äquivalenzklassen sind genau die Bahnen von M unter G (also $m \sim m' \Leftrightarrow G(m) = G(m')$).
   Die Menge der Bahnen bezeichnen wir mit M/G. Ist $m \in M$, so heißt

$$G_m := \{g \in G \mid gm = m\}$$

der *Stabilisator* von m (in G). G_m ist eine Untergruppe von G, allerdings i. A. kein Normalteiler. Es gilt nämlich

$$g G_m g^{-1} = G_{gm}.$$

Das folgende Lemma zeigt, dass die Operation von G auf einer Bahn $G(m)$ „ähnlich" zur Operation von G auf den Linksnebenklassen von G nach G_m ist.

Lemma 5.3
Es sei $G = g_1 G_m \,\dot\cup\, g_2 G_m \,\dot\cup\, \ldots \dot\cup\, g_k G_m$ die Zerlegung von G in Linksnebenklassen nach der Untergruppe G_m. ($\{g_1, \ldots, g_k\}$ ist also ein Repräsentantensystem dieser Linksnebenklassen). Dann ist $G(m) = \{g_1 m, \ldots, g_k m\}$ und es gilt

$$g * (g_i m) = g_j m \quad \text{g.d.w.} \quad g g_i G_m = g_j G_m.$$

Insbesondere ist

$$k = \frac{|G|}{|G_m|} = |G(m)|.$$

(„Index des Stabilisators = Länge der Bahn").

Beweis Wir zeigen zuerst, dass $G(m) = \{g_1 m, \ldots, g_k m\}$ ist. Dazu sei $g \in G$ beliebig gewählt. Das Gruppenelement g liegt in genau einer Nebenklasse $g_i G_m$ und $g \in g_i G_m$ ist äquivalent zu $g^{-1} g_i \in G_m$ bzw. $g^{-1} g_i m = m$ bzw. $g_i m = gm$. Genauso sehen wir: $g_i m = g_j m$ impliziert $g_i^{-1} g_j \in G_m$, also $i = j$. Die Gleichung $g * (g_i m) = g_j m$ ist äquivalent zu $g_j^{-1} g g_i m = m$, also zu $g g_i G_m = g_j G_m$. $\qquad\square$

Grundlegend ist das nächste Lemma, das unter dem Namen *Lemma von Burnside* oder auch *Lemma von Cauchy-Frobenius* bekannt geworden ist. Burnside selbst schreibt es Frobenius zu ([21,22,47]).

Lemma 5.4 (Lemma von Burnside-Cauchy-Frobenius)
Für $g \in G$ bezeichnen wir mit $\mathrm{Fix}(g) := \{m \in M \mid gm = m\}$ die Menge der Fixpunkte von g. Dann gilt

$$|M/G| = \frac{1}{|G|} \sum_{g \in G} |\mathrm{Fix}(g)|$$

(„Die Anzahl der Bahnen ist die durchschnittliche Anzahl der Fixpunkte von $g \in G$").

Beweis Wir betrachten die Matrix

$$A = \left(a_{g,m}\right)_{g \in G, m \in M} \quad \text{mit } a_{g,m} := [gm = m] = \begin{cases} 1, & \text{falls } gm = m \\ 0, & \text{sonst.} \end{cases}$$

Dann ist (Regel vom doppelten Abzählen):

$$\sum_{g \in G} |\mathrm{Fix}(g)| = \sum_{g \in G} \sum_{m \in M} [gm = m] = \sum_{m \in M} \sum_{g \in G} [gm = m]$$

$$= \sum_{m \in M} |G_m| = \sum_{m \in M} \frac{|G|}{|G(m)|} = |G| \sum_{m \in M} \frac{1}{|G(m)|}$$

$$= |G| \sum_{B \in M/G} \underbrace{\sum_{m \in B} \frac{1}{|B|}}_{=1} = |G| \cdot |M/G|. \qquad\square$$

Als eine Anwendung lösen wir das Halskettenproblem:

Beispiel

Eine Halskette können wir formal betrachten als eine Äquivalenzklasse von Abbildungen $f : \{1, \ldots, n\} \to \{1, \ldots, a\}$.

Setzen wir $\rho(i) = i + 1$, $1 \leq i < n$, $\rho(n) = 1$, so liegen zwei Abbildungen f und h in der gleichen Bahn genau dann, wenn

$$f(x) = h\left(\rho^k(x)\right) \quad \text{für alle } x \in \{1, \ldots, n\} \text{ und ein festes } k \in \{0, \ldots, n-1\}.$$

Unsere Gruppe G ist also die von ρ erzeugte zyklische Gruppe $G = \{1, \rho, \rho^2, \ldots, \rho^{n-1}\}$.

Die Permutation $\rho^k \in S_n$ zerfällt in Zyklen.

Was ist die Zykelstruktur von ρ^k? Dazu sei $d = \mathrm{ggT}(k, n)$, also $k = d \cdot r$ mit teilerfremden Zahlen r und $\frac{n}{d}$.

$$\left(\rho^k\right)^l (x) = x \quad \text{g. d. w.} \quad n \mid (k \cdot l = drl) \quad \text{g. d. w.} \quad \frac{n}{d} \mid l.$$

Jedes x liegt also in einem Zyklus der Länge $\frac{n}{d}$, d.h. ρ^k zerfällt in d Zyklen der Länge $\frac{n}{d}$.

Wann ist f ein Fixpunkt von ρ^k? Offenbar g. d. w. $f(x) = f\left(\rho^{k \cdot l}(x)\right)$ für alle l, d.h. g. d. w. f konstant auf den Zyklen von ρ^k ist. Für jeden dieser d Zyklen kann also ein Wert von f aus $\{1, \ldots, a\}$ gewählt werden.

Daraus ergibt sich

$$\left| \mathrm{Fix}\left(\rho^k\right) \right| = a^d.$$

Ist andererseits d mit $d \mid n$ gegeben, so kann ein r mit $\mathrm{ggT}\left(r, \frac{n}{d}\right) = 1$ und $d \cdot r < n$ auf genau $\varphi\left(\frac{n}{d}\right)$ Weisen ausgewählt werden, wobei φ die Eulersche φ-Funktion ist.

Nach dem Lemma von Burnside erhalten wir also für die Anzahl der Halsketten

$$\frac{1}{n} \cdot \sum_{k=0}^{n} \left| \mathrm{Fix}\left(\rho^k\right) \right| = \frac{1}{n} \cdot \sum_{d \mid n} \varphi\left(\frac{n}{d}\right) a^d.$$

Ist n eine Primzahl p, so besteht G aus der Identität (mit p Zyklen der Länge 1) und $p - 1$ p-Zyklen, also

$$|M/G| = \frac{1}{p}\left((p-1) \cdot a + a^p\right),$$

d.h. p teilt $(p-1) \cdot a + a^p$ und damit $a^p - a \equiv 0 \mod p$. Dies ist der kleine Fermatsche Satz aus der Zahlentheorie.

5.2   Der Satz von Pólya

Dieses Beispiel wollen wir nun verallgemeinern. Dazu seien F und D nicht-leere endliche Mengen, wobei F für „Farben" und D für „Dinge" steht. Eine Abbildung $f \in F^D$ ist dann eine Färbung der Dinge mit Farben aus F. Auf D sei eine Permutationsgruppe $G \le S_D$ gegeben.

Zwei Färbungen $f, h \in F^D$ sind äquivalent, falls ein $\pi \in G$ mit $f \circ \pi^{-1} = h$ existiert. Die Gruppe G induziert also eine Operation auf F^D vermöge

$$\pi * f = f \circ \pi^{-1}.$$

Außerdem sei $w : F \to R$ eine Gewichtung der Farben durch Elemente eines (kommutativen) Integritätsbereichs R. Dann induziert w eine Gewichtung der Färbungen vermöge

$$\bar{w}(f) := \prod_{d \in D} w(f(d)).$$

Wegen

$$\bar{w}(f \circ \pi^{-1}) = \prod_{d \in D} w(f(\pi^{-1}(d))) \stackrel{R \text{ kommutativ}}{=} \prod_{d \in D} w(f(d))$$

ist $\bar{w}$ konstant auf den Bahnen F^D / G.

Statt $\bar{w}$ schreiben wir im Folgenden einfach w. Für die Bahnen $G(f)$ schreiben wir $w(G(f)) := w(f)$. Der Satz von Pólya (s. u.) liefert eine Formel für den Ausdruck

$$\sum_{B \in F^D / G} w(B).$$

Diese Formel hängt stark von der Zykelstruktur der Permutationen $\pi \in G \le S_D$ (als Permutationen von D, nicht von F^D) ab.

Definition 5.5

Es sei $G \le S_D$, $|D| = n$. Der *Zyklenzeiger* $Z(G) = Z(G)(z_1, \dots, z_n)$ ist definiert durch

$$Z(G) := \frac{1}{|G|} \sum_{g \in G} z_1^{b_1(g)} \dots z_n^{b_n(g)}.$$

Dabei ist $b_i(g)$ die Anzahl der Zyklen der Länge i von g. Der Koeffizient des Monoms $z_1^{b_1} \dots z_n^{b_n}$ ist also die Anzahl der $g \in G$ mit $b_i(g) = b_i$ für alle $1 \le i \le n$.

Beispiel

$G := \{\rho^k \mid 0 \le k \le n\}$ sei die Gruppe des Halskettenproblems. Ist $d = \mathrm{ggT}(k, n)$, so zerfällt ρ^k in d Zyklen der Länge $\frac{n}{d}$, also

$$Z(G) = \frac{1}{n} \sum_{d \mid n} z_{\frac{n}{d}}^{d} \cdot \varphi\left(\frac{n}{d}\right) = \frac{1}{n} \sum_{d \mid n} z_d^{\frac{n}{d}} \cdot \varphi(d).$$

Substituieren wir für jede Variable die Zahl a, so erhalten wir die Anzahl der Halsketten.

Nun kommen wir zum zentralen Ergebnis unseres Abschnitts ([89]).

Satz 5.6 (Pólya, 1937)
Es seien G, D, F, w wie oben beschrieben. Dann gilt:

$$\sum_{B \in F^D/G} w(B) = Z(G)\left(\sum_{a \in F} w(a), \sum_{a \in F} w(a)^2, \ldots, \sum_{a \in F} w(a)^n\right),$$

d.h. die Summe der Bahnengewichte entsteht, wenn im Zyklenzeiger von G für die Variable z_k die Potenzsumme $\sum_{a \in F} w(a)^k$ substituiert wird, $1 \le k \le |D|$.

Beweis Ist $B \in F^D/G$, so gilt nach dem Lemma von Burnside:

$$1 = \frac{1}{|G|} \sum_{\pi \in G} |\mathrm{Fix}(\pi) \cap B|,$$

also

$$w(B) = \frac{1}{|G|} \sum_{\pi \in G} \sum_{f \in \mathrm{Fix}(\pi) \cap B} w(f),$$

da w konstant auf B ist. Diese Gleichung summieren wir über alle Bahnen:

$$\sum_{B \in F^D/G} w(B) = \frac{1}{|G|} \sum_{\pi \in G} \sum_{f \in \mathrm{Fix}(\pi)} w(f).$$

Jetzt betrachten wir $\mathrm{Fix}(\pi)$ genauer:

Es sei $C_1^1, \ldots, C_{b_1}^1, C_1^2, \ldots, C_{b_2}^2, \cdots, C_1^k, \ldots, C_{b_k}^k, \ldots$ die Partition von D durch die Zyklen von π ($\left|C_j^i\right| = i$ für alle i, j). Dann ist $f \circ \pi^{-1} = f$ genau dann, wenn f konstant auf den Zyklen von π ist. Um $\mathrm{Fix}(\pi)$ zu erzeugen, können wir für jedes (nicht-leere) C_j^i ein $a_{ij} \in F$ wählen, auf das alle Elemente von C_j^i durch f abgebildet werden. Dieses f hat dann das Gewicht

$$w(f) = \prod_{i=1}^{n} \prod_{j=1}^{b_i} w(a_{ij})^i.$$

Wir wollen uns anschaulich klar machen, was das bedeutet:

Es sei $F = \{a^1, \ldots, a^m\}$. Wir betrachten die folgende Matrix

$$
\begin{array}{ccccccccccc}
C_1^1, & \ldots, & C_{b_1}^1, & C_1^2, & \ldots, & C_{b_2}^2, & \ldots, & C_1^k, & \ldots, & C_{b_k}^k, & \ldots \\
w(a^1) & \ldots & w(a^1) & w(a^1)^2 & \ldots & w(a^1)^2 & \ldots & w(a^1)^k & \ldots & w(a^1)^k & \ldots \\
\vdots & & \vdots & \vdots & & \vdots & & \vdots & & \vdots & \\
w(a^m) & \ldots & w(a^m) & w(a^m)^2 & \ldots & w(a^m)^2 & \ldots & w(a^m)^k & \ldots & w(a^m)^k & \ldots
\end{array}
$$

$\sum_{f \in \mathrm{Fix}(\pi)} w(f)$ entsteht, indem aus jeder Spalte dieser Matrix unabhängig voneinander ein Gewichtsfaktor ausgewählt wird. Diese werden dann miteinander multipliziert. Das Produkt wird für alle möglichen Auswahlen aufsummiert.

Nach dem Distributivgesetz ist dies aber

$$\left(\sum_{a \in F} w(a) \right)^{b_1(\pi)} \cdot \left(\sum_{a \in F} w(a)^2 \right)^{b_2(\pi)} \ldots \left(\sum_{a \in F} w(a)^k \right)^{b_k(\pi)} \ldots$$

Also insgesamt

$$
\begin{aligned}
\sum_{B \in F^D/G} w(B) &= \frac{1}{|G|} \sum_{\pi \in G} \sum_{f \in F^D:\, f \circ \pi^{-1} = f} w(f) \\
&= \frac{1}{|G|} \sum_{\pi \in G} \left(\sum_{a \in F} w(a) \right)^{b_1(\pi)} \ldots \left(\sum_{a \in F} w(a)^k \right)^{b_k(\pi)} \ldots \\
&= Z(G) \left(\sum_{a \in F} w(a)^k, \sum_{a \in F} w(a)^2, \ldots, \sum_{a \in F} w(a)^n \right).
\end{aligned}
$$

$\square$

Beispiel

Es sei D die Menge der 6 Seiten eines Würfels, $F = \{r, b\}$, $w(r) = w(b) = 1$.

Wir brauchen den Zyklenzeiger der Gruppe der Drehungen, die den Würfel invariant lassen.

Die Drehachsen können dabei zwei gegenüberliegende Seitenmitten (A) oder zwei gegenüberliegende Kantenmitten (B) oder zwei gegenüberliegende Ecken verbinden

(C). Dabei zählen wir die triviale Drehung (Identität) mit Zykeltyp $(6, 0, 0, 0, 0, 0)$ später gesondert hinzu.

<u>Fall A:</u>
Es gibt 3 mögliche Achsen und zu jeder Achse gehört eine zyklische Untergruppe von G der Ordnung 4. Bei den Drehungen um $\frac{\pi}{2}$, $\frac{3\pi}{2}$ ist der Zykeltyp $(2, 0, 0, 1, 0, 0)$ und es gibt $2 \cdot 3 = 6$ solcher Drehungen.

Zum Drehwinkel π gehören insgesamt 3 Drehungen vom Typ $(2, 2, 0, 0, 0, 0)$. Die (nicht trivialen) Drehungen aus Fall (A) liefern also zum Zyklenzeiger den Beitrag $6z_1^2 z_4 + 3z_1^2 z_2^2$.

<u>Fall B:</u>
Es gibt 6 solcher Drehachsen und zu jeder Achse gehört eine Drehung um π. Der zugehörige Zykeltyp ist $(0, 3, 0, 0, 0, 0)$. Fall (B) liefert $6 \cdot z_2^3$.

<u>Fall C:</u>
Es gibt 4 Drehachsen, die Drehwinkel sind $\frac{2\pi}{3}$ und $\frac{4\pi}{3}$, der Zykeltyp ist $(0, 0, 2, 0, 0, 0)$, also insgesamt ein Beitrag von $8 \cdot z_3^2$.

Für $Z(G)$ ergibt sich

$$Z(G) = \frac{1}{24} \cdot \left(z_1^6 + 6z_1^2 z_4 + 3z_1^2 z_2^2 + 6z_2^3 + 8z_3^2 \right).$$

Damit ist die gesuchte Anzahl der Färbungen

$$\frac{1}{24} \left(2^6 + 6 \cdot 2^2 \cdot 2 + 3 \cdot 2^2 \cdot 2^2 + 6 \cdot 2^3 + 8 \cdot 2^2 \right)$$

$$= \frac{1}{24} \left(64 + 48 + 48 + 48 + 32 \right)$$

$$- \frac{1}{24} \left(4 \cdot 24 + 2 \cdot 24 + 2 \cdot 24 + 2 \cdot 24 \right) = 10.$$

Beispiel Abzählung von Alkoholen.

Wir möchten wissen, wie viele Alkohole mit n C-Atomen es gibt.

Dabei ist ein Alkohol definiert als ein ringfreies Molekül, das aus C-Atomen (4-wertig), H-Atomen (1-wertig) und genau einer (1-wertigen) OH-Gruppe besteht, z. B. das beliebte Äthanol in Abb. 5.3:

Trennt man die OH-Gruppe ab, so erhält man ein (1-wertiges) Alkylradikal. Jeder Alkohol mit mindestens einem C-Atom hat die Struktur aus Abb. 5.4: wobei die R_i

$$
\begin{array}{ccc}
H & & H \\
| & & | \\
H - C & - C & - OH \\
| & & | \\
H & & H
\end{array}
$$

Abb. 5.3 Äthanol

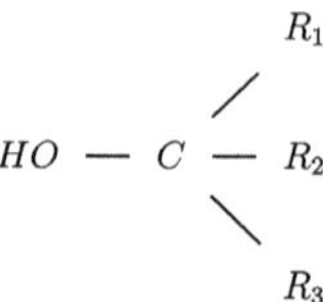

Abb. 5.4 Aufbau der Alkohole

für $i = 1, 2, 3$ Alkylradikale sind. Eine formale Definition der Alkohole ist wie folgt möglich

$$A_0 := \{a_0\},$$
$$A_n := \{(a_1, a_2, a_3) \mid a_i \in A_{n-1}, 1 \leq i \leq 3\}.$$

Dabei entspricht a_0 dem „Alkohol" ohne C-Atom, also dem Wasser ($H_2 O$). Das Tripel (a_1, a_2, a_3) beschreibt den Alkohol mit der obigen Strukturformel, wobei R_i das Alkylradikal zu a_i ist.

Auf $A := \bigcup_n A_n$ definieren wir rekursiv eine Äquivalenzrelation $\sim$ mit:

$$a_0 \sim a_0,$$
$$(a_1, a_2, a_3) \sim (a_1', a_2', a_3') \;:\Leftrightarrow\; \text{es existiert ein } \pi \in S_3 \text{ mit } a_i \sim a_{\pi(i)}', 1 \leq i \leq 3.$$

Alkohole sind nun die Äquivalenzklassen von A nach $\sim$. Wir definieren eine Gewichtsfunktion $\omega(a)$ auf A wie folgt

$$\omega(a_0) := 0, \quad \omega((a_1, a_2, a_3)) := \omega(a_1) + \omega(a_2) + \omega(a_3) + 1.$$

Dann ist $\omega(a)$ die Anzahl der C-Atome von a. Außerdem ist ω konstant auf den Äquivalenzklassen von $A/\sim$. Es sei nun $\alpha_n := |\{c \in A/\sim \mid \omega(c) = n\}|$. Wir interessieren uns für die erzeugende Funktion

$$\sum_{n=0}^{\infty} \alpha_n z^n =: a(z).$$

Zusätzlich definieren wir

$$F_N := \{c \in A/\sim \mid \omega(c) \leq N\},$$
$$M_N := \{c \in A/\sim \mid c = [(a_1, a_2, a_3)]_\sim \text{ mit } \omega(a_i) \leq N \text{ für } i = 1, 2, 3\}.$$

M_N ist dann wohldefiniert.

Wir setzen nun $D := \{1, 2, 3\}$, $F := F_N$, $w(c) := z^{\omega(c)}$ für $c \in F$ und $G = S_3$. Dann folgt aus dem Satz von Pólya:

$$\sum_{c \in M_N} z^{\omega(c)} = 1 + z \cdot Z(S_3)\left(\sum_{a \in F} w(a), \sum_{a \in F} w(a)^2, \sum_{a \in F} w(a)^3\right)$$

$$= 1 + z \cdot \frac{1}{6}\left[\left(\sum_{a \in F} z^{\omega(a)}\right)^3 + 3 \cdot \left(\sum_{a \in F} z^{\omega(a)}\right) \cdot \left(\sum_{a \in F} z^{2\omega(a)}\right) + 2 \cdot \left(\sum_{a \in F} z^{3\omega(a)}\right)\right].$$

Für $N \to \infty$ ergibt sich eine Funktionalgleichung für $a(z)$:

$$a(z) = 1 + z \cdot \frac{1}{6} \cdot \left[a(z)^3 + 3 \cdot a(z)a(z^2) + 2 \cdot a(z^3) \right].$$

Daraus können die α_n rekursiv berechnet werden:

$$\alpha_0 = 1 \qquad \text{(Wasser)}$$

$$\alpha_1 = \frac{1}{6} \cdot (1 + 3 + 2) = 1 \qquad \text{(Methanol)}$$

$$\alpha_2 = \frac{1}{6} \cdot \left(3\alpha_0^2 \alpha_1 + 3\alpha_1 \alpha_0 \right) = 1 \qquad \text{(Äthanol)}$$

$$\alpha_3 = \frac{1}{6} \cdot \left(3 \left(\alpha_1^2 \alpha_0 + \alpha_2^2 \alpha_2 \right) + 3 \left(\alpha_0 \alpha_1^2 + \alpha_2 \alpha_0 \right) \right) = 2 \qquad \text{(Propan-1-ol und Propan-2-ol)}$$

Hypergraphen

6

In diesem Kapitel untersuchen wir Systeme von Teilmengen einer endlichen Menge. Solche Systeme nennen wir auch *Hypergraphen*. Zur Vertiefung verweisen wir auf [13] und [32]:

6.1 Sperner-Systeme

Es sei $|X| = n$ und $\mathcal{F} \subseteq 2^X$. $\mathcal{F}$ heißt *Sperner-System* oder *Sperner-Familie* genau dann, wenn

$$A, B \in \mathcal{F}, \quad A \subseteq B \Rightarrow A = B,$$

d. h. die Mengen aus $\mathcal{F}$ sind bezüglich „$\subseteq$" paarweise unvergleichbar.

Im Jahr 1928 zeigte E. Sperner den folgenden Satz [100]

Satz 6.1 (E. Sperner 1928)
Ist $|X| = n$ und $\mathcal{F} \subseteq 2^X$ ein Sperner-System, so ist

$$|\mathcal{F}| \leq \binom{n}{\lfloor n/2 \rfloor}.$$

Beweis
Der folgende Beweis beruht auf der Ungleichung (6.1), die unabhängig voneinander durch die drei Mathematiker Lubell (1966) [80], Yamamoto (1954) [109] und Meshalkin (1963) [81] entdeckt wurde und deshalb den Namen LYM-Ungleichung

© Der/die Autor(en), exklusiv lizenziert an Springer-Verlag GmbH, DE, ein Teil von Springer Nature 2025
E. Triesch, *Diskrete Mathematik*,
https://doi.org/10.1007/978-3-662-71624-3_6

bekommen hat. Allerdings hat B. Bollobás 1965 auch schon eine allgemeinere Ungleichung bewiesen, die wir später im Zusammenhang mit der probabilistischen Methode zeigen [12]. Es sei $\mathcal{F}_k := \{A \in \mathcal{F} : |A| = k\}$, $0 \leq k \leq n$ und $f_k := |\mathcal{F}_k|$.

Für ein festes $A \in \mathcal{F}_k$ zählen wir, wie viele maximale Ketten durch A gehen, d. h. wie viele Ketten $\emptyset = A_0 \subseteq A_1 \subseteq \cdots \subseteq A_k = A \subseteq A_{k+1} \subseteq \cdots \subseteq A_n = X$ es gibt mit $|A_i| = i$ für alle i. Dies sind offenbar $k!(n-k)!$ Stück. Da jede Kette höchstens ein $A \in \mathcal{F}$ enthalten kann, folgt

$$\sum_{k=0}^{n} f_k \cdot k! \cdot (n-k)! \leq \text{(Anzahl aller maximalen Ketten)} = n!,$$

also

$$\sum_{k=0}^{n} \frac{f_k}{\binom{n}{k}} \leq 1. \tag{6.1}$$

Über die Binomialkoeffizienten wissen wir, dass $\binom{n}{k} \leq \binom{n}{\lfloor n/2 \rfloor}$ für $0 \leq k \leq n$ gilt, also

$$\sum_{k=0}^{n} f_k \leq \binom{n}{\lfloor n/2 \rfloor},$$

woraus die Behauptung folgt. $\square$

Der Beweis zeigt auch, dass eine Sperner-Familie maximaler Kardinalität nur aus Mengen A mit $|A| \in \{\lfloor \frac{n}{2} \rfloor, \lceil \frac{n}{2} \rceil\}$ bestehen kann.

Ein anderer kurzer Beweis ergibt sich aus dem folgenden Satz.

> **Satz 6.2**
> Die Potenzmenge 2^X kann in disjunkte, symmetrische Ketten zerlegt werden.

Dabei heißt eine Kette $A_1 \subseteq A_2 \subseteq \cdots \subseteq A_k$ *symmetrisch,* genau dann wenn $|A_{i+1} \setminus A_i| = 1$, $1 \leq i \leq k$, und $|A_1| = n - |A_k|$, d. h. die Kette beginnt auf dem Level $l := |A_1|$ des Potenzmengenverbandes und endet auf dem Level $n - l = |A_k|$. Sie enthält eine Menge auf jedem Level j, $l \leq j \leq n - l$. Insgesamt enthält sie also $n + 1 - 2l$ Mengen. Für eine spätere Anwendung bemerken wir noch:

Wenn es eine Zerlegung von 2^X in symmetrische Ketten gibt, so beginnen genau $\binom{n}{l} - \binom{n}{l-1}$ dieser Ketten auf dem Level l, $0 \leq l \leq \lfloor n/2 \rfloor$. Dabei setzen wir wie üblich $\binom{n}{-1} := 0$.

Da jede symmetrische Kette genau eine Menge des Levels $\lfloor n/2 \rfloor$ enthält, besteht die Kettenzerlegung genau aus $\binom{n}{\lfloor n/2 \rfloor}$ Ketten, woraus sofort der Satz von Sperner folgt.

Beweis
Wir führen den Beweis durch Induktion nach $n := |X|$
Im Fall $n = 1$ haben wir wegen $2^X = \{\emptyset, X\}$ nichts zu zeigen.
Sei nun $n > 1$. O.B.d.A. sei $X := \{1, \ldots, n\}$, $Y := \{1, \ldots, n-1\}$ sowie

$$2^Y = C_1 \,\dot\cup\, C_2 \,\dot\cup \ldots \dot\cup\, C_s$$

eine Zerlegung von Y in symmetrische Ketten (alle nichtleer), also $s = \binom{n-1}{\lfloor (n-1)/2 \rfloor}$.
Ist nun $C_1 = \{A_1 \subset A_2 \subset \ldots \subset A_k\}$, so setzen wir

$$C_1' := \{A_1 \subset \ldots \subset A_k \subset A_k \cup \{n\}\} \quad \text{und} \quad C_1'' := \{A_1 \cup \{n\} \subset \ldots \subset A_{k-1} \cup \{n\}\}$$

(insbesondere ist $C_1'' = \emptyset$, falls $k = 1$).
Dann ist offenbar $2^X = \bigcup_{i=1}^{s} C_i' \cup \bigcup_{i=1}^{s} C_i''$ und die C_i', C_i'' sind symmetrische Ketten in 2^X:

$$|A_1| = (n-1) - |A_k| = n - |A_k \cup \{n\}|,$$
$$|A_1 \cup \{n\}| = |A_1| + 1 = (n-1) - |A_k| + 1 = n - |A_k| = n - |A_{k-1} \cup \{n\}|.$$

Die Ketten sind auch disjunkt: Ist $A \in 2^Y$, so liegt A in genau einer Kette C_i'. Ist $A = A_j \cup \{n\}$ mit $A_j \in C_i$, so ist $A \in C_i'$, falls A_j maximal in C_i ist und $A \in C_i''$, sonst. $\qquad \Box$

Allgemeiner: Es sei $(P, \leq)$ eine Halbordnung. Dann nennt man eine Teilmenge $A \subseteq P$ eine *Antikette*, falls je zwei Elemente von A in P unvergleichbar sind. Der folgende Satz von Dilworth ([29]) macht plausibel, warum in den Beweisen des Satzes von Sperner Ketten eine besondere Rolle spielen.

Satz 6.3 (Dilworth, 1950)
Es sei $(P, \leq)$ eine endliche Halbordnung. Dann gilt

$$\max\{|A| \,:\, A \text{ Antikette in } P\} = \min\{|\mathcal{K}| \,:\, \mathcal{K} \text{ Kettenzerlegung von } P\}.$$

Eine *Kettenzerlegung* $\mathcal{K}$ ist dabei genau das, was der Name sagt:

$$\mathcal{K} = \{K_1, \ldots, K_s\}, \quad P = K_1 \,\dot\cup \ldots \dot\cup\, K_s, \quad \text{jedes } K_i \text{ ist eine Kette in } P.$$

Beweis

Wir bezeichnen mit $\alpha(P)$ die maximale Größe einer Antikette und mit $\kappa(P)$ die minimale Größe einer Kettenzerlegung. Da jede Kette höchstens ein Element einer Antikette enthalten kann, gilt offenbar $\alpha(P) \leq \kappa(P)$.

Die Ungleichung $\alpha(P) \geq \kappa(P)$ beweisen wir durch Induktion nach $|P|$, wobei der Induktionsanfang ($|P| = 1$) trivial ist.

Für den Induktionsschluss betrachten wir eine Antikette $A \subseteq P$ mit $|A| = \alpha(P)$. Dann erzeugt A in P ein Ideal und einen Filter:

$$I(A) := \{x \in P : \text{ es existiert ein } a \in A \text{ mit } x \leq a\}$$

$$F(A) := \{x \in P : \text{ es existiert ein } a \in A \text{ mit } a \leq x\}$$

Da A maximal ist, gilt $P = I(A) \cup F(A)$.

Nehmen wir zunächst an, dass $I(A) \neq A \neq F(A)$ (bzw. $I(A) \neq P \neq F(A)$). Nach Induktionsvoraussetzung gibt es disjunkte Ketten $C_1, \ldots, C_\alpha$ und $D_1, \ldots, D_\alpha$ mit

$$I(A) = \bigcup_{i=1}^{\alpha} C_i, \quad F(A) = \bigcup_{i=1}^{\alpha} D_i, \quad \alpha = \alpha(P).$$

Da jedes C_i genau ein $a \in A$ als maximales Element und jedes D_i genau ein $a \in A$ als minimales Element enthalten muss, können wir o. B. d. A. annehmen, dass

$$\max C_i = \min D_i, \quad 1 \leq i \leq \alpha.$$

Setzen wir $C_i := C_i \cup D_i$, $1 \leq i \leq \alpha$, so haben wir eine Kettenzerlegung von P in $\alpha(P)$ Ketten, was zu zeigen war.

Wir können also annehmen, dass für jede Antikette A mit $|A| = \alpha(P)$ gilt, dass $A = I(A)$ oder $A = F(A)$ ist. Daraus folgt, dass die einzigen Kandidaten für Antiketten maximaler Größe in P die maximalen und die minimalen Elemente von P sind.

Es sei nun C eine Kette in P, die ein maximales und ein minimales Element von P enthält. Dann ist $\alpha(P \backslash C) = \alpha(P) - 1$ und $P \backslash C$ ist nach Induktionsvoraussetzung in $\alpha(P) - 1$ disjunkte Ketten zerlegbar.

Eine solche Kettenzerlegung kann durch C zu einer Kettenzerlegung von P in $\alpha(P)$ Ketten ergänzt werden. $\square$

Beispiel

Wir erhalten einen neuen Beweis des Satzes von Erdős und Szekeres (2.5). In einer Folge $a_1, a_2, \ldots, a_{n^2+1}$ reeller Zahlen gibt es eine monoton steigende oder fallende Teilfolge der Länge $n + 1$.

Wir definieren eine Halbordnung durch:

$$a_i < a_j \Leftrightarrow i < j \text{ und } a_i \leq a_j.$$

Falls keine monoton wachsende Teilfolge der Länge $n + 1$ existiert, so haben alle Ketten in unserer Halbordnung eine Länge $\leq n$, eine Kettenzerlegung besteht also aus mindestens $n + 1$ Ketten.

Nach dem Satz von Dilworth gibt es eine Antikette $\{a_{i_1}, \ldots, a_{i_{n+1}}\}$ mit $n + 1$ Elementen, o. B. d. A. $i_1 < i_2 < \cdots < i_{n+1}$. Dann folgt: $a_{i_1} > a_{i_2} > \cdots > a_{i_{n+1}}$. $\square$

1943 studierten Littlewood und Offord die Anzahl reeller Nullstellen von Zufallspolynomen [78]. Dabei stießen sie auf folgendes Problem:

Es seien $z_1, \ldots, z_n$ komplexe Zahlen mit $|z_i| \geq 1$ für alle i. Wir setzen $z(A) := \sum_{i \in A} z_i$ für $A \subseteq \{1, \ldots, n\} =: X$.

Was ist eine obere Schranke für $|\mathcal{F}|$ wenn die Ungleichung $|z(A) - z(B)| < 1$ für alle $A, B \in \mathcal{F}$ gilt?

Littlewood und Offord zeigten $|\mathcal{F}| = O\left(2^n \cdot \frac{\log n}{\sqrt{n}}\right)$ und Erdős verbesserte 2 Jahre später die Schranke auf $O\left(\frac{2^n}{\sqrt{n}}\right)$ ([34]. Im Falle reeller Zahlen $x_1, \ldots, x_n$ zeigte er mit Hilfe des Satzes von Sperner, dass $\binom{n}{\lfloor n/2 \rfloor}$ die beste Schranke ist. Er vermutete, dass diese Schranke sogar gilt, wenn die x_i Vektoren aus einem Hilbertraum (mit $\|x_i\| \geq 1$) sind. Dies wurde erst 1970 von Kleitman bewiesen ([69].

Betrachten wir zunächst den Fall reeller Zahlen. Wenn wir ein Vorzeichen ändern, also x_{i_0} durch $-x_{i_0}$ ersetzen, so erhalten wir ein äquivalentes Problem. Bezeichnet $\oplus$ ($A \oplus B := (A \setminus B) \cup (B \setminus A)$) die symmetrische Differenz, so gilt für die neue Zahlenfolge

$$x_i' := \begin{cases} x_i, & i \neq i_0 \\ -x_i, & i = i_0 \end{cases},$$

die Gleichung

$$|x(A) - x(B)| = \left|x'(A \oplus i_0) - x'(B \oplus i_0)\right|$$

für alle $A, B \subseteq \{1, \ldots, n\}$ und die Abbildung „$A \mapsto A \oplus i_0$" ist eine Involution von 2^X.

Wir können deshalb annehmen, dass alle x_i positiv sind.

Ist nun $\mathcal{F} \subseteq X = \{1, \ldots, n\}$ mit $|x(A) - x(B)| < 1$ für alle $A, B \in \mathcal{F}$, so ist $\mathcal{F}$ notwendigerweise ein Spernersystem.

Nun zeigen wir ([69]):

Satz 6.4 (Kleitman, 1970)

Es seien $x_1, \ldots, x_n \in \mathbb{R}^k$ mit $\|x_i\| \geq 1$ für alle i. Dabei bezeichnet $\|x\| = \sqrt{\langle x, x \rangle}$ die euklidische Norm auf $\mathbb{R}^k$. Ferner sei $X = \{1, \ldots, n\}$ und $\mathcal{F} \subseteq 2^X$ sodass $\|x(A) - x(B)\| < 1$ für alle $A, B \in \mathcal{F}$. Dann ist

$$|\mathcal{F}| \leq \binom{n}{\lfloor n/2 \rfloor}.$$

Beweis

Der Beweis imitiert gewissermaßen den Beweis, dass 2^X in symmetrische Ketten zerlegt werden kann. Dort haben wir Ketten betrachtet, weil ein Spernersystem und eine Kette höchstens ein gemeinsames Element haben können.

Wir bezeichnen ein Mengensystem $C \subseteq 2^X$ als *dünn*, falls $\|x(A) - x(B)\| \geq 1$ für alle $A, B \in C$.

Die dünnen Mengensysteme treten an die Stelle der Ketten. Was tritt an die Stelle der Symmetrie? Dazu benötigen wir nur zwei Eigenschaften symmetrischer Ketten:

Eine Zerlegung $2^X = \dot{\bigcup}_{j=1}^{s} C_j$ in dünne Mengensysteme heißt *symmetrisch*, falls:

(i) $|C_j| = n + 1 - 2i$ für ein i mit $1 \leq i \leq \lfloor n/2 \rfloor$, $1 \leq j \leq s$.

(ii) Genau $\binom{n}{i} - \binom{n}{i-1}$ der C_j haben Kardinalität $n + 1 - 2i$, $1 \leq i \leq \lfloor n/2 \rfloor$.

Dabei definieren wir wieder $\binom{n}{-1} := 0$. Wegen (ii) ist dann automatisch

$$s = \sum_{i=0}^{\lfloor n/2 \rfloor} \left(\binom{n}{i} - \binom{n}{i-1} \right) = \binom{n}{\lfloor n/2 \rfloor}.$$

Um den Beweis abzuschließen, genügt es also, zu zeigen, dass eine symmetrische Partition von 2^X in dünne Mengensysteme existiert. Dies zeigen wir durch Induktion nach n, wobei der Fall $n = 1$ wiederum trivial ist.

Es sei nun $X' := \{1, \ldots, n - 1\}$ und $2^{X'} = \dot{\bigcup}_{j=1}^{s} C_j$ eine symmetrische Zerlegung in dünne Mengensysteme. Mit Hilfe des Standardskalarproduktes auf $\mathbb{R}^k$ definieren wir ein lineares Funktional $f : \mathbb{R}^k \to \mathbb{R}$ vermöge

$$f(x) := \langle x, \frac{x_n}{\|x_n\|} \rangle.$$

Nach der Cauchy-Schwarz-Ungleichung gilt dann:

$$f(x) = \langle x, \frac{x_n}{\|x_n\|} \rangle \leq \|x\| \cdot \|\frac{x_n}{\|x_n\|}\| = \|x\| \quad \text{für alle } x \in \mathbb{R}^k.$$

Ist nun $C_j = \{A_1, A_2, \ldots, A_k\}$, so wählen wir ein l mit $f(x(A_l)) \geq f(x(A_i))$ für alle $1 \leq i \leq k$. Dann setzen wir

$$C_j' := \{A_1, A_2, \ldots, A_k, A_l \cup \{n\}\}$$
$$C_j'' := \{A_1 \cup \{n\}, \ldots, A_{l-1} \cup \{n\}, A_{l+1} \cup \{n\}, \ldots, A_k \cup \{n\}\}.$$

Wir zeigen: Die nichtleeren Mengen unter den C_j', C_j'' bilden zusammen eine symmetrische Partition von 2^X in dünne Mengensysteme:

Dass die C_j' und C_j'' zusammen eine Partition von 2^X bilden, ist trivial, genauso wie die Eigenschaft, dass die C_j'' dünne Mengensysteme sind.

Ist nun $A_i \in C'_j$, $i \neq l$, so gilt:

$$\|x(A_l \cup \{n\}) - x(A_i)\| \geq f(x(A_l \cup \{n\}) - x(A_i)) \overset{f \text{ linear}}{=}$$

$$f(x_n) + f(x(A_l)) - f(x(A_i)) \geq f(x_n) = 1.$$

In allen übrigen Fällen ist die Ungleichung $\|x(A) - x(B)\| \geq 1$ für $A, B \in C'_j$ trivial.

Wir müssen noch nachrechnen, dass die Bedingungen (i) und (ii) erfüllt sind:

Nach Induktionsvoraussetzung gibt es $\binom{n-1}{i} - \binom{n-1}{i-1}$ Mengensysteme C_j mit $|C_j| = n - 2i$, $0 \leq i \leq \lfloor \frac{n-1}{2} \rfloor$. Daraus erhalten wir genauso viele Mengensysteme C'_j mit $|C'_j| = n + 1 - 2i$. Falls $n - 2i > 1$, also $i \leq \lfloor \frac{n}{2} \rfloor - 1$, so erhalten wir auch genauso viele C''_j mit

$$|C''_j| = |C_j| - 1 = n + 1 - 2(i+1).$$

Die Anzahl der dünnen Mengensysteme der Kardinalität $n + 1 - 2i$ mit $1 \leq i \leq \lfloor \frac{n-1}{2} \rfloor$ ist daher

$$\binom{n-1}{i} - \binom{n-1}{i-1} + \left[\binom{n-1}{i-1} - \binom{n-1}{i-2} \right]$$
$$= \left[\binom{n-1}{i} + \binom{n-1}{i-1} \right] - \left[\binom{n-1}{i-1} + \binom{n-1}{i-2} \right]$$
$$= \binom{n}{i} - \binom{n}{i-1}.$$

Für $i = 0$ existiert genau ein C_j mit $|C_j| = n$, aus dem ein C'_j mit $|C'_j| = n + 1$ entsteht. Die Anzahl der Mengensysteme mit Kardinalität $n + 1$ ist also $1 = \binom{n}{0} - \binom{n}{-1}$.

Es bleibt der Fall $\lfloor \frac{n-1}{2} \rfloor < i \leq \lfloor \frac{n}{2} \rfloor$. Dann ist n gerade, $i = \frac{n}{2}$ und $n + 1 - 2i = 1$. Die Mengensysteme dieser Kardinalität sind alle vom Typ C''_j und ihre Anzahl ist nach Induktionsvoraussetzung:

$$\binom{n-1}{i-1} - \binom{n-1}{i-2} = \binom{2i-1}{i-1} - \binom{2i-1}{i-2}$$
$$= \left[\binom{2i-1}{i-1} + \binom{2i-1}{i} \right] - \left[\binom{2i-1}{i-2} + \binom{2i-1}{i-1} \right]$$
$$= \binom{2i}{i} - \binom{2i}{i-1} = \binom{n}{i} - \binom{n}{i-1}.$$

Damit ist alles gezeigt. $\qquad\square$

Bemerkung
Der Satz gilt genauso unter der Voraussetzung, dass die Punkte $x_1, \ldots, x_n$ in einem normierten Raum Y liegen. Im Beweis benötigt man dann ein lineares Funktional f mit Norm 1 und $f(x_n) = \|x_n\|$. Die Existenz eines solchen Funktionals folgt aus dem Satz von Hahn-Banach.

6.2   Der Satz von Erdős-Ko-Rado

In einer Arbeit von 1961 untersuchten Erdős, Ko und Rado die folgende Frage ([70]):
    Wie viele Elemente kann ein Mengensystem $\mathcal{F} \subseteq 2^X$ enthalten, falls $A \cap B \neq \emptyset$ ist für alle $A, B \in \mathcal{F}$?
    Ohne weitere Voraussetzungen an $\mathcal{F}$ ist das Problem leicht zu lösen: 2^X kann disjunkt in Paare $\{A, X \backslash A\}$ zerlegt werden und $\mathcal{F}$ kann von jedem Paar höchstens eine Menge enthalten, also $|\mathcal{F}| \leq 2^{n-1}$, $n = |X|$. Andererseits ist $\{A \subseteq X : x \in A\}$ für festes $x \in X$ ein System, das diese Ungleichung mit Gleichheit erfüllt.
    Betrachten wir nun die gleiche Frage, falls $\mathcal{F}$ *k-uniform* ist, d. h. $|A| = k$ für alle $A \in \mathcal{F}$. Für $k > \frac{n}{2}$ ist automatisch $A \cap B \neq \emptyset$ falls $|A| = |B| = k$. Auch für $k = \frac{n}{2}$ ist die Lösung leicht. Wir teilen $\binom{X}{k}$ wieder in Paare $\{A, X \backslash A\}$ auf und wählen aus jedem Paar eine Menge aus. Schwieriger und interessanter ist der Fall $k < \frac{n}{2}$. Hier gilt ([70]):

Satz 6.5 (Erdős, Ko, Rado, 1961)
Es sei $2k < n$, $|X| = n$ und $\mathcal{F} \subseteq \binom{X}{k}$ mit: $A, B \in \mathcal{F} \Rightarrow A \cap B \neq \emptyset$.
Dann ist

$$|\mathcal{F}| \leq \binom{n-1}{k-1}$$

mit Gleichheit g. d. w. ein $x \in X$ existiert mit $\mathcal{F} = \left\{ A \in \binom{X}{k} : x \in A \right\}$.

Beweis Der folgende Beweis stammt von G. Katona [66].
    Wir schreiben die Elemente von X in irgendeiner Reihenfolge auf einen Kreis (s. Abb. 6.1).
    Zwei Reihenfolgen sind äquivalent, wenn sie durch eine Drehung des Kreises ineinander übergehen (d. h. zwei Permutationen von X sind äquivalent, falls sie durch eine Permutation aus der zyklischen Gruppe C_n ineinander übergehen).

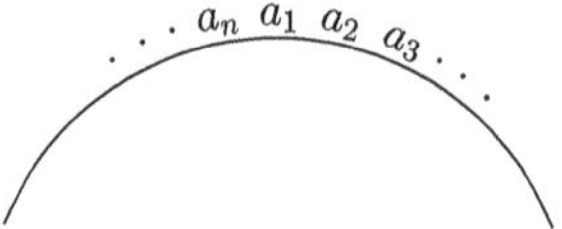

Abb. 6.1 Zyklische Anordnung

Nun betrachten wir die Matrix $M = (m_{A,R})$, wobei A die Elemente von $\mathcal{F}$ und R die (verschiedenen Äquivalenzklassen von) Reihenfolgen durchläuft. M hat also $|\mathcal{F}|$ Zeilen und $(n-1)!$ Spalten. $m_{A,R}$ nimmt den Wert 1 an, falls die Elemente von A bei der Reihenfolge R ein Intervall auf dem Kreis bilden und 0 sonst.

Wie viele Reihenfolgen R gibt es bei festem A, sodass die Elemente von A bei R ein Intervall bilden?

Es gibt n Möglichkeiten, den (im Uhrzeigersinn) ersten Punkt des Intervalls auf dem Kreis auszuwählen und anschließend $k!(n-k)!$ Möglichkeiten, die Elemente von X entsprechend auf den Kreis zu schreiben. Je n dieser Permutationen sind äquivalent, also

$$\sum_R m_{A,R} = \frac{n \cdot k! \cdot (n-k)!}{n} = k!(n-k)!$$

und somit

$$\sum_A \sum_R m_{A,R} = |\mathcal{F}| \cdot k! \cdot (n-k)! \ .$$

Nun sei eine Reihenfolge R gegeben und wir fragen nach den Spaltensummen $\sum_A m_{A,R}$.

Angenommen, $A = \{a_1, \ldots, a_k\}$ ist (in dieser Reihenfolge) ein Intervall bei R.

Jedes weitere $B \in \mathcal{F}$, das bei R ein Intervall bildet, muss mit A einen nichtleeren Schnitt haben. Dann muss ein $i \in \{1, \ldots, k-1\}$ existieren, sodass B a_i als rechten Endpunkt (im Uhrzeigersinn) oder a_{i+1} als linken Endpunkt hat (s. Abb. 6.2). Für ein festes i kann aber nur eine dieser beiden Möglichkeiten realisiert sein, da die entsprechenden Intervalle wegen $2k < n$ sonst disjunkt wären.

Es folgt

$$\sum_{A \in \mathcal{F}} m_{A,R} \leq k \quad \text{für alle } R,$$

also

$$|\mathcal{F}| \cdot k!(n-k)! = \sum_R \sum_A m_{A,R} \leq k \cdot (n-1)!$$

und somit

$$|\mathcal{F}| \leq \frac{k \cdot (n-1)!}{k! \cdot (n-k)!} = \binom{n-1}{k-1}.$$

Gleichheit gilt g. d. w. $\sum_{A \in \mathcal{F}} m_{A,R} = k$ für alle R ist. Nehmen wir an, dass dies der Fall ist und betrachten ein festes R.

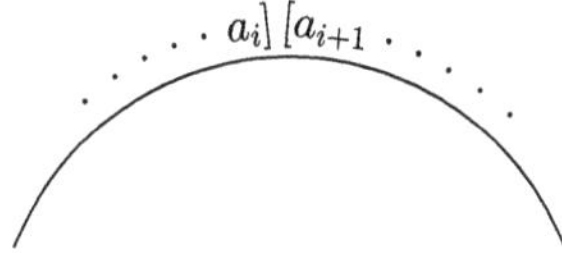

Abb. 6.2 Intervalle aus $\mathcal{F}$

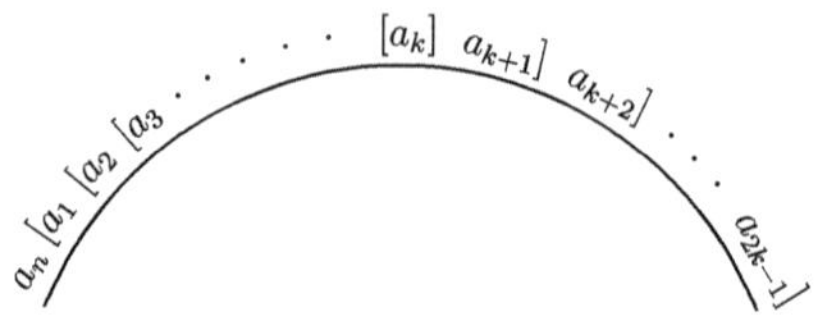

Abb. 6.3 Lage von k Intervallen aus $\mathcal{F}$

$A_1, \ldots, A_k$ seien die „Intervallmengen" bzw. „Kreisbögen". Jedes $x \in X$, das in einem Intervall A_i liegt, ist nun auch *Endpunkt* eines der Intervalle $A_1, \ldots, A_k$. Das ist trivial, falls x bereits ein Endpunkt von A_i ist. Andernfalls seien u, x, v in dieser Reihenfolge in A_i enthalten. Ist x nicht der linke Endpunkt eines Intervalls, so ist u der rechte Endpunkt eines Intervalls. Wegen $2k + 1 \leq n$ kann v dann nicht der linke Endpunkt eines Intervalls sein. Dann muss aber x der rechte Endpunkt eines Intervalls sein. Da es nur $2k < n$ solcher Endpunkte gibt, ist X nicht in $\bigcup_{i=1}^{k} A_i$ enthalten.

Es sei $A_1 = \{a_1, \ldots, a_k\}$ und $a_1, \ldots, a_n$ repräsentiere R, sodass $a_n \notin \bigcup_{i=1}^{k} A_i$. Dann ist o. B. d. A. $A_i = \{a_i, \ldots, a_{k+i-1}\}$ für $1 \leq i \leq k$ (s. Abb. 6.3). Diese Struktur der Intervalle bleibt im Wesentlichen erhalten, wenn wir die Elemente $a_1, \ldots, a_{k-1}$ irgendwie permutieren, da A_1 und A_k weiterhin Intervalle bleiben, die sich nur in a_k schneiden.

Wir behaupten nun, dass $a_k \in B$ ist für jedes $B \in \mathcal{F}$. Angenommen, es gäbe $B \in \mathcal{F}$ mit $a_k \notin B$. O. B. d. A. sei $B \cap A_1 = \{a_1, \ldots, a_r\}$. Wir wählen Elemente $a'_{k+1}, a'_{k+2}, \ldots, a'_{k+r}$, die alle nicht zu $A_1 \cup B \cup \{a_n\}$ gehören. (Dies ist möglich, da $|A_1 \cup B \cup \{a_n\}| \leq 2k - r + 1 \leq n - r$.) Dann erweitern wir $a_n, a_1, \ldots, a_k, a'_{k+1}, \ldots, a'_{k+r}$ zu einer Reihenfolge aller Elemente von X. Wegen $\{a_n, a_1, \ldots, a_{k-1}\} \notin \mathcal{F}$ und $\{a_1, \ldots, a_{k-1}, a_k\} \in \mathcal{F}$ folgt

$$\{a_2, \ldots, a_k, a'_{k+1}\} \in \mathcal{F}, \ \ldots, \ \{a_{r+1}, \ldots, a'_{k+r}\} \in \mathcal{F}$$

Dann ist aber $B \cap \{a_{r+1}, \ldots, a'_{k+r}\} = \emptyset$, ein Widerspruch. □

6.3 Der Satz von Kruskal-Katona

Wir betrachten wieder ein $\mathcal{F} \subseteq 2^X$, $X = \{1, \ldots, n\}$. Der *Schatten* $\partial\mathcal{F}$ ist definiert durch

$$\partial\mathcal{F} := \{A \subseteq X : \exists\, B \in \mathcal{F}, \ A \subseteq B, \ |B \setminus A| = 1\}.$$

Was können wir über $|\partial\mathcal{F}|$ in Abhängigkeit von $\mathcal{F}$ sagen? Beschränken wir uns zunächst auf den uniformen Fall $\mathcal{F} \subseteq \binom{X}{k}$. Natürlich ist $|\partial\mathcal{F}| \leq k \cdot |\mathcal{F}|$ und diese Schranke ist im Allgemeinen nicht verbesserbar. Es gibt aber eine sehr interessante untere Schranke, die unabhängig von verschiedenen Mathematikern entdeckt wurde ([25, 67, 73, 97]).

Dazu schreiben wir die natürliche Zahl $|\mathcal{F}| = m$ in der Form

$$m = \binom{a_k}{k} + \binom{a_{k-1}}{k-1} + \ldots + \binom{a_s}{s} \quad \text{mit } a_k > a_{k-1} > \ldots > a_s \geq s \geq 1.$$

Jedes m hat genau eine Darstellung in dieser Form. Wir sprechen von der k-*Kaskaden-darstellung* von m. Um sie zu erhalten, suchen wir zunächst $a_k := \max\left\{a \mid \binom{a}{k} \le m\right\}$.
Ist $m = \binom{a_k}{k}$, so sind wir fertig. Andernfalls ist

$$m' := m - \binom{a_k}{k} < \binom{a_k + 1}{k} - \binom{a_k}{k} = \binom{a_k}{k - 1}$$

und die k-Kaskadendarstellung von m entsteht aus der $(k-1)$-Kaskadendarstellung von m' durch Addition von $\binom{a_k}{k}$.

Die Eindeutigkeit folgt ebenfalls induktiv mit der Formel

$$\sum_{j=0}^{k} \binom{a - j}{k - j} = \binom{a + 1}{k}. \tag{6.2}$$

Würden wir nämlich $a_k < \max\left\{a \mid \binom{a}{k} \le m\right\}$ wählen, so folgte

$$m - \binom{a_k}{k} \ge \binom{a_k + 1}{k} - \binom{a_k}{k} = \binom{a_k}{k - 1} > \sum_{j=1}^{k-1} \binom{a_k - j}{k - j},$$

eine Fortsetzung von $\binom{a_k}{k}$ zu einer k-Kaskadendarstellung wäre also unmöglich.

Wir werden zeigen ([67,73,79]):

Satz 6.6 (Kruskal 1963, Katona 1968)
Ist $\mathcal{F} \subseteq \binom{X}{k}$, $|\mathcal{F}| = m = \binom{a_k}{k} + \binom{a_{k-1}}{k-1} + \cdots + \binom{a_s}{s}$ mit $a_k > a_{k-1} > \cdots > a_s \ge s \ge 1$, so gilt:

$$|\partial\mathcal{F}| \ge \binom{a_k}{k - 1} + \binom{a_{k-1}}{k - 2} + \cdots + \binom{a_s}{s - 1} =: \partial^{(k)}(m) \tag{6.3}$$

und zu jedem m existiert ein System $\mathcal{F}$, sodass Gleichheit gilt.

Ferner gilt die folgende Abschätzung (Lovász): Sei $m = \binom{x}{k}$ mit $x \in \mathbb{R}$, so ist

$$|\partial\mathcal{F}| \ge \binom{x}{k - 1}. \tag{6.4}$$

Für den Beweis benötigen wir noch einige Vorbereitungen. Wir beginnen mit einem Lemma über k-Kaskadendarstellungen:

Lemma 6.7

Es sei

$$m = \binom{a_k}{k} + \binom{a_{k-1}}{k-1} + \cdots + \binom{a_1}{1} + \binom{a_0}{0} \text{ mit } a_k > a_{k-1} > \cdots > a_1 > a_0 \geq 0.$$

Wir setzen $r := \max\{i \mid a_j = j \text{ für alle } 0 \leq j \leq i\}$. Dann ist die k-Kaskadendarstellung von m gegeben durch:

$$m = \binom{a_k}{k} + \binom{a_{k-1}}{k-1} + \cdots + \binom{a_r + 1}{r}.$$

Ferner gilt:

$$\partial^{(k)}(m) = \binom{a_k}{k-1} + \binom{a_{k-1}}{k-2} + \cdots + \binom{a_r + 1}{r-1}$$

$$= \binom{a_k}{k-1} + \binom{a_{k-1}}{k-2} \cdots + \binom{a_1}{0}.$$

Der Beweis des Lemmas folgt sofort mit der Identität (6.2). Wir können seine Aussage auch folgendermaßen formulieren: Ist eine Zahl m in der Form

$$m = \binom{a_k}{k} + \cdots + \binom{a_s}{s} \text{ mit } a_k > a_{k-1} > \cdots > a_s \geq s \geq 0$$

gegeben, so ist (auch im Falle $s = 0$ mit $\binom{a}{-1} = 0$)

$$\partial^{(k)}(m) = \binom{a_k}{k-1} + \cdots + \binom{a_s}{s-1}.$$

Nun definieren wir eine Totalordnung auf $\binom{X}{k}$. Für $A = \{a_1 < \ldots < a_k\}$ und $B = \{b_1 < \ldots < b_k\}$ mit $A \neq B$ definieren wir

$$A < B \Leftrightarrow (a_k < b_k) \text{ oder } (a_k = b_k \text{ und } a_{k-1} < b_{k-1}) \text{ oder } \ldots$$
$$\text{oder } (a_k = b_k, \ldots, a_2 = b_2, a_1 < b_1).$$

Stellt man A und B durch ihre Inzidenzvektoren dar, so bedeutet dies, dass die letzte Komponente, in der die Vektoren sich unterscheiden, die Ordnung bestimmt. Offenbar gilt

$$A < B \Leftrightarrow \sum_{i=1}^{k} 2^{a_i} < \sum_{i=1}^{k} 2^{b_i}.$$

Die Ordnung ist als colexikographische Ordnung (Colex-Ordnung) bekannt. Was sind die ersten m Elemente von $\binom{X}{k}$ in der Colex-Ordnung?

Dazu schreiben wir $m = \binom{a_k}{k} + \cdots + \binom{a_s}{s}$ in der k-Kaskadendarstellung und setzen $A_j := \{1, \ldots, a_j\}$. Nun sei

$$\mathcal{F}_k := \binom{A_k}{k}$$

$$\mathcal{F}_{k-1} := \left\{ A \cup \{a_k + 1\} : \ A \in \binom{A_{k-1}}{k-1} \right\}$$

$$\mathcal{F}_{k-2} := \left\{ A \cup \{a_{k-1} + 1, a_k + 1\} : \ A \in \binom{A_{k-2}}{k-2} \right\}$$

$$\vdots$$

$$\mathcal{F}_s := \left\{ A \cup \{a_{s+1} + 1, \ldots, a_k + 1\} : \ A \in \binom{A_s}{s} \right\}.$$

Schließlich definieren wir

$$\mathcal{F} := \bigcup_{j=s}^{k} \mathcal{F}_j.$$

Dann besteht $\mathcal{F}$ aus den ersten m Mengen in der Colex-Ordnung auf $\binom{X}{k}$. (Übung)

Was ist $\partial\mathcal{F}$?

$$\partial\mathcal{F}_k = \binom{A_k}{k-1},$$

sowie für $s \leq j < k$

$$\partial\mathcal{F}_j \setminus \left(\partial\mathcal{F}_k \cup \cdots \cup \partial\mathcal{F}_{j+1} \right) = \left\{ A \cup \{a_{j+1} + 1, \ldots, a_k + 1\} : \ A \in \binom{A_j}{j-1} \right\}.$$

Unser $\mathcal{F}$ ist also ein System, für das in (6.3) Gleichheit gilt.

Nun definieren wir *Kompressionsoperatoren* C_{ij} für $1 \leq i, j \leq n$, $i \neq j$.

$$C_{ij} : 2^X \to 2^X, \quad A \mapsto \begin{cases} (A\setminus\{j\}) \cup \{i\}, & i \notin A, \ j \in A \\ A, & \text{sonst,} \end{cases}$$

d. h. wenn i nicht zu A gehört, aber j, so werden i und j ausgetauscht. Die C_{ij} sind keineswegs injektiv. Ist $B \subseteq X\setminus\{i, j\}$, so ist

$$C_{ij}(B \cup \{j\}) = B \cup \{i\} = C_{ij}(B \cup \{i\}).$$

Andererseits ist klar, dass der Fall $C_{ij}(A) = C_{ij}(B)$ mit $A \neq B$ nur dann eintreten kann, wenn entweder $C_{ij}(A) = A$ oder $C_{ij}(B) = B$ gilt.

Die C_{ij} induzieren Operatoren $\tilde{C}_{ij}$, die Mengensysteme wieder in Mengensysteme überführen:

$$\tilde{C}_{ij}(\mathcal{F}) := \left\{ C_{ij}(A) : \ A \in \mathcal{F} \right\} \cup \left\{ A : \ A \text{ und } C_{ij}(A) \text{ in } \mathcal{F} \right\}.$$

Offenbar gilt $\left| \tilde{C}_{ij}(\mathcal{F}) \right| = |\mathcal{F}|$. Die Bedeutung der Operatoren $\tilde{C}_{ij}$ liegt darin, dass sie die Kardinalität des Schattens eines Mengensystems nicht vergrößern:

Lemma 6.8
Ist $\mathcal{F} \subseteq 2^X$, $1 \leq i < j \leq n$, so gilt

$$\left| \partial \tilde{C}_{ij}(\mathcal{F}) \right| \leq |\partial \mathcal{F}|.$$

Beweis
Wir zeigen, dass C_{ji} eine injektive Abbildung von $\partial \tilde{C}_{ij}(\mathcal{F}) \setminus \partial \mathcal{F}$ nach $\partial \mathcal{F} \setminus \partial \tilde{C}_{ij}(\mathcal{F})$ ist.

Dazu sei $B \in \partial \tilde{C}_{ij}(\mathcal{F}) \setminus \partial \mathcal{F}$, etwa $B \in \partial C_{ij}(A)$ mit $A \in \mathcal{F}$. Wegen $B \notin \partial \mathcal{F}$ muss $C_{ij}(A) \notin \mathcal{F}$ gelten, etwa $C_{ij}(A) = (A \setminus \{j\}) \cup \{i\}$, also $j \notin B$. Weil $B \notin \partial A \subseteq \partial \mathcal{F}$, kann B nicht $A \setminus \{j\}$ sein, also ist $i \in B$. Dann ist $C_{ji}(B) = (B \setminus \{i\}) \cup \{j\} \subseteq A$, also $C_{ji}(B) \in \partial \mathcal{F}$. Insbesondere ist C_{ji} injektiv, da für $i \in B$ und $j \notin B$ die Menge $C_{ji}(B)$ von C_{ij} wieder auf B abgebildet wird. (C_{ji} hat also C_{ij} als Linksinverse.)

Angenommen, $C_{ji}(B) \in \partial \tilde{C}_{ij}(\mathcal{F})$, etwa $C_{ji}(B) \in \partial D$ mit $D \in \tilde{C}_{ij}(\mathcal{F})$. Dann muss j zu D gehören. Wäre auch $i \in D$, so folgte aus $\{i, j\} \subseteq D$, dass $D \in \mathcal{F}$ ist und $B \in \partial D$ im Widerspruch zur Wahl von B. Im Fall $i \notin D$ muss aber nach Definition von $\tilde{C}_{ij}$ gelten, dass $D \in \mathcal{F}$ und $C_{ij}(D) \in \mathcal{F}$, woraus wiederum $B \in \partial C_{ij}(D) \subseteq \partial \mathcal{F}$ folgt, ein Widerspruch. $\qquad\square$

Beweis des Satzes von Kruskal-Katona [44]
Wir führen den Beweis durch Induktion nach k und anschließend nach m, wobei die Fälle $k = 1$ und $m = 1$ trivial sind. Es sei also $k \geq 2$ und die Behauptung gelte für alle $\mathcal{F}$ mit $|\mathcal{F}| < m$, $\mathcal{F} \subseteq \binom{X}{k}$, sowie für alle $\mathcal{F} \subseteq \binom{X}{k-1}$.

Nach Lemma (6.8) können wir auf $\mathcal{F}$ sukzessive die Operatoren $\tilde{C}_{1j}$ anwenden, ohne den Schatten zu vergrößern. Wir nehmen also an, dass $\tilde{C}_{1j}(\mathcal{F}) = \mathcal{F}$ ist für alle $2 \leq j \leq n$. Seien

$$\mathcal{F}_0 := \{A \in \mathcal{F} : \ 1 \notin A\} \quad \text{und} \quad \mathcal{F}_1 := \{A \setminus \{1\} : \ 1 \in A \in \mathcal{F}\}.$$

Dann ist $|\partial\mathcal{F}| \geq |\mathcal{F}_1| + |\partial\mathcal{F}_1|$, denn $\mathcal{F}_1 \subseteq \partial\mathcal{F}$ und die Abbildung „$A \mapsto A \cup \{1\}$"
ist eine injektive Abbildung von $\partial\mathcal{F}_1$ in $\partial\mathcal{F}\backslash\mathcal{F}_1$. Außerdem ist $\partial\mathcal{F}_0 \subseteq \mathcal{F}_1$, denn falls
$B = A\backslash\{j\}$ für ein $j \in A$, $A \in \mathcal{F}_0$ ist, so muss $C_{1j}(A) \in \mathcal{F}$ sein, also $B \in \mathcal{F}_1$.

Nun unterscheiden wir zwei Fälle:

Fall 1: $|\mathcal{F}_1| \geq \binom{a_k-1}{k-1} + \cdots + \binom{a_s-1}{s-1}$.

Im Hinblick auf Lemma 6.7 können wir die Induktionsvoraussetzung anwenden
und schließen:

$$|\partial\mathcal{F}_1| \geq \binom{a_k-1}{k-2} + \ldots + \binom{a_s-1}{s-2},$$

also

$$|\partial\mathcal{F}| \geq |\mathcal{F}_1| + |\partial\mathcal{F}_1| \geq \binom{a_k-1}{k-1} + \binom{a_k-1}{k-2} + \ldots + \binom{a_s-1}{s-1} + \binom{a_s-1}{s-2}$$

$$= \binom{a_k}{k-1} + \ldots + \binom{a_s}{s-1}.$$

Fall 2: Wäre $|\mathcal{F}_1| < \binom{a_k-1}{k-1} + \ldots + \binom{a_s-1}{s-1}$, so folgte aus $|\mathcal{F}_0| = |\mathcal{F}| - |\mathcal{F}_1|$

$$|\mathcal{F}_0| > \binom{a_k-1}{k} + \ldots + \binom{a_s-1}{s},$$

also

$$|\mathcal{F}_1| \geq |\partial\mathcal{F}_0| \geq \binom{a_k-1}{k-1} + \ldots + \binom{a_s-1}{s-1},$$

ein Widerspruch.

Analog folgt (6.4): Ist $|\mathcal{F}_1| \geq \binom{x-1}{k-1}$, so folgt nach Induktionsvoraussetzung

$$|\partial\mathcal{F}_1| \geq \binom{x-1}{k-2},$$

also

$$|\partial\mathcal{F}| \geq \binom{x-1}{k-1} + \binom{x-1}{k-2} = \binom{x}{k-1}.$$

Für $|\mathcal{F}_1| < \binom{x-1}{k-1}$ ist wieder

$$|\mathcal{F}_0| = |\mathcal{F}| - |\mathcal{F}_1| > \binom{x}{k} - \binom{x-1}{k-1} = \binom{x-1}{k},$$

also

$$|\partial\mathcal{F}_0| \geq \binom{x-1}{k-1}$$

im Widerspruch zu $\partial\mathcal{F}_0 \subseteq \mathcal{F}_1$. $\qquad\square$

Bemerkung
Der Beweis liefert auch eine Charakterisierung der Gleichheit für den Fall, dass

$$|\mathcal{F}| = m = \binom{x}{k} \text{ mit } x \in \mathbb{N}$$

ist, denn Gleichheit gilt genau dann, wenn $\mathcal{F} = \binom{A}{k}$ für ein A mit $|A| = x$.

Dies folgt ebenfalls induktiv.

Zunächst zeigen wir das folgende Lemma:

Lemma 6.9
Es sei $\mathcal{F} \subseteq \binom{X}{k}$ mit $|\mathcal{F}| = \binom{x}{k}$ und $|\partial\mathcal{F}| = \binom{x}{k-1}$ für ein $x \in \mathbb{N}$. Ferner sei $\tilde{C}_{ij}(\mathcal{F}) = \binom{A}{k}$ (mit $(|A| = x)$). Dann muss bereits $\mathcal{F}$ ein Mengensystem der gleichen Form sein:

$$\mathcal{F} = \tilde{C}_{ji}\left(\binom{A}{k}\right) = \binom{C_{ji}(A)}{k}.$$

Beweis Für $k = 1$ ist das Lemma trivial. Es sei nun $k \geq 2$ und $\mathcal{F}$ wie im Lemma vorausgesetzt. Wir setzen $B := A \setminus \{i\}$, $\mathcal{B}_l := \{Y \subset B : |Y| = k - 1 \text{ und } (Y \cup \{l\}) \in \mathcal{F}\}$, $l \in \{i, j\}$. Wegen $\tilde{C}_{ij}(\mathcal{F}) = \binom{A}{k}$ gibt es eine disjunkte Zerlegung

$$\binom{B}{k-1} = \mathcal{B}_i \;\dot{\cup}\; \mathcal{B}_j.$$

Ist eine der beiden Mengen $\mathcal{B}_i$ oder $\mathcal{B}_j$ leer, so ist nichts mehr zu zeigen. Wir nehmen also an, dass beide Mengen nicht leer sind. Im Fall $k = 2$ folgt daraus sofort, dass $|\partial\mathcal{F}| = |A \cup \{j\}| = x + 1 > \binom{x}{1}$, ein Widerspruch. Es sei nun $k \geq 3$. Aus der Gleichung $|\partial\mathcal{F}| = \binom{x}{k-1}$ folgt, dass für jedes $D \in \binom{B}{k-2}$ genau eine der beiden Mengen $D \cup \{i\}$ oder $D \cup \{j\}$ zu $\partial\mathcal{F}$ gehören muss. Wir werden zeigen, dass es zwei Mengen $Y_1 \in \mathcal{B}_i$ und $Y_2 \in \mathcal{B}_j$ gibt mit $|Y_1 \cap Y_2| = k - 2$. Dann gehören mit $D := Y_1 \cap Y_2$ *beide* Mengen $D \cup \{i\}$ und $D \cup \{j\}$ zu $\partial\mathcal{F}$, ein Widerspruch. Es seien nun $Y_1 \in \mathcal{B}_i$ und $Y_2 \in \mathcal{B}_j$ so gewählt, dass $|D| = |Y_1 \cap Y_2|$ maximal ist. Aus $|D| < k - 2$ folgte $|Y_1 \setminus Y_2| \geq 2 \leq |Y_2 \setminus Y_1|$. Es gibt also ein $Y_3 \in \binom{B}{k-1}$, das D enthält und mindestens ein Element aus jeder der Mengen $Y_1 \setminus Y_2$ und $Y_2 \setminus Y_1$. Dieses Y_3 gehört zu genau einer der Mengen $\mathcal{B}_i$ oder $\mathcal{B}_j$, o. B. d. A. zu $\mathcal{B}_i$. Dann ist $|Y_2 \cap Y_3| > |D|$ im Widerspruch zur Wahl von D. $\qquad\square$

Gilt nun für das komprimierte $\mathcal{F}$ aus dem Beweis $|\mathcal{F}| = \binom{x}{k}$ und $|\partial\mathcal{F}| = \binom{x}{k-1}$ für $x \in \mathbb{N}$, so muss (vgl. Beweis)

$$|\mathcal{F}_1| = \binom{x-1}{k-1} \quad \text{und} \quad |\partial\mathcal{F}_1| = \binom{x-1}{k-2}$$

gelten. Nach Induktionsvoraussetzung ist dann

$$\mathcal{F}_1 = \binom{A}{k-1}, \quad |A| = x-1 \text{ und } A \subseteq \{2, \ldots, n\},$$

also

$$\mathcal{F} = \binom{A \cup \{1\}}{k}.$$

Mit Lemma 6.9 schließen wir nun, dass auch das noch nicht komprimierte Ausgangssystem von der Form $\binom{A}{k}$ sein muss.

Beispiele
Es sei $\mathcal{F} \subseteq 2^X$ eine Spernerfamilie, $\mathcal{F}_k = \mathcal{F} \cap \binom{X}{k}$ und $f_k := |\mathcal{F}_k|$.

Schreiben wir $0 < |\mathcal{F}_k| = \binom{x}{k}$, $x \in \mathbb{R}$, $x \leq n$, so folgt mit dem Satz von Kruskal-Katona (6.6)

$$|\partial\mathcal{F}_k| \geq \binom{x}{k-1},$$

also

$$\frac{|\partial\mathcal{F}_k|}{|\mathcal{F}_k|} \geq \frac{\binom{x}{k-1}}{\binom{x}{k}} = \frac{k}{x-k+1} \geq \frac{k}{n-k+1}$$

mit Gleichheit genau dann, wenn $x = n$. Daraus ergibt sich

$$\frac{|\partial\mathcal{F}_k|}{\binom{n}{k-1}} \geq \frac{|\mathcal{F}_k|}{\binom{n}{k}}$$

mit Gleichheit genau dann, wenn $\mathcal{F}_k = \emptyset$ oder $\mathcal{F}_k = \binom{X}{k}$.

Diese Ungleichung heißt auch „lokale LYM-Ungleichung", weil aus ihr die zum Beweis des Satzes von Sperner benutzte LYM-Ungleichung folgt. Dazu setzen wir (Abb. 6.4)

$$\mathcal{G}_n := \mathcal{F}_n \quad \text{und} \quad \mathcal{G}_k := \mathcal{F}_k \,\dot\cup\, \partial\mathcal{G}_{k+1}, \quad \text{für } k < n.$$

Außerdem sei $\alpha_k := \frac{f_k}{\binom{n}{k}}$. Die LYM-Ungleichung lautet

$$\sum_{k=0}^{n} \frac{f_k}{\binom{n}{k}} \leq 1.$$

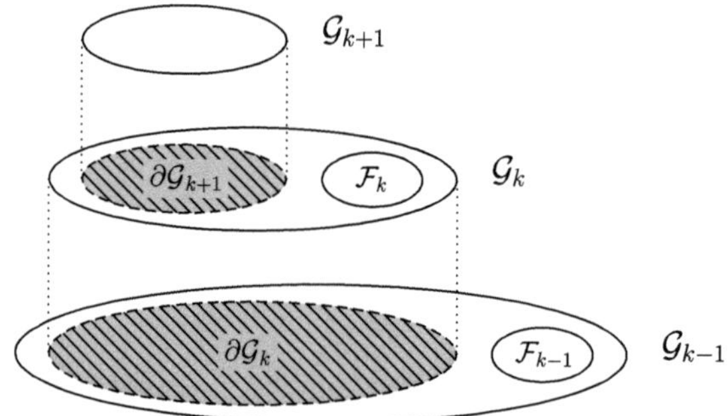

Abb. 6.4 Lokale LYM-Ungleichung

Mit $\beta_k := \frac{|\mathcal{G}_k|}{\binom{n}{k}}$ erhalten wir aus der lokalen LYM-Ungleichung

$$\alpha_k + \beta_{k+1} \le \beta_k,$$

weil $\mathcal{F}_k$ und $\partial\mathcal{G}_{k+1}$ wegen der Sperner-Eigenschaft von $\mathcal{F}$ disjunkt sind. Gleichheit gilt dabei genau dann, wenn $\beta_{k+1} \in \{0, 1\}$. Nun folgt induktiv

$$\beta_n = \alpha_n$$
$$\beta_{n-1} \ge \beta_n + \alpha_{n-1} \quad = \alpha_n + \alpha_{n-1}$$
$$\beta_{n-2} \ge \beta_{n-1} + \alpha_{n-2} \ge \alpha_n + \alpha_{n-1} + \alpha_{n-2}$$
$$\vdots \qquad \vdots \qquad \vdots$$
$$1 \ge \beta_0 \ge \beta_1 + \alpha_0 \qquad \ge \alpha_n + \alpha_{n-1} + \ldots + \alpha_0 = \sum_{k=0}^{n} \frac{f_k}{\binom{n}{k}}.$$

Gleichheit gilt dabei genau dann, wenn $\alpha_k + \beta_{k+1} = \beta_k$ für alle k gilt, was $\mathcal{F} = \binom{X}{k}$ für ein spezielles k impliziert.

Eine weitere Anwendung ist ein Beweis des Satzes von Erdős-Ko-Rado von Daykin ([27]): Es sei $\mathcal{F} \subseteq \binom{X}{k}$ mit $2k < n$ und $A, B \in \mathcal{F} \Rightarrow A \cap B \ne \emptyset$. Wir betrachten

$$\mathcal{F}^c := \{X \setminus A \ : \ A \in \mathcal{F}\} \subseteq \binom{X}{n-k}.$$

Nun nehmen wir an, dass $|\mathcal{F}| = \binom{n-1}{k-1} = \binom{n-1}{n-1-(k-1)} = \binom{n-1}{n-k}$. Die iterierte Anwendung des Satzes von Kruskal-Katona liefert

$$|\partial\mathcal{F}^c| \ge \binom{n-1}{n-k-1}, \quad |\partial(\partial\mathcal{F}^c)| \ge \binom{n-1}{n-k-2}, \quad \ldots \ , |\partial^r\mathcal{F}^c| \ge \binom{n-1}{n-k-r}.$$

Für $r = n - 2k$ ist $\partial^r\mathcal{F}^c \subseteq \binom{X}{k}$ und $|\partial^r\mathcal{F}^c| \ge \binom{n-1}{k}$. Sind $A, B \in \mathcal{F}$, so ist die Bedingung $A \cap B \ne \emptyset$ äquivalent dazu, dass $A \not\subseteq B^c$ ist, also $\mathcal{F} \cap \partial^r\mathcal{F}^c = \emptyset$.

Also folgt aus $\mathcal{F} \,\dot{\cup}\, \partial^r \mathcal{F}^c \subseteq \binom{X}{k}$ und $|\mathcal{F}| = \binom{n-1}{k-1}$, $|\partial^r \mathcal{F}^c| \geq \binom{n-1}{k}$, $\binom{n}{k} = \binom{n-1}{k-1} + \binom{n-1}{k}$, dass $|\partial^r \mathcal{F}^c| = \binom{n-1}{k}$ gelten muss. Bei den r Anwendungen des Kruskal-Katona-Satzes muss also stets Gleichheit gegolten haben. Dies impliziert, dass

$$\mathcal{F}^c = \binom{X \setminus \{a\}}{n-k}$$

für ein $a \in X$ gilt, also

$$\mathcal{F} = \left\{ A \in \binom{X}{k} : a \in A \right\}.$$

6.4 Der Satz von Baranyai

Es sei $X := \{1, 2, \ldots, n\}$ und k eine natürliche Zahl mit $k \,|\, n$.

Gibt es eine disjunkte Zerlegung $\binom{X}{k} = \mathcal{B}_1 \,\dot{\cup}\, \mathcal{B}_2 \,\dot{\cup}\, \ldots \,\dot{\cup}\, \mathcal{B}_m$, sodass jedes $\mathcal{B}_i$ eine disjunkte Zerlegung von X ist?

Man spricht in diesem Fall von der Faktorisierbarkeit des Hypergraphen $\binom{X}{k}$. Die Frage ist alt: Um 1850 zeigte der englische Mathematiker J.J. Sylvester, dass für $k = 3$ und $n = 15$ eine solche Zerlegung möglich ist. Rose Peltesohn zeigte 1936, dass $\binom{X}{3}$ für $3\,|\,n$ faktorisierbar ist. Der allgemeine Fall wurde erst 1973 von dem ungarischen Mathematiker Zsolt Baranyai bewiesen. Die Faktorisierbarkeit folgt aus einem allgemeineren Satz, den wir jetzt zeigen werden ([9]).

Es sei eine Matrix $\mathcal{B}$ der folgenden Form gegeben:

$$\mathcal{B} = \begin{pmatrix} \mathcal{B}_{1,1} & \mathcal{B}_{1,2} & \ldots & \mathcal{B}_{1,s} \\ \mathcal{B}_{2,1} & \mathcal{B}_{2,2} & \ldots & \mathcal{B}_{2,s} \\ \vdots & \vdots & \vdots & \vdots \\ \mathcal{B}_{r,1} & \mathcal{B}_{r,2} & \ldots & \mathcal{B}_{r,s} \end{pmatrix}$$

Die Einträge der Matrix sind Systeme von Teilmengen einer Menge X, $X = \{1, \ldots, n\}$, und zwar: $\mathcal{B}_{i,j} \subset \binom{X}{k_i}$, $1 \leq i \leq r$, $1 \leq j \leq s$. Dabei sollen die Mengensysteme der Zeile i eine disjunkte Zerlegung von $\binom{X}{k_i}$ bilden:

$$\dot{\bigcup_{j=1}^{s}} \mathcal{B}_{i,j} = \binom{X}{k_i} \quad \text{für alle } 1 \leq i \leq r.$$

Außerdem soll für jede Spalte j

$$\mathfrak{A}_j := \bigcup_{i=1}^{r} \mathcal{B}_{i,j}$$

eine disjunkte Zerlegung von X sein. Sind diese Bedingungen erfüllt, so heißt die Matrix $\mathcal{B}$ eine *Baranyai-Familie*. Die Matrix $A := (a_{i,j})$ mit den Kardinalitäten von $\mathcal{B}$, $|\mathcal{B}_{i,j}| =: a_{i,j}$, sowie $n, r, s, k_1, k_2, \ldots, k_r$ heißen die Parameter der *Baranyai-Familie*.

Satz 6.10

Es seien nicht negative ganze Zahlen $n, r, s \geq 1$, $0 \leq k_1, k_2, \ldots, k_r \leq n$ und $a_{i,j}$, $1 \leq i \leq r$, $1 \leq j \leq s$ gegeben. Genau dann existiert eine Baranyai-Familie mit diesen Parametern, wenn gilt:

(i) Für alle i ist $\sum_{j=1}^{s} a_{i,j} = \binom{n}{k_i}$

(ii) Für alle j ist $\sum_{i=1}^{r} k_i a_{i,j} = n$.

Beweis Der Beweis orientiert sich an [19]. Die Notwendigkeit der Bedingungen (i) und (ii) ist trivial.

Es seien also Parameter mit (i) und (ii) gegeben. Wir zeigen die Existenz einer Baranyai-Familie durch Induktion nach n.

$n = 1$: Wäre ein $k_i > 1$, so folgte aus (ii): $a_{i,1} = a_{i,2} = \ldots = a_{i,s} = 0$. Streicht man zunächst alle Daten mit Indizes i, für die $k_i > 1$ gilt und konstruiert eine Baranyai-Familie für die übrigen Parameter, so kann man anschließend für die gestrichenen Daten $\mathcal{B}_{i,j} = \emptyset$ hinzufügen. Wir können also o. B. d. A. $k_i \in \{0, 1\}$, $\binom{n}{k_i} = \binom{1}{k_i} = 1$ annehmen. Dann definiert

$$\mathcal{B}_{i,j} := \begin{cases} \{\emptyset\}, & a_{i,j} = 1, k_i = 0 \\ \{X\}, & a_{i,j} = 1, k_i = 1 \\ \emptyset, & \text{sonst.} \end{cases}$$

eine Baranyai-Familie.

Induktionsschluss: Der Satz gelte für $n - 1 \geq 1$. Wir können o. B. d. A. annehmen, dass alle k_i größer als Null sind: Für $k_i = 0$ gibt es wegen $\sum_{j=1}^{s} a_{i,j} = \binom{n}{0} = 1$ genau ein j mit $a_{i,j} = 1$. Wir setzen dann

$$\mathcal{B}_{i,l} := \begin{cases} \{\emptyset\}, & \text{für } l = j \\ \emptyset, & \text{sonst} \end{cases}$$

Damit können wir jede Baranyai-Familie zu den übrigen Daten zu einer Baranyai-Familie wie wir sie suchen, ergänzen.

Eine Vorüberlegung: Wir berechnen $C := \sum_{i,j} k_i a_{i,j}$ mit der Regel des doppelten Abzählens auf zwei Weisen:

Für jede Zeile i gilt:

$$\sum_{j=1}^{s} k_i a_{i,j} = k_i \binom{n}{k_i} = n \binom{n-1}{k_i-1}, \tag{6.5}$$

$$C = n \sum_{i=1}^{r} \binom{n-1}{k_i-1}.$$

Andererseits ist für jede Spalte j: $\sum_{i=1}^{r} k_i a_{i,j} = n$, also

$$s = \sum_{i=1}^{r} \binom{n-1}{k_i-1}.$$

Beim Induktionsschluss wenden wir die Induktionsvoraussetzung auf die folgenden Parameter an: $n' = n - 1, r' = 2r, s' = s$. Wir wählen

$$k_i' := \begin{cases} k_i, & \text{für } 1 \le i \le r \\ k_{i-r} - 1, & \text{für } r + 1 \le i \le 2r. \end{cases}$$

Die Matrix $A' = (a_{i,j}')$ wird so definiert, dass sie die folgenden Eigenschaften hat: Für $1 \le i \le r$ gilt:

(1) Die Zeilen $(a_{r+i,1}', a_{r+i,2}', \ldots, a_{r+i,s}'), 1 \le i \le r$ enthalten genau $\binom{n-1}{k_i-1}$ Einsen und sonst Nullen.

(2) Ist $a_{r+i,j}' = 1$, so ist $a_{i,j} > 0$ und es gilt: $a_{r+l,j}' = 0$ für $l \ne j, 1 \le l \le r$.

(3)

$$a_{i,j}' = \begin{cases} a_{i,j}, & \text{falls } a_{r+i,j} = 0 \\ a_{i,j} - 1, & \text{falls } a_{r+i,j} = 1. \end{cases}$$

Ergänzt man die Matrix A' noch um einen Spaltenvektor, der die jeweiligen Zeilensummen als Komponenten enthält, so erhält man in etwa folgendes Bild:

$$\left(\begin{array}{ccccccc|c} a_{1,1} & \cdots & a_{1,i}-1 & \cdots & a_{1,j} & \cdots & a_{1,s} & \binom{n-1}{k_1} \\ \vdots & \vdots & \vdots & \vdots & \vdots & \vdots & \vdots & \vdots \\ a_{p,1} & \cdots & a_{p,i} & \cdots & a_{p,j}-1 & \cdots & a_{p,s} & \binom{n-1}{k_p} \\ 0 & \cdots & 1 & \cdots & 0 & \cdots & 0 & \binom{n-1}{k_1-1} \\ \vdots & \vdots & \vdots & \vdots & \vdots & \vdots & \vdots & \vdots \\ 0 & \cdots & 0 & \cdots & 1 & \cdots & 0 & \binom{n-1}{k_p-1} \end{array} \right).$$

Falls eine solche Matrix A' existiert, so rechnet man sofort nach, dass die Eigenschaften (i) und (ii) für $n', r', s, k'_1, k'_2, \ldots, k'_r$ und A' erfüllt sind. Dann existiert nach Induktionsvoraussetzung eine Baranyai-Familie $(\mathcal{B}'_{i,j})$ zu diesen Parametern.

Daraus erhält man eine Baranyai-Familie $(\mathcal{B}_{i,j})$ zu unseren ursprünglichen Daten wie folgt: Es sei $1 \le i \le r$, $1 \le j \le s$:

$$\mathcal{B}_{i,j} := \begin{cases} \mathcal{B}'_{i,j}, & \text{falls } a_{i,j} = a'_{i,j} \\ \mathcal{B}'_{i,j} \cup \{B \cup \{n\}\}, & \text{falls } a_{i,j} = a'_{i,j} + 1 \text{ und } \mathcal{B}'_{r+i,j} = \{B\}. \end{cases}$$

Es bleibt also, die Existenz von A' zu zeigen.

Dazu konstruieren wir eine partielle Ordnung $(P, \le)$, $P = U \,\dot\cup\, W$.

Dabei sei $|W| = s$, $W = \{w_1, w_2, \ldots, w_s\}$ und $U = \bigcup_{i=1}^{r} U_i$ mit $|U_i| = \binom{n-1}{k_i-1}$. Nach unserer Vorbemerkung ist dann $|U| = |W|$. Für $u \in U_i$ und $w_j \in W$ sei $u \le w_j$ genau dann, wenn $a_{i,j} > 0$ ist. Die maximale Länge einer Kette in P ist damit 2. Wir zeigen, dass sich P in s Ketten der Länge 2 zerlegen lässt. Nach dem Satz von Dilworth genügt es, zu zeigen, dass jede Antikette D in P Kardinalität kleiner oder gleich s hat. Angenommen D ist eine Antikette maximaler Kardinalität in P, $D = D_U \cup D_W$ mit $D_U = D \cap U$ und $D_W = D \cap W$. Wegen der Maximalität von D gilt für alle i: Ist $D \cap U_i \ne \emptyset$, so ist $U_i \subseteq D$. Es sei $I := \{i \mid U_i \subseteq D\}$. Dann ist

$$\sum_{i \in I} \sum_{j=1}^{s} k_i a_{i,j} = n \sum_{i \in I} \binom{n-1}{k_i-1} = n \sum_{i \in I} |U_i|.$$

Für die Spaltensummen $S_j := \sum_{i \in I} k_i a_{i,j}$ gilt nach Voraussetzung: $S_j \le n$ für alle $1 \le j \le s$. Daher muss es mindestens $\sum_{i \in I} \binom{n-1}{k_i-1} = \sum_{i \in I} |U_i|$ Spalten j mit $|S_j| > 0$ geben. Ist $J = \{j \mid S_j > 0\}$, so kann nach Definition von P kein w_j zu D gehören. Es gilt also

$$|D_W| \le s - \sum_{i \in I} \binom{n-1}{k_i-1}$$

und damit $|D| \le s$. Nach dem Satz von Dilworth gibt es eine Zerlegung von P in s Ketten $K_1, K_2, \ldots K_s$ der Länge 2. O.B.d.A. sei $K_j = \{u_j, w_j\}$. Mit Hilfe dieser Ketten können wir die Matrix A' definieren: Für $1 \le i \le r$ sei

$$a'_{i,j} := \begin{cases} a_{i,j} - 1, & \text{falls } u_j \in U_i, \\ a_{i,j}, & \text{sonst,} \end{cases}$$

und

$$a'_{i+r,j} := \begin{cases} 1, & \text{falls } u_j \in U_i, \\ 0, & \text{sonst.} \end{cases}$$

Man überprüft leicht, dass A' die Eigenschaften (1),(2) und (3) besitzt. Damit ist der Satz bewiesen. $\qquad\qquad\square$

Als Folgerung erhalten wir:

> **Korollar 6.11**
> Der Hypergraph $\binom{X}{k}$ ist für $k \mid n$ faktorisierbar.

Beweis Wir wenden den Satz von Baranyai mit folgenden Parametern an:
$r = 1, k_1 = k, s = \binom{n-1}{k-1}, A = (\frac{n}{k}, \frac{n}{k}, \ldots, \frac{n}{k})$. $\qquad\square$

6.5 Über eine Vermutung von Borsuk

Dieser Abschnitt ist einer Anwendung von Hypergraphen auf ein geometrisches Problem gewidmet. Es geht um eine Vermutung des Topologen K. Borsuk aus dem Jahre 1933 ([17]), die 60 Jahre lang ein offenes Problem war. Erst 1993 wurde sie von Kahn und Kalai mit Hilfe einer Hypergraphenkonstruktion widerlegt ([65]). Wir beschreiben zunächst die Vermutung:

Für eine beschränkte Teilmenge M des $\mathbb{R}^n$ sei

$$\mathrm{diam}(M) := \sup\{\|x - y\| : x, y \in M\}$$

der *Durchmesser* von M.

Borsuk wollte M in Teilmengen $M = M_1 \dot{\cup} \ldots \dot{\cup} M_k$ zerlegen, sodass $\mathrm{diam}(M_i) < \mathrm{diam}(M)$ für alle $1 \le i \le k$ gilt und fragte sich, wie groß das k (in Abhängigkeit von n) gewählt werden muss?

Beispiel
M sei ein Simplex, etwa $M = \mathrm{conv}(x_0, \ldots x_n)$, $\|x_l - x_j\| = d$ für alle $i \ne j$. Da jedes M_i höchstens eine Ecke x_i enthalten darf, folgt: $k \ge n + 1$.

Borsuk vermutete 1933, dass dieses Beispiel bereits den schlimmsten Fall darstellt.

Wir bezeichnen mit $b(n)$ die kleinste natürliche Zahl, so dass jede beschränkte Teilmenge des $\mathbb{R}^n$ in $b(n)$ Teilmengen kleineren Durchmessers zerlegt werden kann. Dann vermutete Borsuk, dass $b(n) \le n + 1$ für alle $n \in \mathbb{N}$ gilt.

In den folgenden Jahren wurde die Vermutung zunächst für $n \le 3$ bewiesen. Für den allgemeinen Fall gab es jedoch wenige Ergebnisse. Da sich der Durchmesser einer Menge nicht ändert, wenn man zur konvexen Hülle übergeht, kann M stets als konvex vorausgesetzt werden. Man konnte zeigen, dass die Borsuk-Vermutung für *glatte* konvexe Körper gilt. Glatt bedeutet hier, dass jede Stützhyperebene an M mit M nur einen Punkt gemeinsam hat. Hadwiger zeigte dies unter der zusätzlichen Annahme, dass M konstante Breite besitzt [58]. Der erste Beweis ohne diese Zusatzannahme stammt von Lenz [77]. Erst 1982 gelang es Lassak [76], eine allgemeine obere Schranke für $b(n)$ zu zeigen, nämlich $b(n) \le 2^{n-1} + 1$. Die beste obere

Schranke bisher stammt von Schramm [95]:

$$b(n) \leq \left(\sqrt{\frac{3}{2}} + o(1) \right)^n = (1{,}224\ldots + o(1))^n \,.$$

Der allgemeine Fall wurde 1993 von Kahn und Kalai in spektakulärer Weise widerlegt.

Satz 6.12 (Kahn-Kalai, 1993)

$b(n) > (1{,}2)^{\sqrt{n}}$ für alle hinreichend großen n.

Der Beweis beruht auf einer Hypergraphenkonstruktion und benötigt einige Vorbereitung.

Wir beginnen mit einem Satz von Frankl und Wilson ([45]):

Satz 6.13 (Frankl-Wilson, 1981)

Es sei p eine Primzahl und $L = \{l_1, \ldots, l_s\} \subseteq \{0, \ldots, p-1\}$. $\mathcal{F}$ sei eine Familie von Teilmengen von $X = \{1, \ldots, n\}$, sodass

$$|A| \quad \mathrm{mod}\ p \notin L \text{ für alle } A \in X,$$
$$|A \cap B| \quad \mathrm{mod}\ p \in L \text{ für alle } A, B \in X, A \neq B.$$

Dann gilt

$$|\mathcal{F}| \leq \sum_{i=0}^{s} \binom{n}{i} \,.$$

Beweis

Es sei $\mathbb{Z}_p := \mathbb{Z}/p\mathbb{Z}$ der Körper mit p Elementen. Für $A \subseteq X$ sei $\mathbb{1}_A$ der charakteristische Vektor von A in $\mathbb{Z}_p^n$, also $\mathbb{1}_A = (x_1, \ldots, x_n)$ mit $x_i = [i \in A]$.

Für $A \in \mathcal{F}$ definieren wir Polynome

$$f_A(x_1, \ldots, x_n) := \prod_{j=1}^{s} \left(x \cdot \mathbb{1}_A - l_j \right) = \prod_{j=1}^{s} \left(\sum_{i \in A} x_i - l_j \right).$$

Der Grad dieser Polynome ist offenbar höchstens s und es gilt für $A, B \in \mathcal{F}$:

$$f_A\left(\mathbb{1}_B\right) = \prod_{j=1}^{s}\left(|A \cap B| - l_j\right) \equiv 0 \quad \text{g. d. w.} \quad A \neq B.$$

Daraus schließen wir, dass die Polynome $(f_A(x))_{A \in \mathcal{F}}$ linear unabhängig über $\mathbb{Z}_p$ sind: Sind nämlich Koeffizienten c_A, $A \in \mathcal{F}$ gegeben mit $\sum_{\mathfrak{A} \in \mathcal{F}} c_A f_A = 0$, so brauchen wir diese Linearkombination nur an den Stellen $\mathbb{1}_B$, $B \in \mathcal{F}$ auszuwerten und erhalten: $c_B = 0$ für alle $B \in \mathcal{F}$.

Schreiben wir

$$f_A(x) = \sum_{d_1,\ldots,d_n} \alpha(A, d_1, \ldots, d_n)x_1^{d_1}\ldots x_n^{d_n},$$

so setzen wir

$$\bar{f}_A(x) := \sum_{d_1,\ldots,d_s} \alpha(A, d_1, \ldots, d_n)x_1^{d_1'}\ldots x_n^{d_n'} \quad \text{mit} \quad d_i' := \begin{cases} 1, & d_i > 0, \\ 0, & d_i = 0. \end{cases}$$

Da $f_A(x) = \bar{f}_A(x)$ für alle 0-1-Vektoren x gilt, sind auch die $\bar{f}_A$ linear unabhängig.

Nach Konstruktion können aber höchstens s der Zahlen $d_1, \ldots, d_n$ positiv sein, falls $\alpha(A, d_1, \ldots, d_n) \neq 0$ ist. Bezeichnet span den aufgespannten linearen Unterraum im Vektorraum der Polynome in den Variablen $x_1, \ldots, x_n$, so folgt:

$$\text{span}\{\bar{f}_A \mid A \in \mathcal{F}\} \subseteq \text{span}\left\{\prod_{i \in C} x_i \mid C \subseteq \{1, \ldots, n\}, |C| \leq s\right\} =: U.$$

Der Unterraum U hat aber Dimension höchstens

$$\sum_{j=0}^{s} \binom{n}{j},$$

womit die behauptete Ungleichung bewiesen ist. $\square$

Mit Hilfe von Satz (6.13) erhalten wir

Korollar 6.14 (Fisher-Ungleichung)
Es sei $0 \leq \lambda \leq n$ und $\mathcal{F} \subseteq 2^X$, $|X| = n$ mit $|A \cap B| = \lambda$ für $A, B \in \mathcal{F}$, $A \neq B$.

Dann ist $|\mathcal{F}| \leq n + 1$.

Beweis
Falls ein $A \in \mathcal{F}$ existiert mit $|A| = \lambda$, so gilt $A \cap B = A$ für alle $B \in \mathcal{F}$, also $B \cap C = A$ für alle $B, C \in \mathcal{F}$.

Daraus folgt $|\mathcal{F}| \leq n - \lambda + 1$, also sind wir fertig.

Wir können also annehmen, dass $|A| > \lambda$ für alle $A \in \mathcal{F}$. Dann ist der Satz von Frankl-Wilson anwendbar (mit $L = \{\lambda\}$ und $p > n$) und liefert:

$$|\mathcal{F}| \leq \binom{n}{0} + \binom{n}{1} = n + 1.$$

$\square$

Beweis von Satz (6.12)
Es sei nun ein Mengensystem $\mathcal{F} \subseteq 2^X$ gegeben mit $X = \{1, \ldots, n\}$.

Dann ist $M := \{\mathbb{1}_A \mid A \in \mathcal{F}\} \subseteq \mathbb{R}^n$ eine beschränkte Menge. Aus der Borsuk-Vermutung würde folgen, dass eine Zerlegung $M = M_1 \dot\cup \ldots \dot\cup M_l$ mit $l \leq n + 1$ existiert, sodass $\mathrm{diam}(M) > \mathrm{diam}(M_i)$, $1 \leq i \leq l$ ist.

Nun ist

$$\|\mathbb{1}_A - \mathbb{1}_B\| = \sqrt{|A \oplus B|} = \sqrt{|A| + |B| - 2|A \cap B|}.$$

Ist speziell $\mathcal{F} \subseteq \binom{X}{k}$, so gilt

$$\mathrm{diam}(M) = \sqrt{2(k - |A \cap B|)} \text{ mit } A, B \in \mathcal{F} \text{ so dass } |A \cap B| \text{ minimal ist.}$$

Setzen wir dann $t := \min \{|A \cap B| : A, B \in \mathcal{F}\}$, so folgt aus der Borsuk-Vermutung: $\mathcal{F}$ kann so in $l \leq n + 1$ Mengen $\mathcal{F}_1, \ldots, \mathcal{F}_l$ zerlegt werden, dass für jedes i gilt

$$A, B \in \mathcal{F}_i \Rightarrow |A \cap B| > t.$$

Das ist eine Aussage über Hypergraphen, in der keine geometrischen Begriffe mehr vorkommen.

Nun wählen wir eine ungerade Primzahl p und setzen $m := 4p$, $V := \{1, \ldots, m\}$, $W := \binom{V}{2}$, $\mathcal{F} := \left\{ A \in \binom{V}{2p} : 1 \in A \right\}$.

Jedem $A \in \mathcal{F}$ ordnen wir eine Menge $\tilde{A} \in \binom{W}{4p^2}$ zu vermöge

$$\tilde{A} := \left\{ \{x, y\} \in W : x \in A, y \in A^c = V \setminus A \right\}$$

($\tilde{A}$ ist die Kantenmenge des vollständigen bipartiten Graphen mit Farbklassen A und $V \setminus A$). Wir definieren $\tilde{\mathcal{F}} := \left\{ \tilde{A} : A \in \mathcal{F} \right\}$. Da die Zuordnung injektiv ist, gilt $|\tilde{\mathcal{F}}| = |\mathcal{F}|$.

Es seien nun $A, B \in \mathcal{F}$, $A \neq B$, $x = |A \cap B|$. Dann gilt $1 \leq x \leq 2p - 1$.
Was ist die Kardinalität von $\tilde{A} \cap \tilde{B}$? Wir haben eine Partition

$$V = (A \cap B) \dot\cup (A \cap B^c) \dot\cup (A^c \cap B) \dot\cup (A^c \cap B^c),$$

deren Mengen in dieser Reihenfolge die Kardinalitäten $x, 2p - x, 2p - x, x$ haben. Eine Kante $e \in W$ ist in $\tilde{A} \cup \tilde{B}$ genau dann, wenn *entweder* ein Endpunkt in $A \cap B$ und der andere in $A^c \cap B^c$ ist *oder* ein Endpunkt in $A \cap B^c$ und der andere in $A^c \cap B$ liegt. Damit gilt:

$$|\tilde{A} \cap \tilde{B}| = x^2 + (2p - x)^2 = 2x^2 - 4px + 4p^2 = 2\left((x - p)^2 + p^2\right) \geq 2p^2$$

mit Gleichheit g. d. w. $x = p$.

Ist $x \neq p$, so ist $|\tilde{A} \cap \tilde{B}| \mod p = 2x^2 \mod p \not\equiv 0 \mod p$.

Nehmen wir nun an, dass eine Zerlegung $\tilde{\mathcal{F}} = \tilde{\mathcal{F}}_1 \dot{\cup} \ldots \dot{\cup} \tilde{\mathcal{F}}_l$ existiert mit $|\tilde{A} \cap \tilde{B}| > 2p^2$ für alle $\tilde{A}, \tilde{B} \in \tilde{\mathcal{F}}_i$, $1 \leq i \leq l$. Für die entsprechenden Mengen $A, B \in \mathcal{F}_i$ hat dies zur Folge, dass $|A \cap B| \neq p$ und damit $|A \cap B| \not\equiv 0 \mod p$ für $A, B \in \mathcal{F}_i$.

Nach Frankl-Wilson folgt, dass jedes $\mathcal{F}_i$ höchstens $\sum_{j=0}^{p-1} \binom{m}{j}$ Mengen enthalten kann, denn die Restklasse von 0 ist ausgeschlossen.

Also

$$l \cdot \sum_{j=0}^{p-1} \binom{m}{j} \geq |\mathcal{F}| = \binom{m - 1}{2p - 1}.$$

Was bedeutet diese Abschätzung für l? Für $1 \leq j \leq p - 1$ haben wir:

$$\frac{\binom{m}{j}}{\binom{m}{j-1}} = \frac{m - j + 1}{j} \geq \frac{4p - (p - 1) + 1}{p - 1} = \frac{3p + 2}{p - 1} > 2,$$

also

$$\sum_{j=0}^{p-1} \binom{m}{j} \leq \binom{m}{p - 1}\left(1 + \frac{1}{2} + \ldots + \frac{1}{2^{p-1}}\right) \leq 2 \cdot \binom{m}{p - 1}.$$

Wir benötigen zur Approximation der Fakultäten außerdem die Stirling-Formel in der folgenden Form:

$$n! = \sqrt{2\pi n} \left(\frac{n}{e}\right)^n (1 + o(1)).$$

Nun schätzen wir ab:

$$l \geq \frac{\binom{4p - 1}{2p - 1}}{2 \cdot \binom{4p}{p - 1}} = \frac{1}{2} \cdot \frac{1}{4p} \frac{(p - 1)!(3p + 1)!}{(2p - 1)!(2p)!}.$$

Setzen wir für die Fakultäten die Stirling-Approximation ein, so erhalten wir für $p \to \infty$:

$$l \geq \frac{1}{2} \cdot \frac{3p+1}{4p} \cdot \frac{1}{e} \cdot \sqrt{\frac{(p-1)(3p+1)}{(2p-1)(2p)}} \cdot \frac{(p-1)^{p-1}(3p+1)^{3p}}{(2p-1)^{2p-1}(2p)^{2p}} \cdot \frac{(1+o(1))}{(1+o(1))}$$

$$= \frac{1}{2} \cdot \frac{3}{4} \cdot \frac{1}{e} \cdot \sqrt{\frac{3}{4}} \cdot \frac{(p-1)^{p-1}(3p+1)^{3p}}{(2p-1)^{2p-1}(2p)^{2p}} \cdot (1+o(1))$$

$$\geq \left(\left(\frac{1}{2} \right)^{\frac{1}{4}} \cdot \left(\frac{3}{2} \right)^{\frac{3}{4}} + o(1) \right)^{m}$$

$$\geq (1{,}1397 + o(1))^{m}.$$

Falls $n = \frac{4p(4p-1)}{2} = \frac{m(m-1)}{2}$, so ist $m \geq \sqrt{2n} - 1$ und $2n$ ist keine Quadratzahl. Das bedeutet für die Borsuk-Zahl $b(n)$:

$$b(n) \geq (1{,}1397 + o(1))^{\left\lceil \sqrt{2n} \right\rceil} > (1{,}203 + o(1))^{\sqrt{n}}. \qquad \square$$

Die kleinste Dimension n, für die bisher bekannt ist, dass $b(n) > n+1$ ist, ist die Zahl 64. Jenrich und Brouwer konstruierten eine Menge von 352 Punkten im $\mathbb{R}^{64}$, die nicht in weniger als 71 Teile kleineren Durchmessers zerlegt werden kann. [64].

Die Probabilistische Methode 7

7.1 Grundlagen

In diesem Kapitel kommen wir auf die probabilistische Methode zurück, die wir bereits im Kapitel über Existenzaussagen kennengelernt haben. Zur Vertiefung verweisen wir auf [6]. Mit dieser Methode zeigt man die Existenz kombinatorischer Konfigurationen mit gewissen Eigenschaften in zwei Schritten:

Zuerst definiert man einen Wahrscheinlichkeitsraum mit den Konfigurationen als Punkten. Dann zeigt man, dass eine zufällig ausgewählte Konfiguration die gewünschten Eigenschaften hat.

Dieses Vorgehen soll zunächst an weiteren Beispielen demonstriert werden.

7.1.1 Einführende Beispiele

Beispiel: Ramsey-Zahlen

Wir erinnern noch einmal an die Definition der Ramsey-Zahlen, wenn die Kanten eines vollständigen Graphen mit 2 Farben gefärbt werden:

> **Definition 7.1** (Ramsey-Zahl)
> Für natürliche Zahlen $k, t \geq 2$ bezeichne $R(k, t)$ die kleinste natürliche Zahl n, sodass gilt:
>
> Färbt man die Kanten des vollständigen Graphen K_n mit zwei Farben (rot und blau), so gibt es stets einen Untergraphen $K_k \subseteq K_n$ mit ausschließlich roten oder einen $K_t \subseteq K_n$ mit ausschließlich blauen Kanten.

© Der/die Autor(en), exklusiv lizenziert an Springer-Verlag GmbH, DE, ein Teil von Springer Nature 2025
E. Triesch, *Diskrete Mathematik*,
https://doi.org/10.1007/978-3-662-71624-3_7

Mit der probabilistischen Methode haben wir gezeigt:

Satz 7.2
Falls $\binom{n}{k} 2^{1-\binom{k}{2}} < 1$, so ist $R(k, k) > n$.

In seiner Originalarbeit von 1947 hat Erdős zunächst die Wahrscheinlichkeitstheorie vermieden. Er betrachtete die Menge Ω aller $2^{\binom{n}{2}}$ möglichen Färbungen der Kanten des K_n und bezeichnete mit A_S alle Färbungen, unter denen S monochromatisch ist.
Dann ist $|A_S| = 2^{\binom{n}{2} - \binom{k}{2} + 1}$.
Wegen

$$\left| \bigcup_S A_S \right| \leq \sum_S |A_S| = \binom{n}{k} 2^{\binom{n}{2} - \binom{k}{2} + 1} = 2^{\binom{n}{2}} \left(\binom{n}{k} 2^{1 - \binom{k}{2}} \right) < 2^{\binom{n}{2}} = |\Omega|$$

folgt die Existenz einer Färbung c, die in keiner der Mengen A_S liegt.

Ist es da nicht überflüssig, wahrscheinlichkeitstheoretische Begriffe einzuführen?

In der Tat könnte man wahrscheinlichkeitstheoretische Begriffe vermeiden. In komplizierteren Situationen wäre dies aber technisch sehr aufwendig und unnatürlich. Warum sollte man die mächtigen Werkzeuge, die die Wahrscheinlichkeitstheorie zur Verfügung stellt, nicht nutzen?

Wir wollen mit der Ungleichung $\binom{n}{k} 2^{1 - \binom{k}{2}} < 1$ die Schranke aus Kap. 2 etwas verschärfen:

Für den Binominialkoeffizienten $\binom{n}{k}$ schreiben wir:

$$\binom{n}{k} = \frac{n(n-1)\ldots(n-k+1)}{k!} < \frac{n^k}{k!} = \left(\frac{n}{k}\right)^k \frac{k^k}{k!}.$$

Wegen

$$e^k = \sum_{j=0}^{\infty} \frac{k^j}{j!} > \frac{k^{k-1}}{(k-1)!} + \frac{k^k}{k!} = 2\frac{k^k}{k!}$$

ist also

$$\binom{n}{k} < \left(e\frac{n}{k}\right)^k \frac{1}{2},$$

damit

$$\binom{n}{k} 2^{1-\binom{k}{2}} < \left(e\frac{n}{k}\right)^k 2^{-\binom{k}{2}} = \left(\frac{en}{k2^{\frac{k-1}{2}}}\right)^k < 1 \text{ falls}$$

$$en < k2^{\frac{k-1}{2}} \text{ bzw. } n < \frac{k}{e\sqrt{2}}2^{\frac{k}{2}}.$$

Es folgt

$$R(k,k) \geq \frac{k}{e\sqrt{2}}2^{\frac{k}{2}}.$$

Wesentliche Verbesserungen dieser unteren Schranke sind bisher nicht gelungen (vgl. aber später die Beispiele zum „Lovász-Local-Lemma").

Das Argument funktioniert auch falls $k \neq t$.

Satz 7.3
Falls $\binom{n}{k}p^{\binom{k}{2}} + \binom{n}{t}(1-p)^{\binom{t}{2}} < 1$ für ein $p \in [0,1]$, so ist $R(k,t) > n$.

Beweis Wir betrachten wieder zufällige Färbungen c der Kanten von K_n mit den Wahrscheinlichkeiten $P(c(e) = \text{rot}) = p$, $P(c(e) = \text{blau}) = (1-p)$, (unabhängig über alle Kanten) und betrachten die Ereignisse:

A_S: $\quad$ S ist rot ($|S| = k$)
B_T: $\quad$ T ist blau ($|T| = t$)

Dann ist $P(A_S) = p^{\binom{k}{2}}$, $P(B_T) = (1-p)^{\binom{t}{2}}$,

$$P\left(\bigcup_{S:\,|S|=k} A_S \cup \bigcup_{T:\,|T|=t} B_T\right) \leq \sum_S P(A_S) + \sum_T P(B_T)$$

$$= \binom{n}{k}p^{\binom{k}{2}} + \binom{n}{t}(1-p)^{\binom{t}{2}} < 1.$$

Mit positiver Wahrscheinlichkeit hat c offenbar weder einen roten K_k, noch einen blauen K_t. $\qquad\square$

Beispiel: Turniere

> **Definition 7.4**
> Ein *Turnier* ist ein gerichteter Graph, bei dem zwischen je zwei Ecken genau eine gerichtete Kante verläuft, d. h. die Turniere entstehen durch Orientierung der Kanten des vollständigen Graphen K_n.

Bei einem Turnier mit n Spielern (ohne Unentschieden) kann man die Ergebnisse durch einen solchen Graphen darstellen, indem man eine Kante von i nach j orientiert, falls Spieler i den Spieler j besiegt hat. Die folgende Definition geht auf den Beweistheoretiker Kurt Wilhelm Schütte (1909–1998) zurück:

> **Definition 7.5**
> Ein Turnier T habe Eigenschaft S_k, falls zu *jeder* Menge $\{x_1, \ldots, x_k\}$ von k Spielern ein Spieler y existiert, der alle diese Spieler schlägt.

Falls jeder Punkt auf einem gerichteten Kreis liegt, so hat T sicher Eigenschaft S_1.
Bei Eigenschaft S_2 wird es schon schwierig.
Umso erstaunlicher ist der folgende Satz:

> **Satz 7.6**
> Zu jedem $k \in \mathbb{N}$ existiert ein (endliches) Turnier T_n mit Eigenschaft S_k.

Beweis Wir betrachten ein zufälliges Turnier auf n Ecken, d. h.

$$P(x \to y) = P(x \leftarrow y) = \frac{1}{2}$$

für jedes Paar $\{x, y\}$, unabhängig über alle Paare aus $\binom{V}{2}$, $V = \{1, \ldots, n\}$. Für eine Menge $W \subseteq V$, $|W| = k$ sei A_W das Ereignis, dass *kein* Spieler $y \in V \setminus W$ alle Spieler aus W besiegt.

Für jedes $y \in V \setminus W$ ist die Wahrscheinlichkeit, dass y alle Spieler aus W besiegt, $\left(\frac{1}{2}\right)^k = 2^{-k}$. Da es $n - k$ solcher Spieler gibt, folgt:

$$P(A_W) = \left(1 - 2^{-k}\right)^{n-k},$$

$$\text{also } P\left(\bigcup_W A_W\right) \leq \binom{n}{k}\left(1 - 2^{-k}\right)^{n-k}.$$

Wählt man n so groß, dass

$$\binom{n}{k}\left(1 - 2^{-k}\right)^{n-k} < 1$$

ist, so gibt es einen Punkt im Wahrscheinlichkeitsraum, d. h. ein Turnier, für das keines der Ereignisse A_W eintritt, das also Eigenschaft S_k hat.

Es ist

$$\binom{n}{k}\left(1 - 2^{-k}\right)^{n-k} < n^k \left(e^{2^{-k}}\right)^{n-k} < 1,$$

falls $k \log n - (n - k)\, 2^{-k} < 0$, also $n2^{-k} > k \log n + k2^{-k}$.

Dies ist sicher erfüllt, falls $n > (1 + \varepsilon)\, k^2 2^k \log 2$ ist (Übung). $\square$

Bezeichnet man mit $f(k)$ die kleinste Anzahl von Spielern in einem Turnier mit Eigenschaft S_k, so kann man zeigen, dass $f(k) > ck2^k$ für eine geeignete Konstante c gilt. Ganz elementar ist der Beweis der schwächeren Aussage $f(k) > 2^{k-1}$.

Dazu sei ein Turnier T mit $n = 2^{k-1}$ Spielern vorgelegt. Wir wählen einen Punkt $x_1 \in D$ mit maximalem Ausgangsgrad und bezeichnen mit V_1 die Menge der Spieler, die von x_1 geschlagen werden. Dann ist $|V_1| \geq (n - 1)/2$. Wir setzen $W_1 := V \setminus (V_1 \cup \{x_1\})$. Dann ist auch $|W_1| \leq (n - 1)/2$. Anschließend wählen wir ein x_2 mit maximalem Ausgangsgrad in der Einschränkung von T auf W_1 und bezeichnen mit V_2 die Menge der Spieler in W_1, die von x_2 geschlagen werden usw. Auf diese Weise konstruieren wir eine Menge D von höchstens k Spielern, sodass zu jedem $x \in V \setminus D$ ein $y \in D$ existiert, der x schlägt.

Bemerkung 7.7

Eine explizite Konstruktion für Turniere mit Eigenschaft S_k stammt von Graham und Spencer [55].

Man nehme eine Primzahl $n \equiv 3 \mod 4, n > k^2 2^{2k-2}, V = V(T_n) = \{1, \dots, n\}$ mit

$$i \to j :\Leftrightarrow i - j \text{ ist ein quadratischer Rest mod } n.$$

Eine andere Konstruktion ist einfacher und stammt von R. Tyskevich:

Satz 7.8

Ist T_n ein Turnier mit Eigenschaft S_k, so sei das Turnier T' mit $V(T') = V \times V \times V$, $V = V(T_n)$, wie folgt definiert:

$$(x, y, z) \to (x', y', z') \ :\Leftrightarrow \text{ mindestens zwei der gerichteten Kanten}$$
$$x \to x', y \to y', z \to z' \text{ gehören zu } T_n.$$

Dann hat T' die Eigenschaft $S_{\left\lfloor \frac{3k}{2} \right\rfloor}$.

Beweis Es sei $S \subseteq V(T')$, $|S| \leq \frac{3k}{2}$. Für $x \in V$ sei $S_i(x) := \{(x_1, x_2, x_3) \in S \mid x \to x_i\}$, $1 \leq i \leq 3$.

Wir wählen $x \in V$ mit $|S_1(x)| \geq k$ und anschließend $y \in V$ mit $|S_2(y)| \geq k$ sowie $S \subseteq S_1(x) \cup S_2(y)$. Anschließend finden wir ein $z \in V$ mit $S_3(z) \supseteq S \setminus (S_1(x) \cap S_2(y))$.

Dann gilt: $(x, y, z) \to (x', y', z')$ für alle $(x', y', z') \in S$. $\qquad\square$

Beispiel: 2-Färbbarkeit von Hypergraphen

Definition 7.9

Ein Hypergraph $H = (V, \mathcal{F})$, $\mathcal{F} \subseteq 2^V$, heißt 2-färbbar, falls die Elemente von V so mit 2 Farben gefärbt werden können, dass jedes $X \in \mathcal{F}$ mit $|X| \geq 2$ beide Farben enthält.

Satz 7.10

Es sei $H = (V, \mathcal{F})$ ein Hypergraph mit $|X| \geq n$ für alle $X \in \mathcal{F}$ und $|\mathcal{F}| < 2^{n-1}$.

Dann ist H 2-färbbar.

Beweis Wir färben die Elemente von V unabhängig voneinander rot/blau mit Wahrscheinlichkeit $\frac{1}{2}$.

Dann gilt für alle $X \in \mathcal{F}$:

$$P(X \text{ monochromatisch}) = 2 \left(\frac{1}{2}\right)^{|X|} \leq 2^{1-n},$$

also

$$P(\text{es existiert ein monochromatisches } X) \leq \sum_{X \in \mathcal{F}} 2^{1-n} = |\mathcal{F}| \, 2^{1-n} < 2^{n-1} 2^{1-n} = 1.$$

Daraus folgt die Behauptung. $\qquad\square$

Ist also $m(n)$ die kleinste natürliche Zahl, sodass ein Hypergraph $H = (V, \mathcal{F})$ mit $|X| \geq n$ für alle $X \in \mathcal{F}$ und $|\mathcal{F}| \leq m(n)$ existiert, der nicht 2-färbbar ist, so gilt $m(n) \geq 2^{n-1}$.

Man kann zeigen:

$$c 2^n \sqrt{\frac{n}{\log n}} < f(k) < c' n^2 2^n$$

mit positiven Konstanten c, c'. Die untere Schranke wird später bewiesen (7.25).

Eng verwandt mit den Fragen der 2-Färbbarkeit von Hypergraphen ist das folgende Spiel zwischen 2 Spielern:

Beide färben abwechselnd je ein noch ungefärbtes Element von V, der erste mit rot, der zweite mit blau. Wer zuerst eine Menge $X \in \mathcal{F}$ vollständig mit seiner Farbe gefärbt hat, hat gewonnen.

Hätte der zweite Spieler eine Gewinnstrategie, so könnte der erste beliebig beginnen und dann die Strategie des zweiten Spielers imitieren, was offenbar zu einem Widerspruch führt. Der zweite Spieler kann also bestenfalls ein Unentschieden erreichen. Ist H nicht 2-färbbar, so gewinnt also Spieler 1.

Es sei nun $f^*(n) = \min \{|\mathcal{F}| \mid$ es existiert ein Hypergraph $H = (V, \mathcal{F})$ mit $|X| \geq n$ für alle $X \in \mathcal{F}$, sodass Spieler 1 gewinnt$\}$. Interessanterweise kann $f^*(n)$ exakt bestimmt werden [98].

> **Satz 7.11** (Erdős-Selfridge, 1973)
> Es gilt: $f^*(n) = 2^{n-1}$

Beweis

(i) Für $n \in \mathbb{N}$ sei die Menge V zerlegt in $V = \{v_0\} \cup \bigcup_{i=1}^{n-1} V_i$, wobei $|V_i| = 2$ für $1 \leq i \leq n - 1$.

Ferner sei $\mathcal{F} := \{\{v_0\} \cup A \mid |A \cap V_i| = 1$ für alle $1 \leq i \leq n - 1\}$.

Spieler 1 färbt zunächst v_0 rot. Färbt später Spieler 2 einen Punkt $v \in V_i$ blau, so färbt Spieler 1 sofort den anderen Punkt aus V_i rot.

Offenbar gewinnt Spieler 1 und $|\mathcal{F}| = 2^{n-1}$. Dies zeigt: $f^*(n) \leq 2^{n-1}$.

(ii) Nun sei $H = (V, \mathcal{F})$ gegeben mit $|X| \geq n$ für alle $X \in \mathcal{F}$ und $|\mathcal{F}| < 2^{n-1}$. Nach l Zügen sei weiter $\mathcal{F}_l$ die Menge der $X \in \mathcal{F}$ ohne blauen Punkt.

Wir definieren $w(\mathcal{F}_l) := \sum_{X \in \mathcal{F}_l} 2^{-n(X)}$, wobei $n(X)$ die Anzahl der noch ungefärbten Punkte in X ist.

Ist l gerade und Spieler 1 färbt anschließend einen Punkt v rot, so verdoppelt sich das Gewicht aller Kanten, die V enthalten.

Ist l ungerade und Spieler 2 färbt v blau, so wird das Gewicht um $\sum\limits_{X \in \mathcal{F}_l,\, v \in X} 2^{-n(X)}$ reduziert.

Spieler 2 wählt nun folgende Strategie: Wähle v stets so, dass $w(\mathcal{F}_{l+1})$ möglichst klein wird.

Nach dem ersten Zug ist

$$w(\mathcal{F}_1) \leq 2w(\mathcal{F}) \leq 2\,|\mathcal{F}|\,2^{-n} < 1.$$

Nun ist klar, dass Spieler 2 im 2. Zug $w(\mathcal{F}_1)$ um mindestens so viel verringern kann wie Spieler 1 im dritten Zug erhöhen kann usw., d. h. für alle l bleibt $w(\mathcal{F}_l) < 1$.

Gäbe es irgendwann eine rote Kante X, so wäre allein deren Gewicht $2^0 = 1$, also tritt dieser Fall niemals auf. $\qquad\square$

Bemerkung 7.12

Würde man nach l Zügen das Spiel zufällig zu Ende spielen, d. h. für jeden ungefärbten Punkt mit Wahrscheinlichkeit $\frac{1}{2}$ unabhängig eine Farbe wählen, so ist $w(\mathcal{F}_l)$ die erwartete Anzahl von roten Kanten. Spieler 2 minimiert also durch seine Strategie die erwartete Anzahl von roten Kanten.

Beispiel: Summenfreie Teilmengen

Definition 7.13
Es sei $A \subseteq \mathbb{N}$. A heißt *summenfrei,* falls keine $a, b, c \in A$ existieren mit $a + b = c$.

    Analog ist die *Summenfreiheit* von Teilmengen abelscher Gruppen definiert.

Erdős hat die Frage untersucht, ob jede Menge $A \subseteq \mathbb{N}$ „große" summenfreie Teilmengen enthält [37].

Satz 7.14 (Erdős, 1965)
Es sei $B \subseteq \mathbb{N}$, $|B| = n$. Dann existiert eine summenfreie Teilmenge $A \subseteq B$ mit $|A| > \frac{n}{3}$.

Beweis Zuerst wählen wir eine Primzahl $p > 2 \cdot \max B$ mit $p \equiv 2 \mod 3$.

Solche Primzahlen existieren nach einem berühmten Satz von Dirichlet:

Satz 7.15
Jede arithmetische Folge $(an + b)_{n=1}^{\infty}$ mit $\mathrm{ggT}(a, b) = 1$ enthält unendlich viele Primzahlen.

Der hier benötigte Spezialfall kann aber elementar gezeigt werden:

Beweis Gäbe es nur endlich viele Primzahlen $q \equiv -1 \mod 3$, so betrachten wir das Produkt aller Primzahlen $3 \cdot 5 \cdot 7 \cdots p$, wobei p so groß ist, dass alle Primzahlen $q \equiv -1 \mod 3$ kleiner als p sind. Die Zahl

$$N := 3 \cdot 5 \cdot 7 \cdots p + 2$$

ist $\equiv -1 \mod 3$ und ungerade, muss also auch einen Primteiler $t \equiv -1 \mod 3$ haben, der größer als p ist. Widerspruch! $\qquad\square$

Wir setzen $p = 3k + 2$ und betrachten

$$C := \{\, k + 1, k + 2, \ldots, 2k + 1 \,\} \subseteq \{1, \ldots, p - 1\} = \mathbb{Z}_p^*.$$

Wegen $(k + 1) + (k + 1) = 2k + 2 > 2k + 1$ und $(2k + 1) + (2k + 1) = 4k + 2 \equiv k \mod p$ ist C summenfrei *modulo p*.

Ferner gilt: $|C| = k + 1 > \frac{1}{3}(3k + 1) = \frac{1}{3}(p - 1)$.

Für jedes $x \in \{1, \ldots, p - 1\} = \mathbb{Z}_p^*$ ist die Abbildung „$a \mapsto xa$"eine Bijektion auf $\mathbb{Z}_p^*$ und wir definieren

$$A_x := \{b \in B \mid xb \in C\}.$$

Dann ist A_x summenfrei, denn:

Angenommen, $b_1 + b_2 = b_3$ für $b_1, b_2, b_3 \in A_x$. Dann sind $xb_i \in C$, $1 \le i \le 3$, und es gilt: $xb_1 + xb_2 = xb_3$ im Widerspruch zur Summenfreiheit von C.

Es genügt also, zu zeigen, dass $|A_x| > \frac{n}{3}$ ist für mindestens ein $x \in \mathbb{Z}_p^*$.

Mit dem Iverson-Symbol setzen wir für jedes $b \in B$ und $x \in \mathbb{Z}_p^*$ $Y_b(x) := [xb \in C]$.

Dann ist $\sum_{b \in B} Y_b(x) = |A_x|$ für jedes x. Wählen wir $x \in \mathbb{Z}_p^*$ zufällig mit Wahrscheinlichkeit $\frac{1}{p-1}$, so ist für festes b der Erwartungswert

$$E(Y_b) = \frac{1}{p - 1}\left|\{x \in \mathbb{Z}_p^* \mid xb \in C\}\right| = \frac{1}{p - 1}|C| > \frac{1}{3}.$$

Damit folgt

$$E(|A_x|) = E\left(\sum_{b \in B} Y_b\right) = \sum_{b \in B} E(Y_b) > \frac{1}{3}\,|B| = \frac{n}{3},$$

Dann muss es ein $x \in \mathbb{Z}_p^*$ geben mit $|A_x| > \frac{n}{3}$, was zu beweisen war. $\square$

Ob dieser Satz die richtige Größenordnung liefert, war bis 2013 ein ungelöstes Problem. Tatsächlich gilt [30]:

Satz 7.16 (S. Eberhard, B. Green, F. Manners, 2013)
Für alle $\varepsilon > 0$ existiert eine Menge A von n natürlichen Zahlen mit folgender Eigenschaft:
Jede Menge $A' \subseteq A$ mit mindestens $\left(\frac{1}{3} + \varepsilon\right) n$ Elementen enthält 3 verschiedene Elemente x, y, z mit $x + y = z$.

Beispiel: Mengensysteme

Es seien $k, l \in \mathbb{N}$. Wir fragen nach dem maximalen $n = n(k, l)$ sodass Mengen $A_1, \ldots, A_n, B_1 \ldots, B_n$ existieren, sodass gilt:

(i) $|A_i| = k, |B_i| = l, 1 \leq i \leq n$
(ii) $A_i \cap B_i = \emptyset, 1 \leq i \leq n$
(iii) $A_i \cap B_j \neq \emptyset$ für alle $1 \leq i, j \leq n, i \neq j$

Wählen wir eine Menge X mit $|X| = k + l$, so können wir $A_1, \ldots, A_n$ als die Familie aller k-elementigen Teilmengen von X wählen.
Ferner sei $B_i = A_i^C, 1 \leq i \leq n$. Dann sind die Eigenschaften (i)–(iii) erfüllt.
Es gilt also $n(k, l) \geq \binom{k+l}{k}$.
Nun zeigen wir:

Satz 7.17
Für alle $k, l \geq 1$ ist $n(k, l) = \binom{k+l}{k}$

Beweis Wir nehmen an, dass Mengen A_i, B_i mit den Eigenschaften (i)–(iii) gegeben sind und es sei

$$X := \bigcup_{i=1}^{n} (A_i \cup B_i)\,, \;\; |X| =: m.$$

Es gibt also genau $m!$ Totalordnungen für die Menge X. Diese Totalordnungen, versehen mit der Gleichverteilung, bilden einen Wahrscheinlichkeitsraum.

C_i sei das Ereignis, dass bei einer Totalordnung alle Elemente von A_i kleiner als alle Elemente von B_i sind, $1 \leq i \leq n$.

Was ist $P(C_i)$? Die Positionen der Elemente von $A_i \cup B_i$ in einer Totalordnung auf X können auf $\binom{m}{k+l}$ Weisen ausgewählt werden. Dann werden die k kleinsten dieser Positionen den Elementen von A_i und die anderen den Elementen von B_i zugeordnet. Dieser Auswahl entsprechen dann $k!\,l!\,(m - (k + l))!$ Totalordnungen. Die gesuchte Wahrscheinlichkeit ist also

$$\frac{\binom{m}{k+l} k!\,l!\,(m - (k + l))!}{m!} = \frac{k!\,l!}{(k + l)!} = \frac{1}{\binom{k+l}{k}}.$$

Ist nun $i \neq j$, so sind die Ereignisse C_i und C_j disjunkt.

Für eine Ordnung, in der beide Ereignisse C_i und C_j eintreten, hätten wir:

$$\max A_i \underset{\substack{\uparrow \\ A_i \cap B_j \neq \emptyset}}{\geq} \min B_j \underset{\substack{\uparrow \\ C_j}}{>} \max A_j \underset{\substack{\uparrow \\ A_j \cap B_i \neq \emptyset}}{\geq} \min B_i \underset{\substack{\uparrow \\ C_i}}{>} \max A_i,$$

also einen Widerspruch.

Es folgt:

$$1 \geq P\left(\bigcup_{i=1}^{n} C_i\right) = \sum_{i=1}^{n} P(C_i) = \frac{n}{\binom{k+l}{k}}.$$

$\square$

Bemerkung 7.18
Mit der gleichen Beweismethode erhalten wir den folgenden Satz von Bollobás [12]:

Satz 7.19
Es seien endliche Mengen $A_1, \ldots, A_n, B_1, \ldots, B_n$ gegeben, sodass gilt:

- $A_i \cap B_i = \emptyset,\, 1 \leq i \leq n$
- $A_i \cap B_j \neq \emptyset$ für alle $1 \leq i, j \leq n,\, i \neq j$

Dann gilt die Ungleichung

$$\sum_{i=1}^{n} \binom{|A_i| + |B_i|}{|A_i|}^{-1} \leq 1. \tag{7.1}$$

Die Ungleichung impliziert den Satz von Sperner 6.1:

Wir setzen $|X| =: m$. Die Sperner-Familie sei $\mathcal{F} = \{A_1, \ldots, A_n\}$. Nun setzen wir $B_i := X \backslash A_i$, $1 \le i \le n$ und erhalten:

$$1 \ge \sum_{i=1}^{n} \binom{m}{|A_i|}^{-1} \ge \sum_{i=1}^{n} \binom{m}{\lfloor \frac{m}{2} \rfloor}^{-1} = n \binom{m}{\lfloor \frac{m}{2} \rfloor}^{-1},$$

da $\binom{m}{\lfloor \frac{m}{2} \rfloor} \ge \binom{m}{|A_i|}$ für alle i gilt.

Definition 7.20

Allgemein studiert man für Hypergraphen $H = (X, \mathcal{F})$ die *Vertex-Cover-Zahl*

$$\tau(H) = \min\{|Y| \mid Y \subseteq X \text{ und } A \cap Y \ne \emptyset \text{ für alle } A \in \mathcal{F}\}.$$

Definition 7.21

H heißt τ-*kritisch*, falls

$$\tau(H - A) < \tau(H) \text{ für alle } A \in \mathcal{F}$$

$(H - A := (X, \mathcal{F} \backslash \{A\}))$

Angenommen, $\mathcal{F} \subseteq \binom{X}{k}$ und $\tau(H) = l + 1$, H sei τ-kritisch. Wie viele Hyperkanten kann $\mathcal{F}$ enthalten?

Setzen wir $\mathcal{F} = \{A_1, \ldots, A_n\}$, so existiert zu jedem i ein $b_i \in \binom{X}{l}$ mit $B_i \cap A_j \ne \emptyset$ für alle $j \ne i$ (es ist ja $\tau(H_{A_i}) \le l$ und B_i kann als l-elementiges Vertex Cover von $H - A_i$ gewählt werden. Wegen $\tau(H) = l + 1$ muss dann automatisch $A_i \cap B_i = \emptyset$ sein).

Nach unserem Satz folgt: $n = |\mathcal{F}| \le n(k, l)$.

7.1.2 Modifikation von Zufallsstrukturen

Manchmal liefert die probabilistische Methode, wie wir sie bisher angewandt haben, nicht genau das, was wir haben wollen. Die „Zufallsstruktur", die wir bekommen, kann aber nachträglich noch modifiziert werden. Ein erstes Beispiel haben wir bereits im zweiten Kapitel beim Beweis von Satz 2.20 kennengelernt.

Beispiel: Ramsey-Zahlen

Satz 7.22
Für alle $n \in \mathbb{N}$, $R(k,k) > n - \binom{n}{k}2^{1-\binom{k}{2}}$.

Beweis Wir betrachten wieder eine zufällige 2-Färbung der Kanten des K_n mit den Farben rot und blau, unabhängig über die Kanten und mit Wahrscheinlichkeiten

$$P(c(e) = \text{rot}) = P(c(e) = \text{blau}) = \frac{1}{2}.$$

Für $U \subseteq V(K_n)$, $|U| = k$ sei

$$X_U := \begin{cases} 1, & U \text{ monochromatisch} \\ 0, & \text{sonst} \end{cases}.$$

Dann gilt für $X := \sum_U X_U$:

$$\mathrm{E}(X) = \sum_{U \,:\, |U|=k} \mathrm{E}(X_U) = \binom{n}{k}2^{1-\binom{k}{2}} =: m.$$

Es existiert also eine 2-Färbung mit $X \leq m$.

Wir halten eine solche 2-Färbung fest und zerstören aus jedem monochromatischen K_n eine Ecke. Dann bleiben (mindestens) $n - m =: s$ Ecken übrig und die Färbung auf diesen Ecken hat keinen monochromatischen K_n $\qquad\square$

Bringt das eine Verbesserung gegenüber unseren früheren Überlegungen?
Wir haben gezeigt:

$$R(k,k) \geq \frac{k}{e\sqrt{2}}2^{\frac{k}{2}}.$$

Dabei hatten wir abgeschätzt:

$$\binom{n}{k}2^{1-\binom{k}{2}} < \left(\frac{en}{k2^{\frac{k-1}{2}}}\right)^k.$$

Setzen wir nun $n \sim \frac{k}{e}2^{\frac{k}{2}}$, so folgt:

$$\left(\frac{en}{k2^{\frac{k-1}{2}}}\right)^k = \left(2^{\frac{k}{2}-\frac{k-1}{2}}\right)^k = 2^{\frac{k}{2}},$$

also

$$n - \binom{n}{k} 2^{1-\binom{k}{2}} > \frac{k}{e} 2^{\frac{k}{2}} - 2^{\frac{k}{2}} = \left(\frac{k}{e} - 1\right) 2^{\frac{k}{2}} = \frac{k}{e}\left(1 - \frac{e}{k}\right) 2^{\frac{k}{2}} = \frac{k}{e}(1 - o(1)) 2^{\frac{k}{2}},$$

wir gewinnen also einen Faktor $\sqrt{2}$.

Analog folgt:

Satz 7.23
Für $n \in N$ und $p \in [0, 1], k, l \in \mathbb{N}$ gilt:

$$R(k, l) > n - \binom{n}{k} p^{\binom{k}{2}} - \binom{n}{l}(1-p)^{\binom{l}{2}}.$$

Beispiel: 2-Färbbarkeit von Hypergraphen

Auch für die 2-Färbbarkeit von Hypergraphen können wir eine Verbesserung erzielen.

Definition 7.24
Wir bezeichnen mit $m(n)$ die kleinste natürliche Zahl, sodass ein n-*uniformer* Hypergraph (d. h. $|A| = n$ für alle $A \in \mathcal{F}$) mit $m(n) = |\mathcal{F}|$ Kanten existiert, der nicht 2-färbbar ist.

Wir hatten gezeigt: $m(n) \geq 2^{n-1}$,

nun zeigen wir:

Satz 7.25
Falls $p \in [0, 1]$ und k existieren mit $k(1 - p)^n + k^2 p < 1$, so ist

$$m(n) > 2^{n-1}k$$

Daraus folgt dann:

Korollar 7.26
$$m(n) \geq c \cdot 2^n \sqrt{\frac{n}{\log n}}$$

Beweis des Korollars Wegen $1 - p \leq e^{-p}$ ist

$$k\,(1-p)^n + k^2 p \leq k e^{-pn} + k^2 p.$$

Die Funktion $g(p) := k e^{-pn} + k^2 p$ ist konvex und hat ihr globales Minimum an der Stelle $p_0 = \log(n/k)/n$. Es ist

$$g(p_0) = k e^{-\frac{\log(n/k)}{n} n} + \frac{k^2}{n} \log(n/k) = \frac{k^2}{n}\left(1 + \log(n/k)\right).$$

Setzt man nun $k = a\sqrt{n/\ln n}$ mit positivem a, so folgt:

$$g(p_0) = a^2 \frac{1}{\log n}\left(1 + \frac{1}{2}\log n + \frac{1}{2}\log\log n - \log a\right).$$

Ist $a^2 < 2$ fest und n groß, so ist also $g(p_0) < 1$. $\qquad\square$

Der folgende Beweis stammt von Radhakrishnan und Srinivasan [92]:

Beweis Es sei $H = (V, \mathcal{F})$ mit $m = |\mathcal{F}| = 2^{n-1} k$ und p wie in der Voraussetzung. Wir erzeugen eine Färbung mit einem randomisierten Algorithmus:

1. Ordne die Elemente von V zufällig an.
2. Färbe die Elemente von V zufällig und unabhängig mit Wahrscheinlichkeit $\frac{1}{2}$ rot bzw. blau.
   Es sei D die Menge der $v \in V$, die nun in einer monochromatischen Kante liegen.
3. Betrachte die Elemente von D in der Reihenfolge der zufälligen Ordnung.
   Liegt $d \in D$ in einer Kante, die noch immer monochromatisch ist, so wird d mit Wahrscheinlichkeit p umgefärbt. Andernfalls wird nichts an d geändert.

Wir wollen zeigen, dass nach diesem Algorithmus die Wahrscheinlichkeit einer monochromatischen Kante kleiner ist als

$$k\,(1-p)^n + k^2 p$$

und führen die Überlegung für die Farbe Rot durch.

Betrachten wir für eine Kante $e \in \mathcal{F}$ das Ereignis:

$$A_e \; : \; e \text{ ist nach der ersten Färbung rot und bleibt es auch.}$$

Offenbar gilt:

$$P(A_e) = 2^{-n}\,(1 - p)^n\,.$$

Der Beitrag aller dieser Ereignisse zur gesuchten Wahrscheinlichkeit ist damit höchstens:

$$2 \cdot \underset{\substack{\uparrow \\ \text{rot und blau}}}{\sum_{e \in \mathcal{F}}} P(A_e) = k\,(1 - p)^n\,.$$

Die zweite Möglichkeit, wie eine Kante e am Ende des Algorithmus rot sein kann, beschreiben wir durch das Ereignis C_e:

$$C_e \; : \; e \text{ ist am Ende des Algorithmus rot, war es aber nach Schritt 2 noch nicht.}$$

Dann müssen gewisse Ecken in e von blau nach rot umgefärbt worden sein.
Sei v die letzte dieser Ecken.
Als v umgefärbt wurde, muss v noch in mindestens einer blauen Kante gewesen sein, etwa in f. Dann können e und f keinen weiteren Punkt gemeinsam haben!
(Angenommen $v' \neq v$, $v' \in e \cap f$. Wenn v betrachtet wird, ist v' blau ($v' \in f$!). Am Ende des Algorithmus wäre v' rot ($v' \in e$!). Aber v ist die letzte Ecke in e, die umgefärbt wird.)
Diese Situation beschreiben wir durch das Ereignis $B_{e,f}$.
Genauer: Für $e,\, f \in \mathcal{F}$ sei

$B_{e,f}\!:\quad -\,e \cap f = \{v\}$ und f war blau unter der ersten Färbung und e wurde rot durch
$\qquad\qquad$ die letzte Färbung.
$\qquad\qquad -\,v$ ist das letzte Element von e, das umgefärbt wird.
$\qquad\qquad -$ Als v umgefärbt wurde, war f noch blau.

Es folgt:

$$\sum_{e} P(C_e) \le \sum_{e \neq f} P\!\left(B_{e,f}\right)\,.$$

Die Anzahl der Paare $e,\, f$ mit $e \neq f$ ist kleiner als $\left(2^{n-1}k\right)^2$.
Wir zeigen: $P\!\left(B_{e,f}\right) \le 2^{1-2n}\,p$.

Dann folgt insgesamt:

$$\sum_{e} P(C_e) \leq \sum_{e \neq f} P(B_{e,f}) \leq (2^{n-1}k)^2 \cdot 2^{1-2n} p = \frac{1}{2}k^2 p$$

und der Satz ist bewiesen.

Es seien nun e, f mit $e \cap f = \{v\}$ gegeben.

Die zufällige Ordnung auf V sei σ, wir definieren

$$i = i(\sigma) : \text{Anzahl der } v' \in e \text{ vor } v \text{ in } \sigma,$$
$$j = j(\sigma) : \text{Anzahl der } v' \in f \text{ vor } v \text{ in } \sigma.$$

Dann ist:

$$P\left(B_{e,f} \mid \sigma\right) \leq \frac{p}{2} 2^{-n+1} (1-p)^j \, 2^{-n+1+i} \left(\frac{1+p}{2}\right)^i$$

Das sieht man so: Das Ereignis $B_{e,f}$ unter σ ist enthalten im Durchschnitt von 5 Ereignissen, die im Folgenden beschrieben werden. Diese Ereignisse bilden eine unabhängige Familie, da die Punktmengen, durch die sie definiert werden, paarweise disjunkt sind.

1. v startet blau und wird dann rot: Wahrscheinlichkeit $\frac{1}{2}p$
2. Alle anderen $v' \in f$ vor v starten blau: Es gibt $n - 1$ solcher Punkte. Wahrscheinlichkeit $\left(\frac{1}{2}\right)^{n-1} = 2^{-n+1}$
3. alle $v' \in f$ vor v haben ihre Farbe nicht geändert: Es gibt j solcher Punkte. Wahrscheinlichkeit $(1-p)^j$
4. alle $v' \in e$ nach v müssen rot starten. Es gibt $n - i - 1$ solcher Punkte. Wahrscheinlichkeit 2^{-n+i+1}
5. alle $v' \in e$ vor v starten rot oder starten blau und werden umgefärbt. Es gibt genau i solcher Punkte. Für einen gegebenen Punkt ist die Wahrscheinlichkeit, mit rot zu starten, $\frac{1}{2}$ und die Wahrscheinlichkeit, mit blau zu starten und dann umgefärbt zu werden, $\frac{p}{2}$. Die Wahrscheinlichkeit kann also insgesamt nach oben durch $(\frac{1+p}{2})^i$ abgeschätzt werden.

Dies ergibt:

$$P\left(B_{e,f} \mid \sigma\right) \leq 2^{1-2n} p \, (1+p)^i \, (1-p)^j$$

Nun bilden wir den Erwartungswert bzgl. σ:

$$P\left(B_{e,f}\right) \leq 2^{1-2n} p E\left[(1+p)^i (1-p)^j\right]$$
$$\underset{\text{Erwartungswert bzgl. } \sigma}{\uparrow}$$

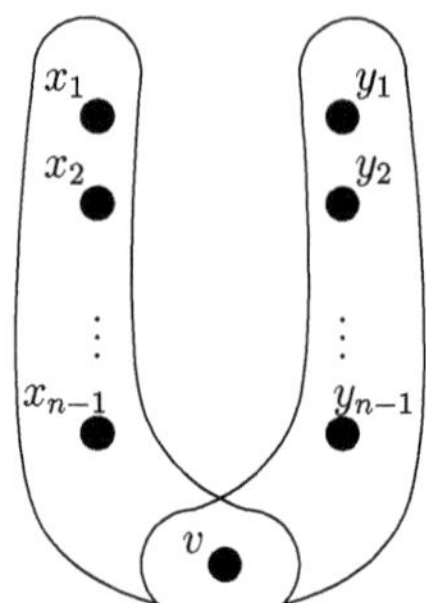

Es sei $e = \{x_1, \ldots, x_{n-1}, v\}$, $f = \{y_1, \ldots, y_{n-1}, v\}$

Wir zerlegen den Ereignisraum in 3^{n-1} Teile:

$$\Omega(i_1, \ldots, i_{n-1}) := \{\sigma \mid \text{für alle } 1 \leq k \leq n-1 \text{ kommen } i_k \text{ Ecken}$$
$$\text{des Paares } \{x_k, y_k\} \text{ vor } v\}$$

Abb. 7.1 Zerlegung von Ω

Wir zerlegen nun den Ereignisraum wie in Abb. 7.1 angegeben. Um den Beweis abzuschließen, genügt es, zu zeigen, dass gilt:

$$E\left((1 + p)^{i(\sigma)} (1 - p)^{j(\sigma)} \;\middle|\; \Omega(i_1, \ldots, i_{n-1}) \right) \leq 1 \text{ für alle } \Omega(i_1, \ldots, i_{n-1}).$$

Es sei also $i_1, \ldots, i_{n-1}$ fest.

O. B. d. A. sei $(i_1, \ldots, i_{n-1}) = (\underbrace{1, \ldots, 1}_{r}, \underbrace{0, \ldots, 0}_{s}, \underbrace{2, \ldots, 2}_{t})$.

Für $\Omega(i_1, \ldots, i_{n-1})$ schreiben wir kurz Ω. Ein elementares Abzählargument zeigt:

$$|\Omega| = 2^r (r + 2t)! (r + 2s)! \binom{m}{2n - 1} (m - 2n + 1)! \text{ wobei } m := |V|.$$

Andererseits:

$$\sum_{\sigma \in \Omega} (1 + p)^{i(\sigma)} (1 - p)^{j(\sigma)}$$

$$= \sum_{I \subseteq \{1, \ldots, r\}} \sum_{\sigma : x_i \text{ vor } v \text{ für } i \in I} (1 + p)^{|I|} (1 - p)^{r - |I|} (\underbrace{(1 + p)(1 - p)}_{1 - p^2})^t$$

Für ein festes $I \subseteq \{1, \ldots, r\}$ zählen wir die Reihenfolgen $\sigma \in \Omega$ ab, bei denen genau die x_i mit $i \in I$ vor (und die y_i mit $i \in I$ nach) v kommen: Zunächst kann man auf $\binom{m}{2n-1}$ Weisen die $2n - 1$ Positionen der Elemente von $e \cup f$ auswählen. Die Elemente aus $e \cup f$ vor v sind genau die x_i mit $i \in (I \cup \{n - t, \ldots, n - 1\})$ und die y_i mit $i \in ((\{1, \ldots, r\} \setminus I) \cup \{n - t, \ldots, n - 1\})$. Eingeschränkt auf $e \cup f$ bleiben für σ also genau $(r + 2t)!(r + 2s)!$ mögliche Reihenfolgen, die dann auf $(m - 2n + 1)!$ Weisen auf ganz V fortgesetzt werden können. Wir können also unsere Summe schreiben als

$$\left(1 - p^2\right)^t \left(\sum_I (1 + p)^{|I|} (1 - p)^{r - |I|} \right) \binom{m}{2n - 1} (r + 2t)! (r + 2s)! (m - 2n + 1)!$$

$$= \left(1 - p^2\right)^t \cdot 2^r \cdot \binom{m}{2n - 1} (r + 2t)! (r + 2s)! (m - 2n + 1)!$$

$$= \left(1 - p^2\right)^t |\Omega|.$$

Damit erhalten wir wie behauptet:

$$\mathrm{E}\left((1+p)^{i(\sigma)}\,(1-p)^{j(\sigma)}\,\Big|\,\Omega(i_1,\ldots,i_{n-1})\right) \le 1.$$

7.2 Anwendungen der Varianz

Definition 7.27 (Varianz)
Sei $X : \Omega \to \mathbb{R}$ eine Zufallsvariable, dann ist die *Varianz* gegeben durch:

$$\mathrm{Var}(X) = \mathrm{E}(X - \mathrm{E}(X))^2 = \mathrm{E}(X^2) - (EX)^2.$$

Satz 7.28 (Chebyshev-Ungleichung)
Für alle $\lambda > 0$ ist

$$P(|X - \mathrm{E}(X)| \ge \lambda) \le \frac{\mathrm{Var}(X)}{\lambda^2}$$

Beweis

$$\lambda^2 P(|X - \mathrm{E}(X)| \ge \lambda) \le \int\limits_{\{\omega\in\Omega\,\mid\,|X-\mathrm{E}(X)|\ge\lambda\}} (X - \mathrm{E}(X))^2 \,\mathrm{d}P$$

$$\le \int\limits_{\Omega} (X - \mathrm{E}(X))^2 \,\mathrm{d}P = \mathrm{Var}(X)$$

Ist $X = X_1 + X_2 + \cdots + X_n$, so gilt:

$$\mathrm{Var}(X) = \sum_{i=1}^{n} \mathrm{Var}(X_i) + \sum_{i \ne j} \mathrm{Cov}(X_i, X_j)$$

mit

$$\mathrm{Cov}(X, Y) := \mathrm{E}(XY) - (\mathrm{E}(X))\,(\mathrm{E}(Y)) = \mathrm{E}[(X - \mathrm{E}(X))\,(Y - \mathrm{E}(Y))].$$

Falls die X_i stochastisch unabhängig sind, folgt:

$$\mathrm{Var}(X_1 + \cdots + X_n) = \mathrm{Var}(X_1) + \cdots + \mathrm{Var}(X_n)\,.$$

Beispiel 7.29
$P(X = 1) = p$, $P(X = 0) = 1 - p$, d.h. X ist eine *Bernoulli-Zufallsvariable*.
Dann ist $\mathrm{E}(X) = p$, $\mathrm{Var}(X) = \mathrm{E}(X^2) - (\mathrm{E}(X))^2 = p - p^2 = p\,(1 - p)$.
Sind $X_1, \ldots, X_n$ stochastisch unabhängige Zufallsvariablen mit der gleichen Verteilung wie X, so ist also

$$\mathrm{E}\left(\sum_{i=1}^{n} X_i\right) = np, \quad \mathrm{Var}\left(\sum_{i=1}^{n} X_i\right) = np\,(1 - p)\,.$$

7.2.1 Primfaktoren

In diesem Abschnitt untersuchen wir eine zahlentheoretische Frage: Es bezeichne $v(n)$ die Anzahl der verschiedenen Primfaktoren von n (ohne Vielfachheit gezählt).

$v(n)$ kann stark schwanken, z. B. ist $v(n) = 1$, falls n prim. Wir wollen zeigen, dass „fast alle" n ungefähr $\ln \ln n$ Primfaktoren haben. Das Ergebnis wurde zuerst 1920 von Hardy und Ramanujan gezeigt. Der folgende Beweis stammt von Turán aus dem Jahr 1934 [102]:

Satz 7.30
Es sei $\lambda : \mathbb{N} \to \mathbb{R}$ mit $\lambda(n) \to \infty$.
Dann gilt:

$$f(n) := \left|\left\{x \in \{1, \ldots, n\} \,\middle|\, |v(x) - \ln\ln n| > \lambda(n)\sqrt{\ln\ln n}\right\}\right| \to 0 \ (n \to \infty)\,.$$

Beweis Es sei $\Omega := \{1, \ldots, n\}$. Wir versehen Ω mit der Gleichverteilung und definieren für jede Primzahl p eine Zufallsvariable X_p wie folgt:

$$X_p := \begin{cases} 1, & p\,|\,\omega \\ 0, & \text{sonst} \end{cases}$$

sowie $X := \sum_{p \leq M} X_p$, wobei wir die Zahl $M = M(n)$ als $n^{\frac{1}{3}}$ wählen.

Ist $\omega \in \Omega$, so zählt $X(\omega)$ die Primfaktoren von ω, die alle $\leq M = n^{1/3}$ sind. Da ω höchstens 2 Primfaktoren enthalten kann, die größer als M sind, gilt $|\nu(\omega) - X(\omega)| \leq 2$. Für die asymptotische Analyse können wir also ν durch X ersetzen.

Es ist $\mathrm{E}(X_p) = \dfrac{\left\lfloor \frac{n}{p} \right\rfloor}{n} = \dfrac{1}{p} + \mathcal{O}\!\left(\dfrac{1}{n}\right)$, also

$$\mathrm{E}(X) = \sum_{p \leq M} \left(\frac{1}{p} + \mathcal{O}\!\left(\frac{1}{n}\right) \right) \underset{\underset{7.31}{\uparrow}}{=} \ln \ln n + \mathcal{O}(1)\,.$$

Nun untersuchen wir die Varianz:

$$\mathrm{Var}(X) = \sum_{p \leq M} \mathrm{Var}(X_p) + \sum_{p \neq q} \mathrm{Cov}(X_p, X_q)\,.$$

Dabei ist

$$\mathrm{Var}(X_p) = \mathrm{E}\!\left(X_p^2\right) - \left(E X_p\right)^2 = \mathrm{E}(X_p) - \left(E X_p\right)^2 = \frac{1}{p} + \mathcal{O}\!\left(\frac{1}{n}\right) - \left(\frac{1}{p} + \mathcal{O}\!\left(\frac{1}{n}\right)\right)^2$$

$$= \frac{1}{p}\left(1 - \frac{1}{p}\right) + \mathcal{O}\!\left(\frac{1}{n}\right) - \frac{2}{p}\mathcal{O}\!\left(\frac{1}{n}\right) + \left(\mathcal{O}\!\left(\frac{1}{n}\right)\right)^2$$

$$= \frac{1}{p}\left(1 - \frac{1}{p}\right) + \mathcal{O}\!\left(\frac{1}{n}\right)\,.$$

Damit:

$$\sum_{p \leq M} \mathrm{Var}(X_p) = \left(\sum_{p \leq M} \frac{1}{p} \right) + \mathcal{O}(1) = \ln \ln n + \mathcal{O}(1)\,.$$

Sind p, q verschiedene Primzahlen, so ist $X_p X_q = 1$ genau dann, wenn $p \mid x$ und $q \mid x$, also $pq \mid x$. Wir setzen $\alpha := \frac{n}{pq} - \left\lfloor \frac{n}{pq} \right\rfloor$, $\beta := \frac{n}{p} - \left\lfloor \frac{n}{p} \right\rfloor$ und $\gamma := \frac{n}{q} - \left\lfloor \frac{n}{q} \right\rfloor$. Dann ist

$$\mathrm{Cov}(X_p, X_q) = \frac{\left\lfloor \frac{n}{pq} \right\rfloor}{n} - \frac{\left\lfloor \frac{n}{p} \right\rfloor \left\lfloor \frac{n}{q} \right\rfloor}{n \quad n}$$

$$= \frac{1}{pq} - \frac{\alpha}{n} - \left(\frac{1}{p} - \frac{\beta}{n}\right)\left(\frac{1}{q} - \frac{\gamma}{n}\right)$$

$$= -\frac{\alpha}{n} + \frac{\beta}{nq} + \frac{\gamma}{np} - \frac{\beta\gamma}{n^2} = \mathcal{O}\!\left(\frac{1}{n}\right)$$

und damit

$$\sum_{p \neq q} \mathrm{Cov}(X_p, X_q) \leq M^2 \cdot \mathcal{O}\!\left(\frac{1}{n}\right) = \mathcal{O}\!\left(\frac{1}{n^{1/3}}\right) = o(1)\,.$$

Es gilt damit: $\mathrm{Var}(X) = \ln \ln n + \mathcal{O}(1)$.

Nun folgt aus der Chebyshev-Ungleichung:

$$P\left(|X - \ln \ln n| > \lambda \sqrt{\ln \ln n}\right) = P\left(|X - EX| > \lambda \sqrt{\ln \ln n} + \mathrm{o}\,(1)\right)$$

$$\leq \frac{\mathrm{Var}(X)}{\left(\lambda \sqrt{\ln \ln n} + \mathrm{o}\,(1)\right)^2} = \frac{\ln \ln n + \mathcal{O}(1)}{\ln \ln n \left(\lambda + \mathrm{o}\left(\frac{1}{\sqrt{\ln \ln n}}\right)\right)^2}$$

$$= \frac{1 + \mathcal{O}\left(\frac{1}{\ln \ln n}\right)}{\left(\lambda + \mathrm{o}\left(\frac{1}{\sqrt{\ln \ln n}}\right)\right)^2} = \frac{1}{\lambda^2} + \mathrm{o}\,(1)$$

Für jede Konstante $\lambda > 0$.

Daraus folgt unmittelbar die Behauptung. $\qquad\square$

Wir haben eben schon den folgenden Satz benutzt:

Satz 7.31 (Mertens)

Es gilt:

$$\sum_{\substack{p \leq n \\ p \text{ prim}}} \frac{1}{p} = \ln \ln n + \mathcal{O}(1)\,.$$

Den Beweis müssen wir vorbereiten:

Definition 7.32 (Von Mangoldt-Funktion)

$$\Lambda(k) = \begin{cases} \log p, & \text{falls } k = p^l \ (l \in \mathbb{N}) \\ 0, & \text{sonst} \end{cases}$$

Lemma 7.33

$$\sum_{k \leq x} \frac{\Lambda(k)}{k} = \log x + \mathcal{O}(1)\,.$$

Beweis Nach 4.1 und 4.2 ist

$$\log(n!) = \sum_{\substack{p \le n \\ p \text{ prim}}} N_p(n) \log p = \sum_{\substack{(p,m):p^m \le n \\ p \text{ prim}}} \left\lfloor \frac{n}{p^m} \right\rfloor \log p$$

$$= n \sum_{k \le x} \frac{\Lambda(k)}{k} + \sum_{\substack{(p,m):p^m \le n \\ p \text{ prim}}} \left(\frac{n}{p^m} - \left\lfloor \frac{n}{p^m} \right\rfloor \right) \log p$$

$$= n \sum_{k \le x} \frac{\Lambda(k)}{k} + \sum_{\substack{(p,m):p^m \le n \\ p \text{ prim}}} \varepsilon_{p,m} \log p,$$

mit $0 \le \varepsilon_{p,m} < 1$ für alle p und m. Die Chebyshevsche ψ-Funktion war in Kap. 4 definiert als

$$\psi(n) = \sum_{\substack{(p,m):p^m \le n \\ p \text{ prim}}} \log p$$

und nach Satz 4.11 ist $\psi(n) = \mathcal{O}(n)$. Damit gilt:

$$\log(n!) = \sum_{k \le n} \frac{n}{k} \Lambda(k) + \mathcal{O}(n).$$

also nach der Stirling-Formel (10.6)

$$\sum_{k \le n} \frac{\Lambda(k)}{k} = \frac{1}{n} \log(n!) + \mathcal{O}(1)$$

$$- \frac{1}{n} \left[\left(n + \frac{1}{2} \right) \log n - n \right] + \mathcal{O}(1) = \log n + \mathcal{O}(1). \qquad \square$$

Lemma 7.34

$$\sum_{\substack{p \le x \\ p \text{ prim}}} \frac{\log p}{p} = \log x + \mathcal{O}(1).$$

Beweis

$$\sum_{\substack{k \le x}} \frac{\Lambda(k)}{k} = \sum_{\substack{(p,m):p^m \le x \\ p \text{ prim}}} \frac{\log p}{p^m},$$

also

$$0 \le \sum_{\substack{k \le x}} \frac{\Lambda(k)}{k} - \sum_{\substack{p \le x \\ p \text{ prim}}} \frac{\log p}{p} = \sum_{\substack{p \le x \\ p \text{ prim}}} \log p \left(\frac{1}{p^2} + \cdots + \frac{1}{p^{\alpha(p,n)}} \right)$$

$$\text{mit } \alpha(p,n) = \max\left\{ \alpha \mid p^\alpha \le n \right\} = \left\lfloor \frac{\log n}{\log p} \right\rfloor$$

$$< \sum_{\substack{p \le x \\ p \text{ prim}}} \frac{\log p}{p^2} \frac{1}{1 - \frac{1}{p}} = \sum_{\substack{p \le x \\ p \text{ prim}}} \frac{\log p}{p\,(p-1)} = \mathcal{O}(1).$$

Damit folgt die Behauptung aus Lemma 7.33. $\qquad\square$

Zum Beweis von Satz 7.31 brauchen wir noch die Abel-Summationsformel, die im Anhang bewiesen wird (10.10).

Satz 7.35 (Abel-Summationsformel)
Es seien $x, y \in \mathbb{R}$ mit $y < x$ und $f : [y, x] \to \mathbb{R}$ stetig differenzierbar, sowie $(a_n)_{n \in \mathbb{N}}$ eine Folge reeller Zahlen, $A(t) := \sum_{n \le t} a_n$. Dann gilt:

$$\sum_{y < n \le x} a_n f(n) = A(x)\, f(x) - A(y)\, f(y) - \int_y^x A(t)\, f'(t)\, \mathrm{d}t.$$

Wir wenden sie an mit einem festen y aus dem offenen Intervall $(1, 2)$ und

$$a_n := \begin{cases} \frac{\log n}{n}, & n \text{ prim} \\ 0, & \text{sonst} \end{cases},$$

$$f(t) := \frac{1}{\log t}, \quad y \le t < \infty.$$

$$\sum_{\substack{p \le x \\ p \text{ prim}}} \frac{1}{p} = \sum_{y < n \le x} a_n f(n) = A(x) f(x) - \underbrace{A(y) f(y)}_{=0} - \int_y^x A(t) f'(t) \, dt$$

$$= \underbrace{\left(\sum_{\substack{p \le x \\ p \text{ prim}}} \frac{\log p}{p} \right)}_{=A(x)} \frac{1}{\log x} + \int_y^x \frac{A(t)}{t (\log t)^2} \, dt$$

Nach 7.34 ist

$$A(x) = \log x + E(x) \quad \text{mit} \quad E(x) = \mathcal{O}(1) \,,$$

damit

$$\sum_{\substack{p \le x \\ p \text{ prim}}} \frac{1}{p} = 1 + \frac{E(x)}{\log x} + \int_y^x \frac{\log t + E(t)}{t (\log t)^2} \, dt$$

$$= 1 + \frac{E(x)}{\log x} + \int_y^x \frac{1}{t \log t} \, dt + \int_y^x \frac{E(t)}{t (\log t)^2} \, dt$$

$$= 1 + \frac{E(x)}{\log x} + \log \log x - \log \log y + \int_y^x \frac{E(t)}{t (\log t)^2} \, dt$$

Aus der Analysis ist bekannt, dass das Integral $\int_y^x \frac{1}{t(\log t)^2} \, dt$ für $x \to \infty$ konvergiert. Damit ist Satz 7.31 bewiesen. $\qquad\square$

7.2.2 Die Cliquenzahl von Zufallsgraphen

Definition 7.36 (Cliquenzahl)
Die maximale Eckenzahl eines vollständigen Teilgraphen von G heißt die *Cliquenzahl* von G (Bez.: cl(G)).

Wir wählen einen festen Wert für p, $0 < p < 1$, und fragen nach der Verteilung der Zufallsvariablen cl(G) wenn G ein Zufallsgraph auf n Ecken und Kantenwahrscheinlichkeit p ist (Bez.: $G = G_{n,p}$).

Ziel dieses Abschnitts ist es, zu zeigen, dass der folgende Satz gilt [16]:

Satz 7.37

Es sei $0 < p < 1$ unabhängig von n. Dann existiert eine Folge $d(n)$ natürlicher Zahlen, sodass $P\big(\mathrm{cl}(G_{n,p}) \in \{d, d+1\}\big) \to 1 \; (n \to \infty)$.

Für große n ist die Cliquenzahl also unglaublich scharf konzentriert.

Dabei ist $d = d(n)$ die größte natürliche Zahl sodass $\binom{n}{d} p^{\binom{d}{2}} \geq \log n$ gilt. Wir bezeichnen mit $X_d = X_d(G_{n,p})$ die Anzahl der vollständigen Teilgraphen mit d Punkten in $G_{n,p}$:

$$X_d = \sum_{U \in \binom{V}{d}} Y_U \text{ mit } Y_U = \begin{cases} 1, & U \text{ vollständig}, \\ 0, & \text{sonst}. \end{cases}$$

Dann gilt:

$$\mathrm{E}(X_d) = \sum_{U \in \binom{V}{d}} p^{\binom{d}{2}} = \binom{n}{d} p^{\binom{d}{2}}.$$

Wir suchen also das maximale d, sodass

$$\mathrm{E}(X_d) = \binom{n}{d} p^{\binom{d}{2}} \geq \log n \text{ ist.}$$

Offenbar gilt: $d(n) \to \infty, \, r = r(n) = \frac{n}{d(n)} \to \infty \; (n \to \infty)$. Genaueres beweisen wir in folgendem Lemma:

Lemma 7.38

Es sei $d = d(n)$.

(i) Für große n gilt: $\frac{n}{d} < p^{-\frac{d}{2}} < n$

(ii) $d(n) = 2 \log_{\frac{1}{p}} n + \mathcal{O}(\log \log n)$.

Beweis Nach Definition von d ist

$$\log\left(\binom{n}{d} p^{\binom{d}{2}}\right) = \log \binom{n}{d} + (d-1)\frac{d}{2} \log p \geq \log \log n.$$

Wir nehmen zunächst an, dass $p^{-\frac{d}{2}} \geq n$ ist, also $p^{\frac{d}{2}} \leq \frac{1}{n}, d \geq 2 \log_{\frac{1}{p}} n = 2 \frac{\log n}{\log \frac{1}{p}}$.

$$\log\left(\binom{n}{d}p^{\binom{d}{2}}\right) = \log\binom{n}{d} + (d-1)\frac{d}{2}\log p \le \log\binom{n}{d} - (d-1)\log n.$$

Mit der Abschätzung aus Korollar 10.9 kann dies weiter nach oben abgeschätzt werden durch

$$d\log n + d - \left(d+\frac{1}{2}\right)\log d - (d-1)\log n = \log n + d - \left(d+\frac{1}{2}\right)\log d.$$

Wegen $d \ge c\log n$ mit einer Konstanten $c > 0$ strebt dieser Ausdruck gegen $-\infty$, nach Wahl von d müsste er aber größer als $\log\log n$ sein, ein Widerspruch!

Wir können also davon ausgehen, dass $d < 2\log_{\frac{1}{p}} n$ ist.

Nun nehmen wir an, dass $p^{-\frac{d}{2}} < \frac{n}{d}$ ist und damit

$$-\frac{d}{2}\log p < \log n - \log d.$$

Nach Wahl von d ist

$$\log\left(\binom{n}{d+1}p^{\binom{d+1}{2}}\right) < \log\log n.$$

Mit Korollar 10.9 schätzen wir diesmal in der anderen Richtung ab:

$$\log\left(\binom{n}{d+1}p^{\binom{d+1}{2}}\right)$$
$$> (d+1)\log n + (d+1)\log 2 - \left(d+\frac{3}{2}\right)\log(d+1) + (d+1)\frac{d}{2}\log p - \mathcal{O}(1).$$

Zunächst sieht man, dass $d > \log_{\frac{1}{p}} n$ gelten muss:

Andernfalls wäre $\frac{d}{2}\log p \ge -\frac{1}{2}\log n$ und damit:

$$\log\left(\binom{n}{d+1}p^{\binom{d+1}{2}}\right) > \frac{d+1}{2}\log n + (d+1)\log 2 - \left(d+\frac{3}{2}\right)\log(d+1) - \mathcal{O}(1).$$

Dieser Ausdruck wächst wie $(\log n)^2$, ist für große n daher größer als $\log\log n$, ein Widerspruch.

Nach unserer Annahme ist

$$(d+1)\frac{d}{2}\log p \ge (d+1)(\log d - \log n),$$

also

$$\log \binom{n}{d+1} p^{\binom{d+1}{2}} > (d+1)\log d + (d+1)\log 2 - \left(d + \frac{3}{2}\right)\log(d+1) - \mathcal{O}(1)$$

$$= (d+1)\log 2 - \frac{1}{2}\log(d+1) - \underbrace{(d+1)\log\left(\frac{d+1}{d}\right)}_{<2} - \mathcal{O}(1)$$

$$= (d+1)\log 2 - \mathcal{O}(\log\log n) > \log\log n,$$

weil wir bereits wissen, dass $d > \log_{\frac{1}{p}} n$ ist.

Punkt (i) des Lemmas ist mit diesem Widerspruch bewiesen.

Punkt (ii) folgt sofort aus Punkt (i):

$$d(n) \le 2\log_{\frac{1}{p}} n$$

$$d(n) \ge 2\left(\log_{\frac{1}{p}} n - \log_{\frac{1}{p}} d\right) = 2\log_{\frac{1}{p}} n - \mathcal{O}(\log\log n)$$

$\square$

Beweis des Satzes:

Wir zeigen:

(1) $P\big(X_{d(n)+2} > 0\big) \;\to\; 0 \;\; (n \to \infty)$

(2) $P\big(X_{d(n)} > 0\big) \;\to\; 1 \;\; (n \to \infty)$

Zu (1):

Wegen $\mathrm{E}(X_{d+1}) < \log n$ folgt

$$\mathrm{E}(X_{d+2}) = \frac{n-d-1}{d+2} p^{d+1}\,\mathrm{E}(X_{d+1}) < \frac{n-d-1}{d+2}\left(p^{\frac{d}{2}}\right)^2 \log n$$

$$< \frac{n-d-1}{d+2}\left(\frac{d}{n}\right)^2 \log n \;\to\; 0 \;\; (n \to \infty).$$

Die Zufallsvariable X_{d+2} nimmt nur Werte in $\{0, 1, 2, 3, \dots\}$ an, also

$$\mathrm{E}(X_{d+2}) = \sum_{i \ge 1} i\, P(X_{d+2} = i) \ge \sum_{i \ge 1} P(X_{d+2} = i) = P(X_{d+2} > 0).$$

Daraus folgt (1).

Zu (2):

Wir setzen $\mu_d := \mathrm{E}(X_d)$ und $\sigma_d := \sigma(X_d) = \sqrt{\mathrm{Var}(X_d)}$.

Nach der Chebychev-Ungleichung ist:

$$P(X_d = 0) \le P(|X_d - \mu_d| \ge \mu_d) \le \frac{\sigma_d^2}{\mu_d^2}.$$

Es genügt also zu zeigen, dass

$$\frac{\sigma_d}{\mu_d} \;\to\; 0 \;\; (n \to \infty)\,.$$

Wir berechnen $\mathrm{E}(X_d^2)$:

$$\mathrm{E}(X_d^2) = \sum_{U,W \in \binom{V}{d}} \mathrm{E}(Y_U Y_W) = \sum_{l=0}^{d} \sum_{\substack{U,W \in \binom{V}{d} \\ |U \cap W| = l}} \mathrm{E}(Y_U Y_W)\,.$$

Die Vereinigung zweier Cliquen U und W der Größe d, die genau l Punkte gemeinsam haben, hat genau $2\binom{d}{2} - \binom{l}{2}$ Kanten. Damit ist

$$\mathrm{E}(Y_U Y_W) = p^{2\binom{d}{2} - \binom{l}{2}}\,.$$

Dabei gibt es $\binom{n}{d}$ Möglichkeiten, die Menge U auszuwählen. Liegt U fest, so kann man auf $\binom{d}{l}$ Weisen, den Durchschnitt $U \cap W$ auswählen und auf $\binom{n-d}{d-l}$ Weisen zu einer Menge W ergänzen. Damit folgt:

$$\mathrm{E}(X_d^2) = \sum_{l=0}^{d} \sum_{\substack{U,W \in \binom{V}{d} \\ |U \cap W| = l}} p^{2\binom{d}{2} - \binom{l}{2}} = \sum_{l=0}^{d} \binom{n}{d}\binom{d}{l}\binom{n-d}{d-l} p^{2\binom{d}{2} - \binom{l}{2}}$$

$$= \binom{n}{d} p^{2\binom{d}{2}} \sum_{l=0}^{d} \binom{d}{l}\binom{n-d}{d-l} p^{-\binom{l}{2}}\,.$$

Es ist

$$\mu_d^2 = \left(\binom{n}{d} p^{\binom{d}{2}} \right)^2 = \binom{n}{d}^2 p^{2\binom{d}{2}}\,,$$

also

$$\frac{\sigma_d^2}{\mu_d^2} = \frac{\mathrm{E}(X_d^2) - \mu_d^2}{\mu_d^2} = \frac{\binom{n}{d} p^{2\binom{d}{2}} \sum_l \binom{d}{l}\binom{n-d}{d-l} p^{-\binom{l}{2}} - \binom{n}{d}^2 p^{2\binom{d}{2}}}{\binom{n}{d}^2 p^{2\binom{d}{2}}}$$

$$= \frac{\sum_{l=0}^{d} \binom{d}{l}\binom{n-d}{d-l} \left(p^{-\binom{l}{2}} - 1 \right)}{\binom{n}{d}} \leq \binom{n}{d}^{-1} \sum_{l=2}^{d} \binom{d}{l}\binom{n-d}{d-l} p^{-\binom{l}{2}}$$

$$= \sum_{l=2}^{d} \frac{d!^2}{l!\,(d-l)!^2} \underbrace{\frac{(n-d)(n-d-1)\cdots(n-2d+l+1)}{n(n-1)\cdots(n-d+1)}}_{A(n,d,l)} p^{-\binom{l}{2}}\,.$$

Wir schätzen $A(n, d, l)$ nach oben ab:

$$A(n, d, l) = \frac{(n - d + l)\,(n - d + l - 1) \cdots (n - 2d + l + 1)}{[n\,(n - 1) \cdots (n - d + 1)] \cdot [(n - d + 1)\,(n - d + 2) \cdots (n - d + l)]}$$

$$< \frac{1}{n - d + 1} \cdot \frac{1}{n - d + 2} \cdots \frac{1}{n - d + l}$$

Ferner gilt:

$$(n - d + 1)\,(n - d + 2) \cdots (n - d + l) = n^l \left(1 - \frac{d - 1}{n}\right)\left(1 - \frac{d - 2}{n}\right) \cdots \left(1 - \frac{d - l}{n}\right)$$

$$> n^l \left(1 - \frac{d - 1}{n}\right)^l > n^l \left(1 - l\,\frac{d - 1}{n}\right) > \frac{1}{2} n^l$$

für große n, da $l \le d = \mathcal{O}(\log n)$, also

$$\sum_{l=2}^{d} \frac{d!^2}{l!\,(d - l)!^2} A(n, d, l)\, p^{-\binom{l}{2}} < 2 \sum_{l=2}^{d} \frac{d!^2}{l!\,(d - l)!^2} n^{-l} p^{-\binom{l}{2}} =: 2 \sum_{l=2}^{d} \varepsilon_l.$$

Die Zahlen $\varepsilon_2, \varepsilon_3, \ldots, \varepsilon_d$ sind zuerst monoton fallend und dann steigend:
Es ist

$$\frac{\varepsilon_l}{\varepsilon_{l+1}} = \frac{(l + 1)\,np^l}{(d - l)^2}.$$

Aus $p^{-\frac{d}{2}} < n$ ergibt sich $p^{\alpha d} > \frac{1}{n^{2\alpha}}$ für alle $\alpha < \frac{1}{2}$.
Fixieren wir ein solches α, so ist im Bereich $l < \alpha d$

$$\frac{\varepsilon_l}{\varepsilon_{l+1}} > \frac{n^{1-2\alpha}}{d^2} \to \infty \;\; (n \to \infty),$$

also sicher $\frac{\varepsilon_l}{\varepsilon_{l+1}} > 1$.
Ist andererseits $\beta > \frac{1}{2}$ fest, so haben wir für $d > l > \beta d$

$$p^l < p^{\beta d} = \left(p^d\right)^\beta < \left(\frac{d}{n}\right)^{2\beta},$$

also

$$\frac{(l + 1)\,np^l}{(d - l)^2} < dn \left(\frac{d}{n}\right)^{2\beta} = \frac{d^{1+2\beta}}{n^{2\beta-1}} < 1,$$

falls n hinreichend groß ist.

Ist andererseits für ein l mit $\alpha d \leq l \leq \beta d$ die Ungleichung $\frac{\varepsilon_l}{\varepsilon_{l+1}} < 1$ erfüllt, so folgt:

$$\frac{\varepsilon_{l+1}}{\varepsilon_{l+2}} = \frac{(l+2)\,np^{l+1}}{(d-l-1)^2} = \underbrace{\frac{(l+1)\,np^l}{(d-l)^2}}_{<1}\, p\,\frac{l+2}{l+1}\,\frac{(d-l)^2}{(d-l-1)^2} < 1,$$

falls $p\left(1 + \frac{1}{l+1}\right) < \left(1 - \frac{1}{d-l}\right)^2.$

Dies ist für große n sicherlich richtig. Wir können also abschätzen:

$$\varepsilon_l \leq \varepsilon_3 + \varepsilon_{d-1} \text{ für } 3 \leq l \leq d-1, \text{ also } \frac{\sigma_d^2}{\mu_d^2} \leq 2\,(\varepsilon_2 + \varepsilon_d) + 2d\,(\varepsilon_3 + \varepsilon_{d-1}),$$

$$2\varepsilon_2 = 2\,\frac{d!^2}{2!\,(d-2)!^2}\,n^{-2}p^{-1} \leq d^4 n^{-2} p^{-1} < n^{-1},$$

$$2d\varepsilon_3 \leq 2d\,\frac{1}{6}d^6 n^{-3} p^{-3} < n^{-2},$$

$$2\varepsilon_d = 2\,\frac{d!}{n^d}\,p^{-\binom{d}{2}} \leq \frac{2}{\binom{n}{d}\,p^{\binom{d}{2}}} = \frac{2}{\mu_d} \leq \frac{2}{\log n},$$

$$2d\varepsilon_{d-1} \leq 2d\,\frac{dnp^{d-1}}{1^2}\,\varepsilon_d \leq 2d^2 np^{-1}\left(\frac{d}{n}\right)^2 \varepsilon_d < n^{-\frac{1}{2}},$$

für große n. Das strebt alles gegen Null. $\qquad\square$

7.3 Das Lovász-Local-Lemma

Die Existenzbeweise mit der probabilistischen Methode laufen stets darauf hinaus, zu zeigen, dass eine bestimmte Wahrscheinlichkeit positiv ist und das entsprechende Ereignis deshalb nicht leer. Dies gelingt z. B. immer dann, wenn das betrachtete Ereignis A als Durchschnitt einer Familie unabhängiger Ereignisse geschrieben werden kann, die alle positive Wahrscheinlichkeit haben:

$$A = \bigcap_{i=1}^{n} A_i, \ (A_i)_{i=1}^{n} \text{ stoch. unabhängig} \Rightarrow P(A) = \prod_{i=1}^{n} P(A_i),$$

also auch:

$$P(A_i) > 0 \text{ für alle } i \ \Rightarrow P(A) > 0.$$

Es stellt sich die Frage, ob im Falle „sehr begrenzter", eben „lokaler", Abhängigkeit unter den A_i dennoch etwas von der Schlussweise gerettet werden kann. Etwas konkreter betrachten wir einen Hypergraphen $H = (V, \mathcal{F})$, $|e| \geq k$ für alle $e \in \mathcal{F}$. Für eine zufällige Färbung von V und $e \in \mathcal{F}$ bezeichne A_e das Ereignis, dass die Kante e monochromatisch ist. Um zu zeigen, dass H 2-färbbar ist, können wir versuchen, zu zeigen, dass $P\left(\bigcap_{e \in \mathcal{F}} \overline{A_e}\right) > 0$ ist. Nun sind die Ereignisse $(A_e)_{e \in \mathcal{F}}$ aber nicht stochastisch unabhängig. Allerdings ist A_e unabhängig von $\{A_f \mid e \cap f = \emptyset\}$ in dem folgenden Sinn:

$P(A_e) = P(A_e \mid B)$ für jedes B aus der durch $\{A_f \mid e \cap f = \emptyset\}$ erzeugten σ-Algebra. Angenommen, jedes A_e hat nur mit wenigen A_f einen nicht leeren Schnitt – kann man dann die 2-Färbbarkeit nachweisen?

Zunächst präzisieren wir den hier verwendeten Unabhängigkeitsbegriff:

Definition 7.39
Es seien $A, A_1, A_2, \ldots, A_m$ Ereignisse eines Wahrscheinlichkeitsraums. A heißt *unabhängig von* $A_1, A_2, \ldots, A_m$, falls für je zwei disjunkte Teilmengen $I, J \subset \{1, 2, \ldots, m\}$ gilt:

$$P\left(A \cap \bigcap_{i \in I} A_i \cap \bigcap_{j \in J} \overline{A_j}\right) = P(A)\, P\left(\bigcap_{i \in I} A_i \cap \bigcap_{j \in J} \overline{A_j}\right).$$

Eine äquivalente Bedingung ist:

$$P(A \cap B) = P(A)\, P(B)$$

für jedes B aus der von $A_1, A_2, \ldots, A_m$ erzeugten σ-Algebra.

Satz 7.40 (Local Lemma, Erdös-Lovász 1975 ,[38])
Es seien $A_1, \ldots, A_n$ Ereignisse eines Wahrscheinlichkeitsraums. Für jedes Ereignis A_i sei $N(i) \subseteq \{1, 2, \ldots, n\}$, sodass A_i unabhängig von $\{A_j \mid j \in N(i)\}$ ist.

Angenommen es existieren reelle Zahlen $x_i \in [0, 1)$ mit

$$P(A_i) \leq x_i \prod_{j \notin N(i)} (1 - x_j), \ 1 \leq i \leq n.$$

Dann gilt:

$$P\left(\bigcap_{i=1}^{n} \overline{A_i}\right) \geq \prod_{i=1}^{n} (1 - x_i) > 0.$$

Beweis Für $S \subseteq \{1, 2, \ldots, n\}$ setzen wir: $\pi(S) := P\left(\bigcap_{i \in S} \overline{A_i}\right)$ mit $\pi(\emptyset) = 1$. Wir zeigen durch Induktion nach $s := |S|$:

$$\pi(S) \geq \pi(S \setminus \{i\})(1 - x_i) > 0 \quad \text{für alle } i \in S. \tag{7.2}$$

Für $s = 1$, $S = \{i\}$ gilt:

$$\pi(S) = P\left(\overline{A_i}\right) = 1 - P(A_i) \geq 1 - x_i \prod_{j \notin N(i)} (1 - x_j) \geq 1 - x_i = \pi(\emptyset)(1 - x_i).$$

Es sei nun $s > 1$, $|S| = s$, $i \in S$ und $S \setminus (N(i) \cup \{i\}) = \{j_1, \ldots, j_r\}$. Dann gilt:

$$\pi(S) = \pi(S \setminus \{i\}) - P\left(A_i \cap \bigcap_{j \in S \setminus \{i\}} \overline{A_j}\right) \geq \pi(S \setminus \{i\}) - P\left(A_i \cap \bigcap_{j \in (S \setminus \{i\}) \cap N(i))} \overline{A_j}\right)$$

$$= \pi(S \setminus \{i\}) - P(A_i)\, \pi((S \setminus \{i\}) \cap N(i)).$$

Hier sind die erste Gleichung und die Ungleichung trivial, die zweite Gleichung benutzt, dass A_i unabhängig von $\{A_j \mid j \in (S \setminus \{i\}) \cap N(i))\}$ ist. Wir setzen $T_i := (S \setminus \{i\}) \cap N(i))$. Dann ist $T_i \cup \{j_1, j_2, \ldots, j_r\} = S \setminus \{i\}$ und wir erhalten:

$$\pi(T_i) = \frac{\pi(T_i)}{\pi(T_i \cup \{j_1\})} \cdot \frac{\pi(T_i \cup \{j_1\})}{\pi(T_i \cup \{j_1, j_2\})} \cdots \frac{\pi(T_i \cup \{j_1, j_2, \ldots, j_{r-1}\})}{\pi(T_i \cup \{j_1, j_2, \ldots, j_r\})} \cdot \pi(S \setminus \{i\}).$$

Nach Induktionsvoraussetzung sind alle Faktoren auf der rechten Seite dieser Gleichung positiv und können nach oben abgeschätzt werden durch das Produkt

$$\frac{1}{1 - x_{j_1}} \cdot \frac{1}{1 - x_{j_2}} \cdot \frac{1}{1 - x_{j_r}} \cdot \pi(S \setminus \{i\}).$$

Wegen $\{j_1, \ldots, j_r\} \cap N(i) = \emptyset$ ist nach Voraussetzung

$$P(A_i) \prod_{t=1}^{r} \frac{1}{1 - x_{j_t}} \leq x_i \prod_{j \notin N(i)} (1 - x_j) \prod_{t=1}^{r} \frac{1}{1 - x_{j_t}} \leq x_i.$$

Zusammenfassend erhalten wir:

$$\pi(S) \geq \pi(S \setminus \{i\}) - P(A_i)\, P(T_i) \geq \pi(S \setminus \{i\}) \left(1 - P(A_i) \prod_{t=1}^{r} \frac{1}{1 - x_{j_t}}\right)$$

$$\geq \pi(S \setminus \{i\})(1 - x_i).$$

Damit ist die Induktion abgeschlossen.

Die Behauptung folgt nun durch sukzessive Anwendung von (7.2):

$$P\left(\bigcap_{i=1}^{n} \overline{A_i}\right) = \pi(\{1, \ldots, n\}) = \frac{\pi(\{1, \ldots, n\})}{\pi(\{1, \ldots, n-1\})} \frac{\pi(\{1, \ldots, n-1\})}{\pi(\{1, \ldots, n-2\})} \cdots \frac{\pi(\{1\})}{\pi(\emptyset)}$$

$$\geq (1 - x_n)(1 - x_{n-1}) \cdots (1 - x_1).$$

$\square$

Die meisten Anwendungen benutzen das folgende Korollar:

Korollar 7.41

Es seien $A_1, \ldots, A_n$ Ereignisse in einem Wahrscheinlichkeitsraum und jedes A_i sei unabhängig von $\{A_j \mid j \in N(i)\}$ mit $|N(i)| \geq n - d$ für ein festes d und alle $1 \leq i \leq n$.

Ferner sei $P(A_i) \leq p$ für alle i und $ep(d + 1) \leq 1$. Dann ist

$$P\left(\bigcap_{i=1}^{n} \overline{A_i}\right) > 0.$$

Hier bezeichnet e die Euler'sche Zahl.

Beweis Für $d = 0$ ist die Aussage trivial.

Ist $d > 0$, so wählen wir im vorigen Satz $x_i := \frac{1}{d+1} < 1$ für alle i. Dann ist zu zeigen, dass

$$P(A_i) = p \leq x_i \prod_{j \notin N(i)} (1 - x_j) \leq \frac{1}{d+1} \left(1 - \frac{1}{d+1}\right)^d$$

gilt.

Wegen $ep(d + 1) \leq 1$ genügt es also, zu zeigen, dass $\left(1 - \frac{1}{d+1}\right)^d \geq \frac{1}{e}$ ist.

Bekanntlich ist $1 + \frac{1}{d} < e^{\frac{1}{d}}$, also $\left(\frac{d+1}{d}\right)^d < e$, $\left(\frac{d}{d+1}\right)^d > \frac{1}{e}$. $\square$

7.3.1 2-Färbbarkeit von Hypergraphen

Mit dem Local Lemma erhalten wir eine „lokale" hinreichende Bedingung für die 2-Färbbarkeit gewisser Hypergraphen.

Satz 7.42

Es sei $H = (V, \mathcal{F})$ ein Hypergraph mit $|f| \geq k$ für alle $f \in \mathcal{F}$. Angenommen, jede Kante $f \in \mathcal{F}$ schneide höchstens d andere Kanten, und es gelte $e\,(d+1) \leq 2^{k-1}$.

Dann ist H 2-färbbar.

Beweis Wir färben die Elemente von V zufällig und unabhängig mit Wahrscheinlichkeit $\frac{1}{2}$.

A_f bezeichne das Ereignis, dass f monochromatisch wird.

Dann ist $P(A_f) = 2\frac{1}{2^{|f|}} \leq \frac{1}{2^{k-1}}$.

Außerdem ist A_f unabhängig von $\{A_e \mid e \cap f = \emptyset\}$.

Mit Korollar 7.41 folgt:

$$P(H \text{ monochromatisch}) = P\left(\bigcap_{f \in \mathcal{F}} \overline{A_f}\right) > 0,$$

falls $e\,(d+1)\,\frac{1}{2^{k-1}} \leq 1$. $\qquad\square$

7.3.2 Ramsey-Zahlen

Wenden wir nun das Local Lemma auf die Abschätzung der Ramsey-Zahlen $R(k, k)$ an:

Wie üblich betrachten wir eine zufällige 2-Färbung der Kanten des K_n.

Für $S \subseteq V(K_n)$ sei A_S das Ereignis, dass der von S induzierte Teilgraph monochromatisch ist. Mit $|S| = k$ ist dann

$$P(A_S) = 2^{1-\binom{k}{2}}.$$

Ferner ist A_S unabhängig von

$$\{A_T \mid |S \cap T| \leq 1\}.$$

Wir können also die Zahl d aus dem Local Lemma nach oben durch $\binom{k}{2}\binom{n-2}{k-2}$ abschätzen. (Warum?)

Satz 7.43

Falls $e\binom{k}{2}\binom{n-2}{k-2}2^{1-\binom{k}{2}} < 1$, so ist

$$R(k, k) > n.$$

Genauere asymptotische Analyse dieser Bedingung zeigt, dass $R(k, k) > \frac{\sqrt{2}}{e}(1 + o(1))\,k2^{\frac{k}{2}}$ ist, eine Verbesserung gegenüber dem früher Gezeigten um den Faktor 2.

7.3.3　„Graph Labelling"-Probleme

Dies ist eine Klasse von Problemen, die seit einigen Jahrzehnten untersucht werden.

Am bekanntesten ist wahrscheinlich die „Graceful Tree Conjecture" von G. Ringel:

Vermutung 7.44

Gegeben sei ein Baum mit n Punkten.

Kann man die Zahlen $1, 2, \ldots, n$ so den Punkten zuordnen, dass jede der Zahlen $1, \ldots, n - 1$ als Kantendifferenz auftritt?

Eine solche Zuordnung heißt ein *graceful labelling*.

Vermutlich ist die Antwort auf diese Frage „Ja".

Ein anderes Labelling-Problem geht aus von der Beobachtung, dass jeder Graph mindestens zwei Ecken gleichen Grades besitzt (Abb. 7.2):

Als Grade kommen nur die Zahlen $0, 1, \ldots, n - 1$ in Frage und die Grade 0 und $n - 1$ schließen sich aus!

Ordnet man nun den Kanten Gewichte aus $\{1, \ldots, m\}$ zu, etwa durch eine Funktion $w : E(G) \to \{1, \ldots, s\}$, so kann man den *verallgemeinerten Grad* definieren als

$$w(v) := \sum_{e:e \text{ inzidiert mit } v} w(e).$$

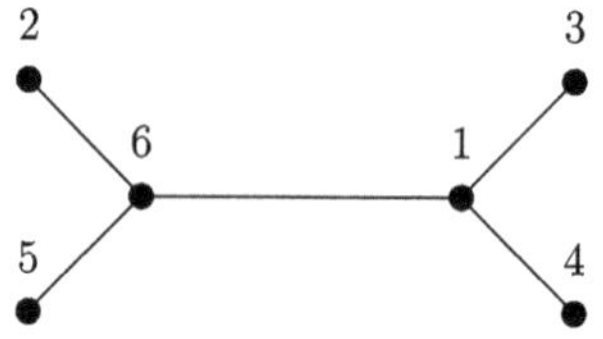

Abb. 7.2 Ein *graceful labelling*

w heißt *zulässig*, falls alle $w(v)$ verschieden sind. Die kleinste Zahl s, sodass ein zulässiges Labelling existiert, heißt die *Irregularitätszahl* $s(G)$ von G.

Sie existiert genau dann, wenn G keine isolierte Kante und höchstens eine isolierte Ecke enthält.

Wir betrachten hier die folgende Variante dieses Problems [2]:

Was ist die kleinste Zahl r, sodass ein zulässiges Labelling $w : E(G) \to \mathbb{N}$ existiert mit

$$|w(E(G))| = r,$$

d. h. die Anzahl der verschiedenen durch das Labelling benutzten Zahlen soll minimiert werden. Das Problem lässt sich auf ein Kantenfärbungsproblem wie folgt zurückführen:

Es bezeichne $St(v)$ die Menge der mit v inzidenten Kanten. Für ein $w : E(G) \to \mathbb{N}$ sei $M(v)$ die Multimenge der Bilder von Kanten aus $St(v)$.

Ist das Labelling zulässig, so gilt offenbar $M(u) \neq M(v)$ für alle $u \neq v$.

Nehmen wir andererseits an, dass eine Färbung der Kanten von G vorliegt, wobei die Farbenmenge $\{a, b, c, \dots\}$ Kardinalität r hat, und bezeichnen wieder mit $M(v)$ die Multimenge der Farben der Kanten aus $St(v)$. Dann können wir auch eine zulässige Gewichtung mit r Zahlen konstruieren, indem wie die Farben $a, b, \dots$ durch Zahlen ersetzen, die weit genug von einander entfernt sind. (z. B. $a = 1$, $b > n$, $c > nb,\dots$)

Wir erhalten also das Problem:

Was ist die Minimalzahl $c(G)$ von Farben, die man für die Kantenfärbung braucht, in der die Multimengen $M(v)$ ($v \in V$) alle verschieden sind?

Wir untersuchen jetzt die Größenordnung von $c(G)$ für *k-reguläre* Graphen. ($k \geq 2$ fest, $n \to \infty$)

Die Anzahl der k-Multimengen einer c-elementigen Menge ist $\binom{c+k-1}{k}$.

Daraus folgt: Für $c = c(G)$ muss gelten:

$$\binom{c + k - 1}{k} \geq n,$$

also

$$c(G) \geq C_1 n^{\frac{1}{k}},$$

wobei C_1 eine Konstante ist, die von k abhängt.

Für eine obere Schranke benutzen wir das Local Lemma, um zu zeigen, dass

$$c(G) \leq C_2 n^{\frac{1}{k}}$$

für eine Konstante C_2 gilt.

Wir betrachten zufällige Färbungen der Menge $E(G)$ mit c Farben. Für ein Punktepaar $p = \{u, v\}$ sei A_p das Ereignis $M(u) = M(v)$.

> **Lemma 7.45**
> Es sei $p = \{u, v\}$, dann gilt
>
> (i) $uv \notin E(G) \Rightarrow P\left(A_p\right) \leq \frac{k!}{c^k}$
> (ii) $uv \in E(G) \Rightarrow P\left(A_p\right) \leq \frac{(k-1)!}{c^{k-1}}$

(i) Es sei $St(u) = \{e_1, \ldots, e_k\}$. Es gibt $k!$ Bijektionen von $St(u)$ auf $St(v)$. Für eine Bijektion ϕ ist die Wahrscheinlichkeit, dass $g(e_i) = g(\phi(e_i))$, $1 \leq i \leq k$, gilt, genau $\frac{1}{c^k}$. Daraus ergibt sich (i).

(ii) Analog.

Ein Ereignis A_p ist unabhängig von $N(p) := \{A_q \mid p \cap q = \emptyset \text{ und } d_G(p, q) > 1\}$.
Wir setzen $x_p := e P\left(A_p\right)$.
Dann gilt die Ungleichung

$$P\left(A_p\right) \leq e P\left(A_p\right) \prod_{q \notin N(p)} \left(1 - e P\left(A_q\right)\right)$$

g.d.w.

$$1 \leq e \prod_{q \notin N(p)} \left(1 - e P\left(A_q\right)\right).$$

Für ein Paar $p = \{u, v\}$ sei $M := \{w \in G \mid d_G(p, \{w\}) \leq 1\}$. Weil G k-regulär ist, gilt $|M| \leq 2k + 2$. Ein Paar $q = \{x, y\}$ gehört genau dann nicht zu $N(p)$, wenn x oder y zu M gehören. Die Anzahl solcher q's ist damit höchstens $2k + 2k(k-1) = 2k^2$, falls x und y in G verbunden sind, und andernfalls höchstens $(2k + 2)n$.
Damit gilt

$$1 \leq e \prod_{q \notin N(p)} \left(1 - e P\left(A_q\right)\right),$$

falls

$$1 \leq e \left(1 - \frac{(k-1)!}{c^{k-1}} e\right)^{2k^2} \left(1 - \frac{k!}{c^k} e\right)^{(2k+2)n}.$$

Wir benutzen: $(1 - x)^{\frac{1}{x} - 1} > e^{-1}$ $(0 < x < 1)$.
Dann gilt für $y > 0$:

$$(1 - x)^y = (1 - x)^{\left(\frac{1}{x} - 1\right) \frac{x}{1-x} y} > e^{-\frac{x}{1-x} y}.$$

Mit $x := e\frac{(k-1)!}{c^{k-1}}$, $x' := e\frac{k!}{c^k}$ erhalten wir:

$$1 \leq e\left(1 - \frac{(k-1)!}{c^{k-1}}e\right)^{2k^2}\left(1 - \frac{k!}{c^k}e\right)^{(2k+2)n},$$

falls

$$1 \leq ee^{-\frac{x}{1-x}2k^2}e^{-\frac{x'}{1-x'}(2k+2)n},$$

also falls

$$\frac{x}{1-x}2k^2 + \frac{x'}{1-x'}(2k+2)n \leq 1.$$

Für große n dominiert der zweite Summand den ersten. Die Ungleichung gilt dann, falls $2\frac{x'}{1-x'}(2k+1)n \leq 1$ bzw.

$$2e\frac{k!}{c^k - ek!}(2k+2)n \leq 1,$$

$$4e(k+1)!n \leq c^k - ek!,$$

$$c^k \geq 4e(k+1)!n + ek!$$

Dies gilt sicher, falls $c^k \geq 5e(k+1)!n$.
  Daraus folgt nun für große n:

$$c(G) \leq (5e(k+1)!)^{\frac{1}{k}} \cdot n^{\frac{1}{k}}. \qquad \square$$

7.4 Martingale

7.4.1 Grundlegende Eigenschaften und die Ungleichung von Azuma

In diesem Abschnitt setzen wir etwas mehr Wahrscheinlichkeitstheorie voraus als bisher. Zentral für die Anwendungen in der Diskreten Mathematik ist die Ungleichung von Azuma (7.54).

Definition 7.46
Es sei eine aufsteigende Folge von σ-Algebren gegeben: $(\mathfrak{A}_n)_{n=0}^{\infty}$, $\mathfrak{A}_n \subseteq \mathfrak{A}_{n+1}$
für alle n, die alle in einer σ-Algebra $\mathfrak{A}$ enthalten sind:

$$\mathfrak{A}_n \subseteq \mathfrak{A} \text{ für alle } n \in \mathbb{N}.$$

Eine Folge von Zufallsvariablen $(X_n)_{n=0}^{\infty}$ heißt ein *Martingal*, falls gilt:

(i) Jedes X_n ist $\mathfrak{A}_n$-messbar,
(ii) $\mathrm{E}(|X_n|) < \infty$,
(iii) $\mathrm{E}(X_{n+1} \mid \mathfrak{A}_n) = X_n$ für alle $n \in \mathbb{N}$.

Bemerkung 7.47
Nach der Definition bedingter Erwartungswerte ist (iii) äquivalent zu

(iii)' $\int_A X_n \, \mathrm{d}P = \int_A X_m \, \mathrm{d}P$ für alle $m < n$, $A \in \mathfrak{A}_m$,

[bzw.]

(iii)'' $\mathrm{E}(X_n Z) = \mathrm{E}(X_m Z)$ für alle beschränkten, $\mathfrak{A}_m$-messbaren Funktionen $Z \geq 0$.

Die von den Zufallsvariablen $X_1, X_2, \ldots, X_n$ erzeugte σ-Algebra bezeichnen wir
mit $\mathfrak{A}(X_1, X_2, \ldots, X_n)$.
  Statt $\mathrm{E}(Y \mid \mathfrak{A}(X_1, X_2, \ldots, X_n))$ schreiben wir einfach $\mathrm{E}(Y \mid X_1, X_2, \ldots, X_n)$.
  Bei den Martingalen unserer Anwendungen ist meist $\mathfrak{A}_n = \mathfrak{A}(X_n)$ und die σ-
Algebren werden nicht mehr explizit erwähnt.
  Aus (iii) folgt:

$$\mathrm{E}(X_n) = \mathrm{E}\big[\mathrm{E}(X_{n+1} \mid \mathfrak{A}_n)\big] = \mathrm{E}(X_{n+1}),$$

also haben alle X_n den gleichen Erwartungswert.
  Ist Z eine beschränkte, $\mathfrak{A}_n$-messbare Zufallsvariable, so gilt für alle $A \in \mathfrak{A}_n$ und
$k \geq 1$:

$$\int_A Z X_{n+k} \, \mathrm{d}P = \int (\mathrm{I}_A Z) X_{n+k} \, \mathrm{d}P = \int (\mathrm{I}_A Z) X_{n+k-1} \, \mathrm{d}P = \cdots = \int (\mathrm{I}_A Z) X_n \, \mathrm{d}P$$

$$= \int_A Z X_n \, \mathrm{d}P.$$

Es gilt also:

Lemma 7.48
Für alle $k \geq 1$ gilt:

$$\mathrm{E}(Z \cdot X_{n+k} \mid \mathfrak{A}_n) = Z \cdot X_n.$$

7.4.2 Beispiele

Beispiel 1

Satz 7.49
Es sei $X_0, X_1, \ldots, X_n, \ldots$ eine Folge stochastisch unabhängiger und zentrierter Zufallsvariablen (d. h. $\mathrm{E}(X_i) = 0, i \geq 0$). Ferner sei $S_n := \sum_{i=0}^{n} X_i$. Dann ist $(S_n)_{n=0}^{\infty}$ ein Martingal.

Beweis Wir müssen zeigen:

$$\mathrm{E}(S_{n+1} \mid S_1, \ldots, S_n) = S_n \text{ (fast sicher)}.$$

Für $j \leq n$ wissen wir:

$$\mathrm{E}(X_j \mid S_1, \ldots, S_n) = \mathrm{E}(X_j \mid X_1, \ldots, X_n) = X_j.$$

Aber X_{n+1} ist von $S_1, \ldots, S_n$ unabhängig, also

$$\mathrm{E}(X_{n+1} \mid S_1, \ldots, S_n) = \mathrm{E}(X_{n+1}) = 0.$$

Durch Addition dieser Gleichungen folgt die Behauptung:

$$\begin{aligned}
\mathrm{E}(S_{n+1} \mid S_1, \ldots, S_n) &= \mathrm{E}\left(\sum_{n=0}^{n+1} X_j \;\middle|\; S_1, \ldots, S_n\right) \\
&= \sum_{j=0}^{n+1} \mathrm{E}(X_j \mid S_1, \ldots, S_n) \\
&= \sum_{j=0}^{n} X_j \\
&= S_n
\end{aligned}$$

$\square$

Interpretation: Ist X_n der Gewinn eines Spielers beim n-ten Spiel, so ist S_n sein Vermögen nach n Spielen. Die Martingal-Bedingung $E(X_{n+1} \mid X_1, \ldots, X_n) = 0$ fast sicher bei $E(X_0) = 0$ bedeutet, dass das Spiel fair ist.

Beispiel 2

Satz 7.50

Ist $\mathfrak{A}_0 \subseteq \mathfrak{A}_1 \subseteq \cdots \subseteq \mathfrak{A}_n \subseteq \cdots \subseteq \mathfrak{A}$ eine aufsteigende Folge von σ-Algebren und $X : \Omega \to \Omega'$ $\mathfrak{A}$-messbar und integrierbar, so wird durch

$$X_n := E(X \mid \mathfrak{A}_n)$$

ein Martingal definiert.

Beweis X_n ist natürlich $\mathfrak{A}_n$-messbar und es gilt

$$
\begin{aligned}
E(X_{n+1} \mid \mathfrak{A}_n) &= E(E(X \mid \mathfrak{A}_{n+1}) \mid \mathfrak{A}_n) \\
&= E(X \mid \mathfrak{A}_n) = X_n \text{ fast sicher.}
\end{aligned}
$$

$\square$

Ist etwa $\mathfrak{A}_0 = \{\emptyset, \Omega\}$, so ist X_0 die konstante Funktion mit Wert $E(X)$ und enthält nur wenig Information über X. Mit zunehmender Verfeinerung der σ-Algebren $\mathfrak{A}_n$ enthalten die bedingten Erwartungswerte $X_n := E(X \mid \mathfrak{A}_n)$ dann mehr und mehr Information über X.

Beispiel 3

Wir betrachten den Wahrscheinlichkeitsraum $(\Omega, \mathfrak{A}, P)$ mit $\Omega = A^B = \{f \mid f : A \to B\}$, A, B endlich, $\mathfrak{A} = 2^\Omega$.

Für alle $(b, a) \in B \times A$ seien Zahlen $p(b, a) \geq 0$ gegeben mit $\sum_{a \in A} p(b, a) = 1$ für alle $b \in B$.

Dann sei

$$P(f) := \prod_{b \in B} p(b, f(b))$$

$$\text{und} \quad P(C) := \sum_{f \in C} p(f).$$

Offenbar ist P ein Wahrscheinlichkeitsmaß:

$$P(\Omega) = \sum_{f \in A^B} \prod_{b \in B} p(b, f(b))$$

$$= \prod_{b \in B} \left(\sum_{a \in A} p(b, a) \right) = 1.$$

Ferner sei eine Kette

$$\emptyset = B_0 \subset B_1 \subset \cdots \subset B_m = B$$

gegeben, sowie $X : A^B \to \mathbb{R}$. Definiert man

$$f \sim_i g :\Leftrightarrow f(b) = g(b) \quad \text{für alle } b \in B_i$$

so ist $\sim_i$ eine Äquivalenzrelation, deren Blöcke eine σ-Algebra $\mathfrak{A}_i$ erzeugen, und es gilt: $\mathfrak{A}_{i-1} \subseteq \mathfrak{A}_i$, $1 \leq i \leq m$.

Wir betrachten das Martingal $X_0, X_1, \ldots, X_m$ mit $X_i := \mathrm{E}(X \mid \mathfrak{A}_i)$ und nehmen an, dass X eine *Lipschitz-Bedingung* im folgenden Sinne erfüllt:

Für alle i gilt:

$$|X(f) - X(g)| \leq 1, \text{ falls } f(b) = g(b) \text{ für alle } b \notin B_{i+1} \backslash B_i.$$

Satz 7.51

Erfüllt X eine Lipschitz-Bedingung, so ist $|X_{i+1} - X_i| \leq 1$, $0 \leq i \leq m$.

Beweis Es sei o. B. d. A. $B := \{1, \ldots, r\}$, $A := \{1, \ldots, s\}$, $B_i := \{j \in B \mid j \leq b_i\}$ mit $0 = b_0 < b_1 < \cdots < b_m = r$.

Die Elemente von A^B schreiben wir dann als r-Tupel $(a_1, \ldots, a_r)$ mit $a_i \in A$, $1 \leq i \leq r$, wobei der Funktion f das r-Tupel $(f(1), f(2), \ldots, f(r))$ entspricht.

Für ein festes i und $f \in A^B$ betrachten wir nun $X_{i+1}(f)$ und $X_i(f)$:

Es sei:

$$C_i := \left\{ \tilde{f} \in A^B \;\middle|\; \tilde{f}|_{B_i} = f|_{B_i} \right\}$$

die $\sim_i$-Äquivalenzklasse, die f enthält. Dann ist

$$X_i(f) = \sum_{g \in C_i} X(g)\, P(g \mid C_i)$$

$$= \sum_{g \in C_i} X(g)\, \frac{p(g)}{P(C_i)}$$

$$= \sum_{g \in C_i} X(g) \prod_{j=b_i+1}^{r} p(j, g(j)) \,.$$

Mit $b_i = k < l = b_{i+1}$ ist also:

$$X_i(f) = \sum_{(a_{k+1},\dots,a_r)} X(g) \prod_{j=k+1}^{r} p(j, a_j) \,,$$

$$X_{i+1}(f) = \sum_{(a_{l+1},\dots,a_r)} X(g) \prod_{j=l+1}^{r} p(j, a_j) \,.$$

Damit ist (mit $f(j) = \overline{a}_j$)

$$|X_i(f) = X_{i+1}(f)|$$

$$= \left| \sum_{(a_{l+1},\dots,a_r)} \left[\sum_{(a_{k+1},\dots,a_l)} X(\overline{a}_1,\dots,\overline{a}_k, a_{k+1},\dots,a_r) \prod_{j=k+1}^{l} p(j, a_j) \right. \right.$$

$$\left. \left. - X(\overline{a}_1,\dots,\overline{a}_l, a_{l+1},\dots,a_r) \right] \cdot \prod_{j=l+1}^{r} p(j, a_j) \right|$$

$$\le \sum_{(a_{l+1},\dots,a_r)} \sum_{(a_{k+1},\dots,a_l)} \prod_{j=k+1}^{l} p(j, a_j)\, |X(\overline{a}_1,\dots,\overline{a}_k, a_{k+1},\dots,a_r)|$$

$$- X(\overline{a}_1,\dots,\overline{a}_l, a_{l+1},\dots,a_n) \prod_{j=l+1}^{r} p(j, a_j)$$

$$\le \sum_{(a_{k+1},\dots,a_r)} \prod_{j=k+1}^{r} p(j, a_j) = \prod_{j=k+1}^{r} \left(\sum_{a \in A} p(j, a) \right) = 1.$$

$\square$

Beispiel 4 (Edge Exposure und Vertex Exposure)

Wir betrachten Zufallsgraphen $G_{n,p}$.

In Anlehnung an das vorige Beispiel setzen wir $B := \binom{V}{2} = \{e_1, e_2, \dots, e_m\}$, $|V| = n$, $m = \binom{n}{2}$, $A := \{0, 1\}$, $B_i := \{e_1, \dots, e_i\}$.

Ein Zufallsgraph G kann als eine Funktion $f_G : B \to \{0, 1\} = A$ aufgefasst werden mit $f_G(e_i) = 1$ genau dann, wenn die Kante e_i zu G gehört. Setzen wir $p(e_i, 1) = p$ und $p(e_i, 0) = 1 - p = q$, $1 \le i \le m$, so sehen wir, dass es sich hier um einen Spezialfall des vorigen Beispiels handelt. Ist X eine graphentheoretische Invariante (z. B. die chromatische Zahl), so setzen wir

$$X_i := \mathrm{E}(X \mid \mathfrak{A}_i).$$

Dann ist $X_0, X_1, \ldots, X_m = X$ ein Martingal, das Edge Exposure Martingal (EEM).

Analog ist das Vertex Exposure Martingal (VEM) definiert: A und B werden definiert wie oben, $V := \{v_1, \ldots, v_n\}$. Die Menge B_i besteht aus allen Kanten $e \in B$ mit beiden Endpunkten in $\{v_1, \ldots, v_i\}$.

Definition 7.52

Eine graphentheoretische Funktion X erfüllt die *Kanten-Lipschitz-Bedingung*, falls $\left|X(H) - X\left(H'\right)\right| \le 1$, falls H und H' sich nur in einer Kante unterscheiden.

Analog sprechen wir von einer *Ecken-Lipschitz-Bedingung*, falls $\left|X(H) - X\left(H'\right)\right| \le 1$ für H, H', die durch Änderung von Inzidenzen an nur einer Ecke ineinander übergehen.

Satz 7.53

Erfüllt X die Kanten-Lipschitz-Bedingung und ist $X_i := \mathrm{E}(X \mid \mathfrak{A}_i)$ das EEM bezüglich X, so ist

$$|X_{i+1} - X_i| \le 1, \ 0 \le i \le m.$$

Die analoge Aussage gilt auch, falls X die Ecken-Lipschitz-Bedingung erfüllt, für das VEM.

Beispiel zum EEM Wir betrachten $n = m = 3$, $X =$ chromatische Zahl. Es gibt dann 8 Graphen, je einer mit chromatischer Zahl 1 bzw. 3, und alle anderen mit 2.

Bei Gleichverteilung ist $\mathrm{E}(X) = 2$.

Der Baum in Abb. 7.3 ist wie folgt zu interpretieren: Die Zufallsvariablen X_i entsprechen den Punkten der Höhe i. Geht man nach rechts im Baum, so heißt das, dass die entsprechende Kante genommen wird, andernfalls nicht. An den Punkten des Baumes stehen jeweils die entsprechenden bedingten Erwartungswerte.

Unser wesentliches Werkzeug ist nun die folgende Konzentrationsungleichung von Azuma [8]:

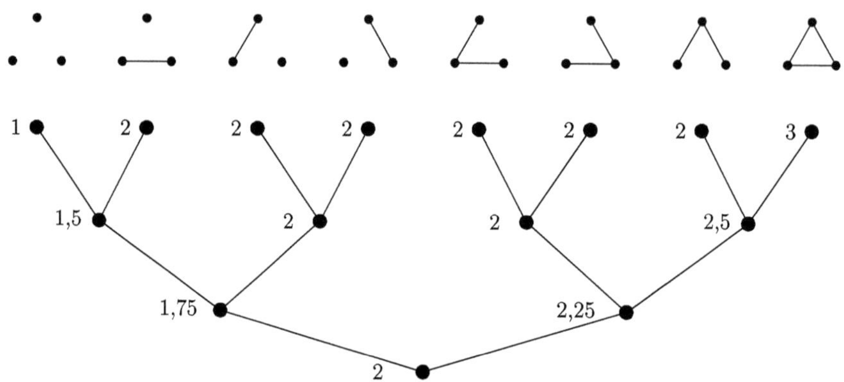

Abb. 7.3 Das EEM für die chromatische Zahl

> **Satz 7.54** (Ungleichung von Azuma)
> Es sei $0 = X_0, X_1, \ldots, X_m$ ein Martingal bzgl. $\mathfrak{A}_0, \ldots, A_n$ mit $|X_{i+1} - X_i| \leq 1$ für $0 \leq i \leq m$.
> Ferner sei $\lambda > 0$ beliebig. Dann gilt:
>
> $$P\left(X_m > \lambda\sqrt{m}\right) < e^{-\frac{\lambda^2}{2}}.$$

Beweis Wir setzen $Y_i := X_i - X_{i-1}$. Dann ist $|Y_i| \leq 1$ und $\mathrm{E}(Y_i \mid \mathfrak{A}_{i-1}) = 0$.
Für $\alpha > 0$ sei

$$h(x) := \frac{e^\alpha + e^{-\alpha}}{2} + \frac{e^\alpha - e^{-\alpha}}{2}x.$$

Dann ist $h(-1) = e^{-\alpha}$, $h(1) = e^\alpha$.
Da die Funktion $f(x) = e^{\alpha x}$ konvex ist, folgt:

$$f(x) = e^{\alpha x} \leq h(x) \text{ für alle } x \in [-1, 1].$$

Nun schätzen wir ab:

$$\mathrm{E}\left(e^{\alpha Y_i} \mid \mathfrak{A}_{i-1}\right) \leq \mathrm{E}(h(Y_i) \mid \mathfrak{A}_{i-1})$$
$$= \frac{e^\alpha + e^{-\alpha}}{2} + \frac{e^\alpha - e^{-\alpha}}{2}\, \mathrm{E}(Y_i \mid \mathfrak{A}_{i-1})$$
$$= \cosh(\alpha) \leq e^{\frac{\alpha^2}{2}}.$$

Dabei folgt die letzte Ungleichung aus den Potenzreihenentwicklungen:

$$\cosh(\alpha) = \sum_{k=0}^{\infty} \frac{\alpha^{2k}}{(2k)!} \leq \sum_{k=0}^{\infty} \frac{\alpha^{2k}}{2^k k!} = e^{\frac{\alpha^2}{2}},$$

da $(2k)! \geq 2^k k!$ für alle $k \geq 0$. Nun folgt:

$$\mathrm{E}\left(e^{\alpha X_m}\right) = \mathrm{E}\left(\prod_{i=1}^{m} e^{\alpha Y_i}\right)$$

$$= \mathrm{E}\left[\mathrm{E}\left(\underbrace{\left(\prod_{i=1}^{m-1} e^{\alpha Y_i}\right)}_{\text{messbar bzgl. } \mathfrak{A}_{m-1}} e^{\alpha Y_m} \ \Big| \ \mathfrak{A}_{m-1}\right)\right]$$

$$= \mathrm{E}\left(\prod_{i=1}^{m-1} e^{\alpha Y_i} \, \mathrm{E}\left(e^{\alpha Y_m} \mid \mathfrak{A}_{m-1}\right)\right)$$

$$\leq e^{\frac{\alpha^2}{2}} \, \mathrm{E}\left(\prod_{i=1}^{m-1} e^{\alpha Y_i}\right) \leq \dots$$

$$\leq e^{m\frac{\alpha^2}{2}}.$$

Also

$$P\left(X_m > \lambda\sqrt{m}\right) = P\left(e^{\alpha X_m} > e^{\alpha\lambda\sqrt{m}}\right)$$

$$\underset{\underset{\text{Markov-Ungleichung}}{\uparrow}}{\leq} \frac{\mathrm{E}\left(e^{\alpha X_m}\right)}{e^{\alpha\lambda\sqrt{m}}}$$

$$\leq e^{m\frac{\alpha^2}{2} - \alpha\lambda\sqrt{m}}.$$

Setzt man $\alpha = \frac{\lambda}{\sqrt{m}}$, so ist $m\frac{\alpha^2}{2} = \frac{\lambda^2}{2}$ und $\alpha\lambda\sqrt{m} = \lambda^2$, also

$$e^{m\frac{\alpha^2}{2} - \alpha\lambda\sqrt{m}} = e^{-\frac{\lambda^2}{2}}. \qquad \square$$

Korollar 7.55

Ist $c = X_0, X_1, \ldots, X_m$ ein Martingal bzgl. $\mathfrak{A}_0, \mathfrak{A}_1, \ldots, \mathfrak{A}_m$ mit $|X_{i+1} - X_i| \leq 1$ für alle $0 \leq i \leq m-1$, so ist

$$P\left(|X_m - c| > \lambda\sqrt{m}\right) < 2e^{-\frac{\lambda^2}{2}}.$$

Beweis Wir wenden Azumas Ungleichung auf die Martingale

$$X_i' := X_i - c,\ 0 \leq i \leq m$$

$$\text{bzw. } X_i'' := -X_i',\ 0 \leq i \leq m \text{ an.}$$

Dann ist

$$P\left(|X_m - c| > \lambda\sqrt{m}\right) \leq P\left(X_m' > \lambda\sqrt{m}\right) + P\left(X_m'' > \lambda\sqrt{m}\right)$$

$$\leq 2e^{-\frac{\lambda^2}{2}}. \qquad \qquad \square$$

Beispiel 7.56

Es sei f eine zufällige Funktion von $\{1, \ldots, n\}$ in sich, alle n^n möglichen Funktionen gleich wahrscheinlich.

$X(f)$ sei die Anzahl der nicht angenommenen Werte. Dann ist

$$\mathrm{E}(X) = \sum_{i=1}^{n} \mathrm{E}(X_i),$$

wobei

$$X_i := \begin{cases} 1, & \text{falls } i \text{ nicht angenommen wird} \\ 0, & \text{sonst} \end{cases}.$$

Dann gilt: $\mathrm{E}(X_i) = P(X_i = 1) = \left(1 - \frac{1}{n}\right)^n$, also

$$\mathrm{E}(X) = n\left(1 - \frac{1}{n}\right)^n \leq n\frac{1}{e}$$

und

$$n\left(1 - \frac{1}{n}\right)^n \geq n\left(1 - \frac{1}{n}\right)^{n-1} > \frac{n-1}{e}.$$

Wir setzen $B_i := \{1, \ldots, i\}$. Dann erfüllt X die Lipschitz-Bedingung und es gilt:

Satz 7.57

$$P\left(\left|X - \tfrac{n}{e}\right| > \lambda\sqrt{n} + 1\right) < 2e^{-\frac{\lambda^2}{2}}$$

Beweis Aus Azumas Ungleichung folgt:

$$P\left(|X - \mathrm{E}(X)| > \lambda\sqrt{n}\right) < 2e^{-\frac{\lambda^2}{2}}$$

und wir wissen, dass

$$\left|\mathrm{E}(X) - \frac{n}{e}\right| < 1$$

ist. Damit gilt:

$$P\left(\left|X - \frac{n}{e}\right| > \lambda\sqrt{n} + 1\right) \leq P\left(|X - \mathrm{E}(X)| + \left|\mathrm{E}(X) - \frac{n}{e}\right| > \lambda\sqrt{n} + 1\right)$$

$$\leq P\left(|X - \mathrm{E}(X)| > \lambda\sqrt{n}\right) < 2e^{-\frac{\lambda^2}{2}}.$$

$\square$

7.4.3 Die chromatische Zahl von Zufallsgraphen

Unsere Hauptanwendung ist der Satz von Bollobás über die chromatische Zahl von Zufallsgraphen [14]:

Satz 7.58 (Bollobás)

Es sei $0 < p < 1$ fest, $q := 1 - p$. Dann existiert eine Funktion $\omega : \mathbb{N} \to \mathbb{R}_+$ mit $\omega(n) \to 0$ für $n \to \infty$, so dass für alle n gilt:

$$1 - \omega(n) \leq \frac{P\left(\chi\left(G_{n,p}\right)\right) 2\log_{\frac{1}{q}} n}{n} \leq 1 + \omega(n).$$

Man sagt: Für fast alle Zufallsgraphen $G_{n,p}$ gilt:

$$\chi\left(G_{n,p}\right) = \frac{n}{2\log_{\frac{1}{q}} n} \left(1 + \mathrm{o}\left(1\right)\right) \ (n \to \infty).$$

Da eine zulässige Färbung eines Graphen mit c Farben einer Partition der Punktmenge in c unabhängige Mengen entspricht, spielt die Größe von unabhängigen Mengen beim Beweis eine zentrale Rolle. Dabei können wir das Resultat und einige Abschätzungen aus Satz 7.37 verwenden, wenn wir die Wahrscheinlichkeit p für eine Kante durch die Wahrscheinlichkeit $q = 1 - p$ ersetzen.

Aus Satz 7.37 erhalten wir dann: Es gibt eine Folge $d = d(n)$, sodass

$$\lim_{n \to \infty} P\big(\alpha\big(G_{n,p}\big) \in \{d(n), d(n+1)\}\big) = 1,$$

wobei $d(n) = 2 \log_{\frac{1}{q}} n + \mathrm{O}(\log \log n)$.

Daraus folgt sofort:

$$\chi\big(G_{n,p}\big) \geq \frac{n}{2 \log_{\frac{1}{q}} n} \, (1 + \mathrm{o}(1)) \quad (n \to \infty).$$

Die eigentliche Schwierigkeit besteht im Beweis der umgekehrten Ungleichung.

Dazu bedarf es einiger Vorbereitungen: Zunächst sei d_0 die maximale Zahl d mit $f(d) := \binom{n}{d} q^{\binom{d}{2}} \geq \log n$.

Nach Lemma 7.38 ist $\frac{n}{d_0} < q^{-\frac{d_0}{2}} < n$, also

$$\frac{f(d_0 - 1)}{f(d_0)} = \frac{d_0}{n - d_0 + 1} q \cdot q^{-d_0} = n^{1 + \mathrm{o}(1)}.$$

Setzen wir $d := d_0 - 3$, so folgt $f(d) \geq n^{3 + \mathrm{o}(1)}$.

Wir bezeichnen eine d-elementige unabhängige Menge auch als eine d-Anticlique und setzen

$$Y := \max \{|\mathcal{F}| \mid \mathcal{F} \text{ ist eine Familie von kantendisjunkten } d\text{-Anticliquen.}\}.$$

Lemma 7.59

$\mathrm{E}(Y) \geq n^{2 + \mathrm{o}(1)} \quad (n \to \infty)$

Beweis Es sei $\mathcal{K}$ die Menge aller d-Anticliquen von G, also $f(d) =: \mu = \mathrm{E}(|\mathcal{K}|)$. Ferner bezeichne W die Anzahl aller ungeordneten Paare $\{A, B\} \in \binom{\mathcal{K}}{2}$ mit $|A \cap B| \geq 2$, $A \neq B$.

Dann ist

$$E(W) = \frac{1}{2} \sum_{\substack{A,B \in \binom{V}{d} \\ 2 \le |A \cap B| < d}} P(A \text{ und } B \text{ Anticliquen})$$

$$= \frac{1}{2} \sum_{l=2}^{d-1} \sum_{A,B:\,|A \cap B|=l} q^{2\binom{d}{2}-\binom{l}{2}}$$

$$= \frac{1}{2} \sum_{l=2}^{d-1} \binom{n}{d}\binom{d}{l}\binom{n-d}{d-l} q^{2\binom{d}{2}} \cdot q^{-\binom{l}{2}}$$

$$= \mu^2 \frac{1}{2} \sum_{l=2}^{d-1} \frac{\binom{d}{l}\binom{n-d}{d-l}}{\binom{n}{d}} q^{-\binom{l}{2}}.$$

Die Summe $\sum_{l=2}^{d-1} \frac{\binom{d}{l}\binom{n-d}{d-l}}{\binom{n}{d}} q^{-\binom{l}{2}}$ ist uns aus dem Beweis für die Konzentration der Cliquenzahl bekannt (Satz 7.37).

Mit den Bezeichnungen von dort bekommen wir:

$$\sum_{l=2}^{d-1} \frac{\binom{d}{l}\binom{n-d}{d-l}}{\binom{n}{d}} q^{-\binom{l}{2}} \le 2 \sum_{l=2}^{d-1} \varepsilon_l$$

$$\le 2\varepsilon_2 + 2d\,(\varepsilon_3 + \varepsilon_{d-1}),$$

wobei wir aber beachten, dass unser jetziges d um 3 kleiner ist als das alte d.

Die dortigen Abschätzungen liefern:

$$2\varepsilon_2 = 2 \frac{d!^2}{2!\,(d-2)!^2} n^{-2} q^{-1} \le d^4 n^{-2} q^{-1},$$

$$2d\varepsilon_3 \le 2d \frac{1}{6} d^6 n^{-3} q^{-3} = \frac{1}{3q^3} d^7 n^{-3},$$

sowie

$$2d\varepsilon_{d-1} \le 2d^2 n q^{-1} \left(\frac{d}{n}\right)^2 \varepsilon_d$$

mit $\varepsilon_d \le \frac{1}{f(d)} = \frac{1}{\mu}$, also

$$2d\,(\varepsilon_3 + \varepsilon_{d-1}) \le C \left(\frac{d^7}{n^3} + \frac{d^4}{n\mu}\right),$$

also insgesamt:

$$\mathrm{E}[W] \leq \frac{1}{2}\mu^2\left[\frac{q^{-1}}{2}\frac{d^4}{n^2} + C\frac{d^7}{n^3} + C\frac{d^4}{n\mu}\right]$$

$$= \frac{1}{2}\mu^2\frac{q^{-1}}{2}\frac{d^4}{n^2}\left(1 + \mathrm{o}\left(1\right)\right),$$

da $\mu = f(d) = n^{3+\mathrm{o}(1)}$ ist, also

$$\mathrm{E}[W] \leq n^{4+\mathrm{o}(1)}.$$

Wir wählen nun eine zufällige Familie $\mathcal{C}$ von $\mathcal{K}$ aus, indem wir mit Wahrscheinlichkeit $r \in (0, 1)$ für jedes $A \in \mathcal{K}$ $P(A \in \mathcal{C}) = r$ setzen. (Die Wahrscheinlichkeit r wird erst später festgelegt.)

W' sei die Anzahl der ungeordneten Paare $\{A, B\}$ mit $A, B \in \mathcal{C}, A \neq B, |A \cap B| \geq 2$. Dann gilt:

$$\mathrm{E}\left(W'\right) = \mathrm{E}(W)\,r^2.$$

Nun zerstören wir eine Menge aus jedem Paar, das durch W' abgezählt wird. Das Ergebnis ist eine Menge $\mathcal{C}^*$ von Anticliquen mit höchstens einelementigen Durchschnitten und es gilt:

$$\mathrm{E}[Y] \geq \mathrm{E}\left[|\mathcal{C}^*|\right] \geq \mathrm{E}[|\mathcal{C}|] - \mathrm{E}\left[W'\right]$$

$$= \mu r - \mathrm{E}[W]\,r^2 = h(r),$$

$h(r)$ ist eine nach unten geöffnete Parabel mit Maximum an der Stelle $r = \frac{\mu}{2\,\mathrm{E}[W]} \in (0, 1)$.

Dann gilt für dieses r

$$\mathrm{E}[Y] \geq h(r) = \frac{\mu^2}{2\,\mathrm{E}[W]} - \frac{\mu^2}{4\,\mathrm{E}[W]} = \frac{\mu^2}{4\,\mathrm{E}[W]}$$

$$\geq \frac{n^{6+\mathrm{o}(1)}}{n^{4+\mathrm{o}(1)}} = n^{2+\mathrm{o}(1)}. \qquad \square$$

Satz 7.60

$$P((G) < d) < \exp\left(-n^{2+\mathrm{o}(1)}\right).$$

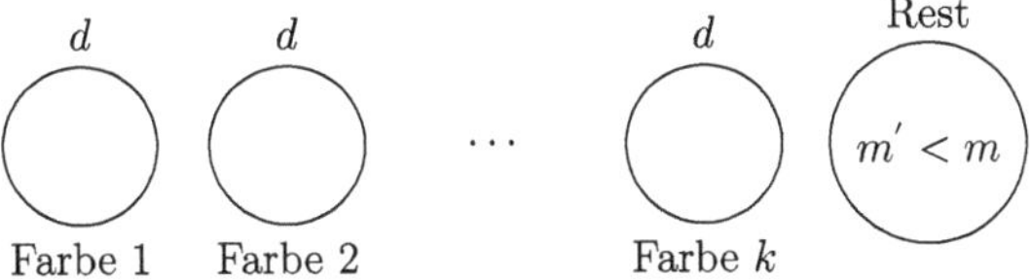

Abb. 7.4 Färbung von G

Beweis Wir betrachten das EEM für Y, bzw. für $Y - E(Y)$. Y erfüllt offenbar die Lipschitzbedingung.

G hat keine d-Anticlique g.d.w. $Y = 0$. Azumas Ungleichung mit $m = \binom{n}{2}$ ergibt:

$$P((G) < d) = P(Y = 0) \leq P(Y - E(Y) \leq -E(Y))$$

$$\underset{\substack{\uparrow \\ \lambda = \frac{E(Y)}{\sqrt{m}}, \\ -\frac{\lambda^2}{2} = -\frac{(E(Y))^2}{2m}}}{\leq} \exp\left(-\frac{(E(Y))^2}{2\binom{n}{2}}\right) < \exp\left(-n^{2+o(1)}\right). \qquad \square$$

Nun können wir den Beweis des Satzes von Bollobás abschließen:

Für jede m-elementige Teilmenge S von V, $m := \left\lfloor \frac{n}{(\log n)^2} \right\rfloor$, ist der induzierte Untergraph $G[S]$ ein Zufallsgraph des Modells $G_{m,p}$.

Mit $d := d(m) = d_0(m) - 3$ wie oben folgt $\left(d \sim 2\log_{\frac{1}{q}} m \sim 2\log_{\frac{1}{q}} n\right)$

$$P(\alpha(G[S]) < d) < \exp\left(-m^{2+o(1)}\right)$$

und es gibt $\binom{n}{m} < 2^n = 2^{m^{1+o(1)}}$ solcher Mengen $S \subseteq V$. Es folgt:

$$P\left(\text{es ex. ein } S \in \binom{V}{m} \text{ mit } \alpha(G[S]) < d\right) < 2^{m+o(1)} \exp\left(-m^{2+o(1)}\right) = o(1),$$

d. h. für „asymptotisch fast alle" $G_{n,p}$ enthält *jedes* $G[S]$ eine unabhängige d-elementige Menge.

Ein solches G kann wie folgt zulässig gefärbt werden: Wir wählen sukzessive disjunkte d-elementige unabhängige Mengen und färben deren Punkte jeweils gleich. Wenn das Verfahren nicht mehr fortgesetzt werden kann, so sind noch $m' < m$ Ecken ungefärbt, die einzeln mit jeweils neuen Farben gefärbt werden (Abb. 7.4).

Wir benötigen also höchstens

$$\frac{n - m'}{d} + m' \leq \frac{n}{d} + m = \frac{n}{2\log_{\frac{1}{q}} n}(1 + o(1))$$

Farben. $\qquad \square$

Blockpläne

8

8.1 Grundlagen und Hadamard-Matrizen

Wir beginnen mit einem klassischen Beispiel:

Beispiel Der englische Pastor und Mathematiker Rev. T.P Kirkman stellte 1851 die folgende Frage:

Kann man 15 Schulmädchen an 7 Sonntagen in jeweils 5 Dreierreihen so spazieren führen, dass jedes Mädchenpaar an genau einem Sonntag in der gleichen Reihe geht? Die Zahlen sind dabei gut gewählt: Es gibt $\binom{15}{2} = 105$ Mädchenpaare. In einer Dreierreihe treffen 3 Mädchenpaare zusammen, an jedem Sonntag also 15. An sieben Sonntagen sind das genau 105. Kirkman hat selbst eine Lösung für dieses Problem angegeben.

Etwas allgemeiner ist ein *Steiner-Tripel-System* ein System $\mathcal{B} \subseteq \binom{P}{3}$ sodass jedes Paar $A \in \binom{P}{2}$ in genau einem $B \in \mathcal{B}$ liegt. Ist $|P| = v$, so gibt es $\binom{v}{2}$ Paare. Jedes Tripel $B \in \mathcal{B}$ enthält 3 Paare, also $|\mathcal{B}| = \binom{v}{2}/3 = v(v-1)/6$. Außerdem liegt jedes $p \in P$ in genau $v - 1$ Paaren $A \in \binom{P}{2}$ und jedes solche A in genau einem Tripel $B \in \mathcal{B}$. Geht man andererseits von einem Paar p, B mit $p \in B \in \mathcal{B}$ aus, so existieren genau zwei $A \in \binom{P}{2}$ mit $p \in A \subseteq B$, damit $v - 1 = 2|\{B \in \mathcal{B}|p \in B\}|$. Daraus folgt, dass v ungerade ist und deshalb von der Form $6k + 1$ oder $6k + 3$ sein muss.

Dass diese Bedingung auch hinreichend ist, zeigten unabhängig voneinander R.J. Bose und T. Skolem.

Ähnliche Probleme ergaben sich in der statistischen Versuchsplanung, der endlichen Geometrie oder auch der Lotto-Garantiesysteme [84] und führten zur Definition des Blockplans. Eine sehr empfehlenswerte Einführung ist [11].

E. Triesch, *Diskrete Mathematik*, https://doi.org/10.1007/978-3-662-71624-3_8

Denition 8.1 (Blockpläne)

Es seien t, v, k, λ natürliche Zahlen.

Ein t-(v, k, λ)-*Blockplan* („design") ist ein Paar $D = (P, \mathcal{B})$ mit folgenden Eigenschaften:

(i) $|P| = v$, P heißt die Menge der *Punkte* das Blockplans ($P = \{p_1, \ldots, p_v\}$).

(ii) $\mathcal{B}$ ist eine Multimenge von k-elementigen Teilmengen von P. Ihre Elemente heißen *Blöcke*.

(iii) Je t verschiedene Punkte liegen auf genau λ Blöcken.

(iv) $2 \leq k \leq v - 2$

Die Anzahl der Blöcke bezeichnen wir mit b und schreiben $\mathcal{B} = \{B_1, B_2, \ldots, B_b\}$.

Eine Inzidenzmatrix des Blockplans ist eine $(v \times b)$-Matrix

$$A := \left(a_{ij}\right)_{1 \leq i \leq v,\, 1 \leq j \leq b} \quad \text{mit } a_{ij} := \left[p_i \in B_j\right]$$

Lemma 8.2

Es sei $D = (P, \mathcal{B})$ ein t-(v, k, λ)-Blockplan und $i \in \{0, 1, \ldots, t - 1\}$.

Dann gilt:

(i) Je i Punkte liegen in genau $\lambda_i := \lambda \dfrac{\binom{v-i}{t-i}}{\binom{k-i}{t-i}}$ Blöcken.

(ii) $\lambda_i\,(k - i) = \lambda_{k-i} = \lambda_{i+1}\,(v - i) \qquad (\lambda_t := \lambda)$

Beweis

(i) Es sei $A \subseteq P$, $|A| = i$. Wir betrachten Ketten $A \subseteq X \subseteq B$ mit $|X| = t$ und $B \in \mathcal{B}$.

   Zweifache Abzählung:

(a) A kann auf $\binom{v-i}{t-i}$ Weisen zu einer t-elementigen Menge X erweitert werden. Diese liegt dann in λ Blöcken. Also ist die Anzahl der Ketten gleich $\lambda\binom{v-i}{t-i}$.

(b) A liege in $\lambda_i(A)$ Blöcken. Dann ist für jeden solchen Block B die Anzahl der $X \in \binom{P}{t}$ mit $A \subseteq X \subseteq B$ genau $\binom{k-i}{t-i}$, also ist die Anzahl der Ketten gleich $\lambda_i(A)\binom{k-i}{t-i}$.

Insgesamt:

$$\lambda_i(A)\binom{k-i}{t-i} = \lambda\binom{v-i}{t-i}$$

und damit folgt die Behauptung, insbesondere ist $\lambda_i(A)$ unabhängig von A.

(ii) folgt aus (i). □

Bemerkung 8.3

(i) Jeder Punkt liegt also auf genau λ_1 Blöcken. Statt λ_1 schreibt man üblicherweise r.

(ii) Ist $t = 2$, so gilt:

$$\lambda\,(v-1) = r\,(k-1) \qquad (i = 1 \text{ in Teil (ii) des Lemmas})$$

sowie $vr = bk \quad (i = 0)$.

Lemma 8.2 liefert also einige notwendige zahlentheoretische Bedingungen an t, v, k und λ für die Existenz eines entsprechenden Blockplans. Im Jahr 2014 hat P. Keevash in einer bahnbrechenden Arbeit gezeigt, dass für feste Zahlen t, k, λ und große v diese Bedingungen auch hinreichend sind ([68]). Sein Resultat können wir hier leider nicht darstellen. Wir beschränken uns auf einige klassische algebraische Konstruktionsmethoden, um einen Eindruck von dem Gebiet zu vermitteln.

Unser erstes Ziel ist der Beweis der Fisher-Ungleichung ($b \geq v$) für 2-Blockpläne.

Satz 8.4

Es sei $D = (P, \mathcal{B})$ ein 2-(v, k, λ)-Blockplan und A eine Inzidenzmatrix von D.

Dann gilt:

(a) $A A^T = \begin{pmatrix} r & \lambda & \lambda \\ \lambda & \ddots & \lambda \\ \lambda & \lambda & r \end{pmatrix} = (r - \lambda)\ \underset{\uparrow}{I_v} + \lambda\ \underset{\uparrow}{J_v} = (r - \lambda)\,I + \lambda J$

$\phantom{(a) A A^T = \begin{pmatrix} r & \lambda \end{pmatrix} = (r - \lambda)\ }$ Einheitsmatrix Eins-Matrix

(b) $\det A A^T = (r - \lambda)^{v-1}\, rk$

Beweis

(a) Nach Definition der Inzidenzmatrix entspricht die i-te Zeile von A dem Punkt p_i.

$$\Rightarrow \left(A A^T\right)_{i,j} = \text{Anzahl der Blöcke, die } p_i \text{ und } p_j \text{ enthalten} = \begin{cases} \lambda, & i \neq j, \\ r, & i = j. \end{cases}$$

(b) Wir subtrahieren die erste Spalte von $A A^T$ von allen anderen Spalten. Ergebnis:

$$\begin{pmatrix} r & \lambda - r & \dots & \lambda - r \\ \lambda & r - \lambda & & 0 \\ \vdots & & \ddots & \\ \lambda & 0 & & r - \lambda \end{pmatrix}$$

Nun addieren wir die Zeilen $2, \dots, v$ zur ersten:

$$\begin{pmatrix} r + (v - 1)\lambda & 0 & \dots & 0 \\ \lambda & r - \lambda & & 0 \\ \vdots & & \ddots & \\ \lambda & 0 & & r - \lambda \end{pmatrix}$$

Wir erhalten eine untere Dreiecksmatrix, deren Determinante das Produkt der Hauptdiagonalen ist.

$$\Rightarrow \det A A^T = (r + \underbrace{(v - 1)\lambda}_{=r(k-1)})(r - \lambda)^{v-1} = rk\,(r - \lambda)^{v-1} \qquad \square$$

Satz 8.5 (Fisher, 1940, [43])

Jeder 2-(v, k, λ)-Blockplan D besitzt mindestens so viele Blöcke wie Punkte:
$b \geq v$
oder, äquivalent $r \geq k$. ($bk = rv$)

Beweis Es muss $r > \lambda$ sein (andernfalls wäre $r = \lambda$ und damit $v = k$ im Widerspruch zur Definition des Blockplans). Dann folgt aus dem vorigen Satz $\det A A^T \neq 0$, also $\text{Rang}(A) = \text{Rang}(A A^T) = v$.

Da A eine $(v \times b)$-Matrix ist, folgt $b \geq v$. $\qquad \square$

> **Denition 8.6**
>
> Ein Blockplan heißt *symmetrisch,* falls $b = v$ ist.

Der folgende Satz charakterisiert symmetrische Blockpläne.

> **Satz 8.7**
>
> Es sei D ein 2-(v, k, λ)-Blockplan mit Inzidenzmatrix A. Dann sind die folgenden Aussagen äquivalent:
>
>   (i) $b = v$
> (ii) $r = k$
> (iii) $AA^T = (k - \lambda)\, I + \lambda J$
> (iv) $A^T A = (k - \lambda)\, I + \lambda J$
>   (v) je zwei verschiedene Blöcke schneiden sich in genau λ Punkten
> (vi) je zwei verschiedene Blöcke haben eine konstante Anzahl von Punkten gemeinsam

Beweis Wegen $vr = bk$ sind *(i)* und *(ii)* äquivalent.

Wir wissen außerdem, dass $AA^T = (r - \lambda)\, I + \lambda J$ ist, also $AA^T = (k - \lambda)\, I + \lambda J$ g.d.w. $r = k$. Es gelten damit die Äquivalenzen *(i)* $\Leftrightarrow$ *(ii)* $\Leftrightarrow$ *(iii)*.

(iii) $\Rightarrow$ *(iv)*: Wegen $b = v$ ist A eine quadratische Matrix mit $(\det A)^2 = \det AA^T = rk\,(r - \lambda)^{v-1} \neq 0$. Also existiert A^{-1}.

Ferner gilt:

$$JA - kJ \quad \text{(jeder Block hat } k \text{ Punkte)}$$

$$AJ = rJ = kJ \quad \text{(jeder Punkt liegt auf } r = k \text{ Blöcken)}$$

$$A^{-1}J = \frac{1}{k}J \quad \text{(denn } J = A^{-1}AJ = A^{-1}kJ = kA^{-1}J)$$

Nun folgt:

$$
\begin{aligned}
A^T A &= A^{-1}\left(AA^T\right) A = A^{-1}\left[(k - \lambda)\, I + \lambda J\right] A \\
&= A^{-1}(k - \lambda)\, A + A^{-1}\lambda J A \\
&= (k - \lambda)\, I + A^{-1}\lambda k J \\
&= (k - \lambda)\, I + \lambda k \frac{1}{k} J \\
&= (k - \lambda)\, I + \lambda J
\end{aligned}
$$

$$(i) \Leftrightarrow (ii) \Leftrightarrow (iii)$$
$$\Uparrow \qquad\qquad \Downarrow$$
$$(vi) \Leftarrow (v) \Leftrightarrow (iv)$$

Abb. 8.1 Diagramm der gezeigten Implikationen

$(iv) \Leftrightarrow (v)$: Definition des Matrizenprodukts

$(v) \Rightarrow (vi)$: trivial

$(vi) \Rightarrow (i)$: Die gemeinsame Anzahl an Punkten von je zwei verschiedenen Blöcken sei μ. Dann folgt:

$$A^T A = (k - \mu)\, I + \mu J \in \mathbb{R}^{b \times b}$$

Wie oben können wir berechnen: $\det A^T A = (k - \mu)^{b-1} (k + (b - 1)\,\mu) \neq 0$, also ist der Rang von A gleich $b \leq \min(b, v)$, $b \leq v$. Da $b \geq v$ nach der Fisher-Ungleichung gilt, ist $b = v$.

Das Diagramm 8.1 zeigt die bewiesenen Implikationen. Der gerichtete Graph dieser Implikationen ist stark zusammenhängend und der Beweis damit beendet. $\square$

Beispiel 8.8 (Hadamard-Blockpläne)
Eine $(n \times n)$-Matrix $H = \left(h_{ij}\right)_{0 \leq i, j \leq n-1}$ heißt *Hadamard!-Matrix* (der Ordnung n), falls gilt:

(i) $h_{ij} \in \{1, -1\}$ für alle i, j,

(ii) $HH^T = nI_n$, d. h. die Zeilen (Spalten) sind orthogonal und haben Länge $\sqrt{n}$.

Beispiele für Hadamard-Matrizen sind

$$(1),\ \begin{pmatrix} 1 & 1 \\ 1 & -1 \end{pmatrix} = H_2,\ \begin{pmatrix} 1 & 1 & 1 & 1 \\ 1 & -1 & 1 & -1 \\ 1 & 1 & -1 & -1 \\ 1 & -1 & -1 & 1 \end{pmatrix} = H_4$$

Mit H ist auch H^T eine Hadamard-Matrix, ebenso jede Matrix, die durch Änderung aller Vorzeichen in einer Zeile oder Spalte aus H entsteht.

Existiert also eine Hadamard-Matrix der Ordnung n, so auch eine derselben Ordnung, die in der ersten Zeile und Spalte nur Einsen enthält. (Eine solche Hadamard-Matrix heißt *normiert*.)

Satz 8.9

Ist H eine Hadamard-Matrix der Ordnung $n > 2$, so gilt: $4 | n$.

Beweis Wir betrachten die ersten 3 Zeilen von H. O. B. d. A. seien diese folgender-maßen aufgebaut:

$$
\begin{array}{lllll}
z_0 : & 1\ldots1 & 1\ldots1 & 1\ldots1 & 1\ldots1 \\
z_1 : & 1\ldots1 & 1\ldots1 & -1\cdots-1 & -1\cdots-1 \\
z_2 : & \underbrace{1\ldots1}_{x} & \underbrace{-1\cdots-1}_{y} & \underbrace{1\ldots1}_{z} & \underbrace{-1\cdots-1}_{w}
\end{array}
$$

d. h.

$$
x := \left|\{i \mid z_{1,i} = z_{2,i} = 1\}\right|,
$$
$$
y := \left|\{i \mid z_{1,i} = 1,\ z_{2,i} = -1\}\right|,
$$
$$
z := \left|\{i \mid z_{2,i} = 1,\ z_{1,i} = -1\}\right|,
$$
$$
w := \left|\{i \mid z_{1,i} = z_{2,i} = -1\}\right|.
$$

Dann gilt:

$$
\begin{array}{ll}
x + y + z + w = n & (1) \\
x - y + z - w = 0 \quad (\text{wegen } <z_0, z_2> = 0) & (2) \\
x + y - z - w = 0 \quad (\text{wegen } <z_0, z_1> = 0) & (3) \\
x - y - z + w = 0 \quad (\text{wegen } <z_1, z_2> = 0) & (4)
\end{array}
$$

(Dabei bezeichnet wie üblich $<u, v>$ das Skalarprodukt zweier Vektoren u und v.)

Die Koeffizientenmatrix dieses linearen Gleichungssystems ist genau unsere Bei-spielmatrix H_4, die, wie jede Hadamard-Matrix, invertierbar ist.

Also folgt: $x = y = z = w = \frac{n}{4}$ und damit ist die Behauptung gezeigt. $\square$

Der Beweis zeigt: Je zwei Zeilen z_i, z_j mit $1 \leq i < j \leq n - 1$ einer normierten Hadamard-Matrix haben in genau $t = \frac{n}{4}$ Komponenten eine gemeinsame Eins.

Außerdem folgt aus der Gleichung $HH^T = nI_n$, dass $H^T = \frac{1}{n}H^{-1}$ ist, also auch $H^T H = nI_n$, d. h.:

Mit H ist auch H^T eine Hadamard-Matrix.

Über Hadamard-Matrizen gibt es ein berühmtes ungelöstes Problem:

Vermutung 8.10 (Vermutung von Paley, [85])
Zu jeder durch 4 teilbaren Zahl n existiert eine Hadamard-Matrix der Ordnung n.

Wir zeigen nun den Zusammenhang mit Blockplänen.

Satz 8.11

Es sei $t \in \mathbb{N}$, $t \geq 2$. Dann gilt:

Es existiert genau dann eine Hadamard-Matrix der Ordnung $n = 4t$, wenn ein

$2\text{-}(4t - 1,\ 2t - 1,\ t - 1)$-Blockplan existiert.

Beweis

(i) Es sei $H = \left(h_{ij}\right)_{0 \leq i,j \leq n-1}$ eine Hadamard-Matrix der Ordnung $n = 4t$, H normiert. Es sei $P := \{p_1, \ldots, p_{4t-1}\}$ und für $1 \leq j \leq n-1$ sei $B_j := \left\{ p_i \mid h_{ij} = 1 \right\}$, $B := \{B_1, \ldots, B_{n-1}\}$.
Dann ist $(P, \mathcal{B})$ ein $2\text{-}(4t - 1,\ 2t - 1,\ t - 1)$-Blockplan, denn:

$$\overbrace{\hspace{4cm}}^{\text{da auch } H^T \text{ eine Hadamard-Matrix ist}}$$

(a) $|P| = v = 4t - 1$, $|B_i| = 2t - 1 = k$ für alle i

(b) Es seien zwei Punkte p_i und p_j gegeben, $i \neq j$. Dann haben die Zeilen i und j der Matrix H genau $t - 1$ gemeinsame Einsen in den Positionen $1, 2, \ldots, 4t - 1$. Also liegen je zwei verschiedene Punkte auf genau $t - 1 = \lambda$ Blöcken.

(ii) Es sei nun umgekehrt $(P, \mathcal{B})$ ein $2\text{-}(4t - 1,\ 2t - 1,\ t - 1)$-Blockplan.

Dann ist $r = \frac{v-1}{k-1}\lambda = \frac{4t-2}{2t-2}(t-1) = 2t - 1 = k$ und der Blockplan ist symmetrisch.
Es gilt also $b = v = 4t - 1$.

Ist nun $P = \{p_1, \ldots, p_{4t-1}\}$, $\mathcal{B} = \{B_1, \ldots, B_{4t-1}\}$, so definieren wir $H = \left(h_{ij}\right)_{0 \leq i,j \leq n-1}$ wie folgt:

$$h_{ij} = \begin{cases} 1, & i = 0 \text{ oder } j = 0, \\ 1, & p_i \in B_j,\ 1 \leq i, j \leq n - 1, \\ -1, & \text{sonst}. \end{cases}$$

Dann ist klar, dass jede Zeile z_i mit $i > 0$ genau $2t$ Einsen enthält, also auf z_0 senkrecht steht.

Sind nun z_i, z_j Zeilen mit $1 \leq i < j \leq n - 1$, so gibt es wegen $\lambda = t - 1$ genau $t - 1 + 1 = t$ Spalten, in denen z_i und z_j beide eine Eins haben. Da beide Zeilen genau $2t$ Einsen enthalten, gibt es auch t Spalten, in denen z_i eine Eins und z_j eine -1 enthält, sowie t Spalten, in denen z_i eine -1 und z_j eine 1 enthält.

Dann muss es aber auch t Spalten geben, in denen z_i und z_j beide eine -1 haben.

$$\Rightarrow\ <z_i, z_j> = 0$$

Damit ist klar, dass H eine Hadamard-Matrix ist. $\square$

Interessant ist, dass man aus diesen 2-Blockplänen auch 3-Blockpläne konstruieren kann.

Satz 8.12
Es sei $H = (P, \mathcal{B})$ ein 2-$(4t - 1, 2t - 1, t - 1)$-Hadamard-Blockplan.

Wir setzen

$$P^* := P \cup \{\infty\} \; (\infty \notin P),$$

$$\mathcal{B}^* := \mathcal{B}^+ \cup \mathcal{B}^- \text{ mit}$$

$$\mathcal{B}^+ := \{ B^+ := B \cup \{\infty\} \mid B \in \mathcal{B} \},$$

$$\mathcal{B}^- := \{ B^- := P \backslash B \mid B \in \mathcal{B} \}.$$

Dann ist $(P^*, \mathcal{B}^*)$ ein 3-$(4t, 2t, t - 1)$-Blockplan.

Beweis Es ist offenbar $|P^*| = 4t$ und $\left|B^+\right| = \left|B^-\right| = 2t$ für alle $B \in \mathcal{B}$. Wir müssen also zeigen, dass durch je 3 Punkte genau $t - 1$ Blöcke gehen.

(i) Es seien $p, q \in P$, $p \neq q$. Wir betrachten die Blöcke durch p, q und ∞. Keiner dieser Blöcke gehört zu $\mathcal{B}^-$, da kein B^- das Element ∞ enthält. Die Blöcke aus $\mathcal{B}^*$ durch p, q, ∞ sind genau die Blöcke B^+, sodass B p und q enthält, also $t - 1$ Blöcke.

(ii) p, q, s seien drei verschiedene Punkte aus P. Die Anzahl der Blöcke $B \in \mathcal{B}$ mit $\{p, q, s\} \subseteq B$ sei a. Wie viele Blöcke $B \in \mathcal{B}$ enthalten keinen der Punkte p, q, s? Wegen $\lambda_1 = 2t - 1$, $b = v = 4t - 1$ ist diese Anzahl nach der Siebformel

$$b - 3\lambda_1 + 3\lambda - a = b - 3(2t - 1) + 3(t - 1) - a$$
$$= 4t - 1 - 3t - a$$
$$= t - 1 - a$$

Es gibt also $t - 1 - a$ Blöcke $B^- \in \mathcal{B}^-$, die in $(P^*, \mathcal{B}^*)$ mit p, q, s inzidieren.

Andererseits liegen p, q, s auf a Blöcken aus $\mathcal{B}^+$, also gehen insgesamt $t - 1$ Blöcke aus $\mathcal{B}^*$ durch $\{p, q, s\}$. Es folgt die Behauptung. $\qquad\square$

Bisher haben wir noch nicht gezeigt, dass es unendlich viele Hadamard-Matrizen gibt. Dies geschieht nun mit Hilfe des Kroneckerprodukts von Matrizen

Definition 8.13
Das *Kroneckerprodukt* $A \otimes B$ zweier Matrizen $A \in K^{n \times n}$ und $B \in K^{m \times m}$ ist
definiert durch

$$A \otimes B = \left(a_{ij} B\right)_{1 \le i, j \le n} = \begin{pmatrix} a_{11} B & \dots & a_{1n} B \\ \vdots & & \vdots \\ a_{n1} B & \dots & a_{nn} B \end{pmatrix}$$

(d. h. $A \otimes B$ ist eine $(nm \times nm)$-Matrix).

Satz 8.14
Sind H und K Hadamard-Matrizen, so auch $H \otimes K$.

Beweis Es genügt zu zeigen: Zwei Zeilen von $H \otimes K$ haben das Skalarprodukt 0.
Hierzu indizieren wir die Kroneckerprodukte wie folgt:

$$(H \otimes K)_{(i,r),(j,s)} = h_{ij} k_{rs}$$

Das Skalarprodukt von Zeile (i, r) und (i', r') ist dann:

$$\sum_{j,s} h_{ij} k_{rs} \cdot h_{i'j} k_{r's} = \left(\sum_{j} h_{ij} h_{i'j} \right) \left(\sum_{s} k_{rs} k_{r's} \right) = 0,$$

falls die Paare (i, r) und (i', r') verschieden sind. $\square$

Da es eine Hadamard-Matrix der Ordnung 2 gibt, gilt:

Folgerung 8.15
Es gibt Hadamard-Matrizen der Ordnung 2^n $(n = 1, 2, \dots)$.

Bemerkung 8.16
Die erste unendliche Folge von Hadamard-Matrizen wurde 1867 von J. Sylvester
angegeben. Er konstruierte genau die Folge der iterierten Kroneckerprodukte der
Matrix H_2:

$$H_2 = \begin{pmatrix} 1 & 1 \\ 1 & -1 \end{pmatrix}, \quad H_{2^n} := H_2 \otimes H_{2^{n-1}} = \begin{pmatrix} H_{2^{n-1}} & H_{2^{n-1}} \\ H_{2^{n-1}} & -H_{2^{n-1}} \end{pmatrix}. \quad (8.1)$$

Diese Matrizen werden auch *Walsh-Matrizen* genannt.

8.2 Konstruktion von Blockplänen mittels t-homogener Gruppen

Denition 8.17

Die Permutationsgruppe $G \subseteq S_P$ heißt *t-fach homogen*, falls es zu je zwei Mengen $X, X' \in \binom{P}{t}$ ein $\pi \in G$ gibt mit $\pi(X) = X'$.

Satz 8.18

Es sei G eine t-fach homogene Permutationsgruppe auf P, $|P| = v$, und es sei $B_0 \in \binom{P}{k}$, $2 \le k \le v - 2$.

Dann ist $D := (P, \mathcal{B})$ mit $\mathcal{B} := \{\pi(B_0) \mid \pi \in \mathcal{G}\}$ ein t-(v, k, λ)-Blockplan (mit einem geeigneten λ).

Beweis Dass D genau v Punkte hat und jeder Block genau k Punkte enthält, ist trivial.

Es ist nur zu zeigen: Je t Punkte liegen auf genau λ Blöcken (für ein geeignetes λ).

Es seien $X, X' \in \binom{P}{t}$ und $\pi \in G$ mit $\pi(X) = X'$. $\sigma_1(B_0), \ldots, \sigma_\lambda(B_0)$ seien die verschiedenen Blöcke, in denen X liegt. Dann gilt: $X' = \pi(X) \subseteq \pi\sigma_i(B_0)$, $1 \le i \le \lambda$.

Wäre dabei $\pi\sigma_i(B_0) = \pi\sigma_j(B_0)$ $(i \ne j)$, so wäre auch

$$\begin{aligned} B_0 &= (\pi\sigma_i)^{-1} (\pi\sigma_j) (B_0) \\ &= \sigma_i^{-1} \pi^{-1} \pi \sigma_j (B_0) \\ &= \sigma_i^{-1} \sigma_j (B_0), \end{aligned}$$

also $\sigma_i(B_0) = \sigma_j(B_0)$.

Damit liegt X' in mindestens so vielen Blöcken wie X. Vertauschung vom X und X' liefert nun: Beide liegen in der gleichen Anzahl von Blöcken. $\qquad\square$

Bemerkung 8.19

Die Anzahl b der Blöcke ist nach Lemma 5.3 der Index des Stabilisators von B_0, d.h. $b = \frac{|G|}{|G_{B_0}|} = [G : G_{B_0}]$, wobei $G_{B_0} = \{\pi \in G \mid \pi(B_0) = B_0\}$.

Denition 8.20

G operiert *t-fach transitiv* auf P, falls es zu je zwei t-Tupeln $p_1, \ldots, p_t$, $p_1', \ldots, p_t'$ verschiedener Elemente aus P ein $g \in G$ gibt mit $g(p_i) = p_i'$, $1 \leq i \leq t$.

Die Operation heißt *scharf t-fach transitiv* wenn das g (stets) eindeutig bestimmt ist.

Lemma 8.21

Für $t \geq 2$ gilt: Die Operation ist t-fach transitiv genau dann, wenn sie transitiv ist und der Stabilisator G_p jedes Elements $(t-1)$-fach transitiv auf $P \setminus \{p\}$ operiert.

Beweis

(i) Die Operation von G sei t-fach transitiv auf P und $p_1, \ldots, p_{t-1}, p_1', \ldots, p_{t-1}'$ seien zwei $(t-1)$-Tupel verschiedener Elemente von $P \setminus \{p\}$. Dann existiert ein $g \in G$ mit $g(p) = p, g(p_1) = p_1', \ldots, g(p_{t-1}) = p_{t-1}'$ und G_p ist $t-1$-fach transitiv auf $P \setminus \{p\}$.

(ii) Es operiere nun G_p $(t-1)$-fach transitiv auf $P \setminus \{p\}$. Sind $p_1, \ldots, p_t, p_1', \ldots, p_t'$ zwei t-Tupel verschiedener Elemente aus P, so seien $g, h \in G$ mit $g(p_1) = p, h(p) = p_1'$. Dann liegen die Elemente $g(p_i)$ und $h^{-1}(p_i')$, $2 \leq i \leq t$ alle in $P \setminus \{p\}$. Nach Voraussetzung existiert $k \in G_p$ mit $k(g(p_i)) = h^{-1}(p_i')$ für $2 \leq i \leq t$. Damit ist aber $hkg(p_i) = p_i'$ für $1 \leq i \leq t$. $\qquad\square$

Scharfe t-fache Transitivität bedeutet, dass für verschiedene $p_1, \ldots, p_t$ der Stabilisator $G_{p_1, \ldots, p_t} = G_{p_1} \cap \cdots \cap G_{p_t} = \{1_G\}$ ist.

Beispiel 8.22

K sei ein endlicher Körper mit q Elementen, q ungerade.

$$Q := \left\{ x^2 \mid x \in K^* \right\}$$

Dann gilt:

- Q ist Untergruppe der Ordnung $\frac{q-1}{2}$ von K^*
  $(K^* = \{g, g^2, \ldots, g^{q-1} = 1\},\ Q = \{g^2, g^4, \ldots, g^{q-1} = 1\})$
- $(-1) \in Q \Leftrightarrow q \equiv 1 \mod 4$

Letzteres sieht man so: $1, -1$ sind die beiden Lösungen von $x^2 = 1$ in K^*, also $(-1) = g^{\frac{q-1}{2}},\ g^{\frac{q-1}{2}} \in Q \Leftrightarrow \frac{q-1}{2}$ gerade, also $q \equiv 1 \mod 4$.

Für $s \in Q, a \in K$ definieren wir die Funktion $\gamma(s, a)$ wie folgt:

$$\gamma(s, a): \ K \to K: \quad x \mapsto a + sx$$

Für

$$\Gamma(K) := \{\gamma(s, a) \mid s \in Q,\ a \in K\}$$

zeigen wir:

Lemma 8.23

(a) $\Gamma(K)$ ist eine Permutationsgruppe auf K.
(b) Ist $q \equiv 3 \ (4)$, so ist $\Gamma(K)$ 2-fach homogen auf K.

Beweis (a)

$$
\begin{aligned}
\gamma(s, a)\,\gamma(t, b)\,(x) &= \gamma(s, a)\,(b + tx) \\
&= a + sb + stx \\
&= \gamma(st, a + sb)\,(x),
\end{aligned}
$$

also $\gamma(s, a) \circ \gamma(t, b) = \gamma(\overbrace{st}^{\in Q}, a + sb)$.

Somit ist $\Gamma(K)$ abgeschlossen unter der Komposition von Abbildungen.
Das neutrale Element ist $\mathrm{id}_k = \gamma(1, 0)$.
Wegen

$$\gamma(s, a)\,\gamma\left(s^{-1}, -s^{-1}a\right) = \gamma\left(ss^{-1}, a + s\left(-s^{-1}a\right)\right) = \gamma(1, 0)$$

ist

$$\gamma\left(s^{-1}, -sa\right) = \gamma(s, a)^{-1}.$$

(b) Falls $q \equiv 3 \ (4)$ ist, so ist $K^* = Q \,\dot\cup\, (-Q)$.

Es seien $\{x, x'\}$, $\{y, y'\}$ aus $\binom{K}{2}$. Wir können die Bezeichnungen o.B.d.A. so wählen, dass $\frac{y-y'}{x-x'} \in Q$.

Dann gehört $\gamma(s, a)$ mit $s = \frac{y-y'}{x-x'}$, $a := y - sx$ zu $\Gamma(K)$ und es gelten die beiden Gleichungen:

$$a + sx = y \quad (1)$$
$$a + sx' = y' \quad (2)$$

(1) gilt nach Definition von a, *(2)* wegen

$$y - sx + sx' = y - s\left(x - x'\right) = y - \left(y - y'\right) = y'.$$

$\square$

Satz 8.24 (Paley, 1933)

Es sei K ein endlicher Körper der Ordnung q, $q \equiv 3$ (4). Dann ist $(P, \mathcal{B})$ mit $P = K$, $\mathcal{B} := \{\gamma(Q)|\gamma \in \Gamma(K)\}$ ein $2\text{-}\left(q, \frac{q-1}{2}, \frac{q-3}{4}\right)$-Blockplan.

Beweis Weil $\Gamma(K)$ 2-fach homogen auf K operiert, ist $(P, \mathcal{B})$ ein $2\text{-}\left(q, \frac{q-1}{2}, \lambda\right)$-Blockplan mit einem geeigneten λ. Dabei ist

$$\begin{aligned}
b &= |\{\gamma(s, a)(Q) \mid s \in Q,\ a \in K\}| \\
&= |\{a + Q \mid a \in K\}| \\
&\leq |K| \\
&= v.
\end{aligned}$$

Wegen $b \geq v$ (Fisher-Ungleichung) ergibt sich $b = v = q$. Unser Blockplan ist also symmetrisch.

Nun folgt wegen $vr = bk$, $\lambda(v - 1) = r(k - 1)$ zunächst $r = k = \frac{q-1}{2}$ und dann

$$\lambda = r\frac{k - 1}{v - 1} = \frac{q - 1}{2}\frac{q - 3}{2}\frac{1}{q - 1} = \frac{q - 3}{4}.$$

$\square$

Bemerkung 8.25

Setzt man $q = 4t - 1$ so sieht man, dass die so konstruierten Blockpläne Hadamard-Blockpläne sind. Es gibt also für jede Primzahlpotenz q mit $q \equiv 3 \mod 4$ eine Hadamard-Matrix der Ordnung $q + 1$.

Im letzten Beispiel dieses Abschnitts konstruieren wir einen Blockplan mit $t = 3$: Es sei K ein Körper, ∞ ein Symbol mit $\infty \notin K$. Für $a, b, c, d \in K$ mit $ad \neq bc$ definieren wir die Abbildung $g(a, b, c, d) : K \cup \{\infty\} \to K \cup \{\infty\}$ vermöge $g(a, b, c, d)(x) := \frac{ax+b}{cx+d}$.

Dabei definieren wir

$$\frac{\infty \cdot a + b}{\infty \cdot c + d} := \begin{cases} \infty, & c = 0 \\ \frac{a}{c}, & \text{sonst} \end{cases}.$$

Sowie $\frac{ax+b}{0} := \infty$.

Es sei $G(K) := \{g(a, b, c, d) \mid a, b, c, d \in K, \ ad \neq bc\}$.

Wir haben (auch falls $x = \infty$, oder falls $c'x + d' = 0$):

$$\begin{aligned}
g(a, b, c, d) \circ g(a', b', c', d')(x) &= \frac{a\frac{a'x+b'}{c'x+d'} + b}{c\frac{a'x+b'}{c'x+d'} + d} \\
&= \frac{(aa' + bc')x + (ab' + bd')}{(ca' + dc')x + (cb' + dd')} \\
&= g(aa' + bc', ab' + bd', ca' + dc', cb' + dd')(x).
\end{aligned}$$

Vergleichen wir dies mit dem Matrizenprodukt auf $GL(2, K)$, der Menge der invertierbaren 2×2-Matrizen über K, so heißt das: Die Abbildung

$$\phi : \begin{pmatrix} a & b \\ c & d \end{pmatrix} \mapsto g(a, b, c, d)$$

ist ein Homomorphismus von $GL(2, K)$ in $G(K)$.

$$\frac{ax + b}{cx + d} = x \text{ für alle } x \in K \cup \{\infty\}$$

genau dann wenn $b = c = 0$ und $a = d$, also $g(a, b, c, d) = \mathrm{id}_{K \cup \{\infty\}}$ genau dann wenn $a = d$ und $b = c = 0$.

Der Kern von ϕ ist also $\left\{ \begin{pmatrix} a & 0 \\ 0 & a \end{pmatrix} \mid a \neq 0 \right\}$. Insbesondere ist $g(a, b, c, d) = g(a', b', c', d')$ genau dann wenn ein $k \in K^*$ existiert mit $(a', b', c', d') = k(a, b, c, d)$.

Wegen $\begin{pmatrix} a & b \\ c & d \end{pmatrix}^{-1} = \frac{1}{ad-bc} \begin{pmatrix} d & -b \\ -c & a \end{pmatrix}$ gilt:

$$g(a, b, c, d)^{-1} = g(d, -b, -c, a).$$

(i) Der Stabilisator $G_{0,\infty} := \{g \in G \mid g(0) = 0,\ g(\infty) = \infty\}$ ist transitiv auf $K^* = K \setminus \{0\}$.

$$G_{0,\infty} = G_0 \cap G_\infty = \{g(a, 0, 0, d) \mid ad \neq 0\}$$
$$(G_\infty = \{g(a, b, 0, d) \mid ad \neq 0\})$$
$$G_0 = \{g(a, 0, c, d) \mid ad \neq 0\}$$

Sind $r, s \in K^*$, so ist $g(s, 0, 0, r)$ ein Element, das r auf s abbildet.

$$\left(\frac{sr + 0}{0r + r} = s \right)$$

(ii) G_∞ ist transitiv auf K:

Es seien $r, s \in K$: Falls $r, s \in K^*$, so folgt die Behauptung aus *(i)*.

Ist $r = 0$, so bildet $g(1, s, 0, 1)$ 0 auf s ab.

Für $s = 0$ und $r \neq 0$ ist $g(1, -r, 0, 1)(r) = 0$

(iii) G ist transitiv auf $K \cup \{\infty\}$

Dass ein $g \in G$ existiert mit $g(r) = s$ ist nach *(ii)* klar, falls r und s beide zu K gehören oder $r = s = \infty$ gilt. Für $r = \infty, s \neq \infty$ ist $g(s, 1, 1, 0)(\infty) = s$. Für $r \neq \infty, s = \infty$ können wir $g(1, 0, 1, -r)$ wählen.

Aus *(i)*, *(ii)* und *(iii)* folgt, dass G 3-fach transitiv auf $K \cup \{\infty\}$ operiert.

Genauer kann man sogar sagen, dass G *scharf* 3-fach transitiv auf $K \cup \{\infty\}$ operiert: Der Stabilisator von drei Punkten ist die Einsgruppe:

$$G_{0,\infty,1} = \left\{ g(a, 0, 0, a) \mid a \in K^* \right\}$$

Bemerkung 8.26

$|G(K)| = (q + 1)\, q\, (q - 1)$. Dies folgt aus der scharfen 3-fachen Transitivität auf $K \cup \{\infty\}$.

Nun können wir eine weitere Serie von $t - (v, k, \lambda)$-Blockplänen mit $t = 3$ konstruieren.

Satz 8.27

Es sei K ein endlicher Körper der Ordnung q, L ein Körper der Ordnung q^d, der K als Teilkörper enthält. Dann ist

$$D = (P, \mathcal{B}) \text{ mit } P = L \cup \{\infty\},$$
$$\mathcal{B} = \{g(K \cup \{\infty\}) \mid g \in G(L)\}$$

ein $3\text{-}\left(q^d + 1, q + 1, 1\right)$-Blockplan.

Beweis Da $G(L)$ 3-fach homogen auf $L \cup \{\infty\}$ operiert, ist D ein 3-$\left(q^d + 1, q + 1, \lambda\right)$-Blockplan. Dabei gilt für die Anzahl der Blöcke:

$$b = \lambda_0 = \frac{v\,(v - 1)\,(v - 2)}{k\,(k - 1)\,(k - 2)}\lambda = \frac{\left(q^d + 1\right)\left(q^d\right)\left(q^d - 1\right)}{(q + 1)\,q\,(q - 1)}\lambda$$

Andererseits ist $b = \left[G(L) : G(L)_{K \cup \{\infty\}}\right]$, also der Index des Stabilisators der Menge $K \cup \{\infty\}$.

Es gilt nun:

$g \in G(L)$ lässt die Menge $K \cup \{\infty\}$ genau dann fest, wenn g zu $G(K)$ gehört.

Dabei ist klar, dass $G(K)$ die Menge $K \cup \{\infty\}$ fest lässt. Es sei nun umgekehrt $g \in G(L)$ eine Abbildung, die $K \cup \{\infty\}$ fest lässt. Wir betrachten drei verschiedene Elemente a, b, c aus $K \cup \{\infty\}$. Dann sind auch $g(a) = a'$, $g(b) = b'$, $g(c) = c'$ in $K \cup \{\infty\}$ und es gibt genau ein $\tilde{g} \in G(K)$ mit $\tilde{g}(a) = a'$, $\tilde{g}(b) = b'$, $\tilde{g}(c) = c'$.

Da $G(L)$ scharf 3-fach transitiv ist, muss $g = \tilde{g}$ sein. Nun folgt:

$$b = \frac{|G(L)|}{|G(K)|} = \frac{\left(q^d + 1\right)\left(q^d\right)\left(q^d - 1\right)}{(q + 1)\,q\,(q - 1)}, \text{ also } \lambda = 1 \qquad \square$$

8.3   Projektive Ebenen

8.3.1   Grundlegende Eigenschaften

Der letzte Abschnitt dieses Kapitels ist den endlichen projektiven Ebenen gewidmet. Wir können dieses reichhaltige Gebiet nur kurz streifen, hoffen aber, dabei Appetit auf mehr zu machen.

Denition 8.28

Es seien P und G zwei disjunkte, nichtleere, endliche Mengen und $I \subseteq P \times G$ eine Relation. Ein Tripel (P, G, I) heißt *endliche projektive Ebene*, wenn die folgenden Axiome erfüllt sind:

(i) Für alle $p, q \in P$, $p \neq q$, existiert genau ein $g \in G$ mit $(p, g) \in I$ und $(q, g) \in I$. Wir schreiben $g = (pq)$.

(ii) Für alle $g, h \in G$, $g \neq h$, existiert genau ein $p \in P$ mit $(p, g) \in I$ und $(p, h) \in I$. Wir schreiben $p = g \cap h$.

(iii) Es gibt 4 Punkte $p_1, \ldots, p_4 \in P$, sodass für kein $i \in \{1, \ldots, 4\}$ ein $g \in G$ existiert mit $\left(p_j, g\right) \in I$ für alle $j \neq i$.

Interpretation: Motiviert durch die klassische projektive Geometrie nennen wir die Elemente von P Punkte und die von G Geraden. Der Buchstabe I steht für Inzidenz. Statt $(p, g) \in I$ schreiben wir lieber $p\,I\,g$ und sagen: p liegt auf der Geraden g.

Axiom (i) bedeutet dann: Durch je zwei Punkte geht genau eine Gerade bzw. je zwei Punkte werden durch genau eine Gerade verbunden.

Axiom (ii) : Je zwei Geraden schneiden sich in genau einem Punkt.

Axiom (iii) ist eine Reichhaltigkeitsbedingung, die triviale Fälle ausschließen soll: Es gibt 4 Punkte, so dass keine drei davon alle auf einer Geraden liegen.

Diese Axiome haben eine innere Symmetrie, die als *Dualitätsprinzip* bekannt ist: Vertauscht man in den Axiomen (i) und (ii) die Begriffe Punkt und Gerade und die Beziehungen verbinden und schneiden, so gehen die beiden Axiome ineinander über. Diesen Vertauschungsprozess nennt man *Dualisierung*.

Allgemein gilt für projektive Ebenen: Hat man eine wahre Aussage, in der nur die Begriffe Punkt, Gerade, verbinden und schneiden vorkommen und dualisiert sie, so erhält man wieder eine wahre Aussage.

Um dies zu zeigen, müssen wir noch Axiom (iii) dualisieren und beweisen. Die duale Version lautet:

Axiom (iii)': Es gibt 4 Geraden, sodass keine drei dieser Geraden mit demselben Punkt inzidieren.

Wir starten mit den 4 Punkten $M := \{p_1, \ldots, p_4\}$ aus Axiom (iii) und betrachten die Geraden $g_1 = (p_1 p_2)$, $g_2 = (p_2 p_3)$, $g_3 = (p_3 p_4)$ und $g_4 = (p_4 p_1)$. Wäre etwa $g_1 = g_2$, so würden die Punkte p_1, p_2, p_3 alle auf dieser Geraden liegen im Widerspruch zu Axiom (iii). Allgemeiner: Weil in der Vereinigungsmenge der Punkte von je zweien dieser Geraden mindestens drei Punkte aus M liegen, sind diese Geraden paarweise verschieden. Wir fragen: Können g_1, g_2 und g_3 alle mit einem gemeinsamen Punkt inzidieren?

Die Geraden g_1 und g_2 schneiden sich in genau einem Punkt und das ist p_2. Würde g_3 auch noch mit p_2 inzidieren, so lägen p_2, p_3 und p_4 alle auf g_3 im Widerspruch zu Axiom (iii). Die anderen Fälle sind analog.

Das kleinste Beispiel einer projektiven Ebene ist die sogenannte *Fano-Ebene* (s. Abb. 8.2):

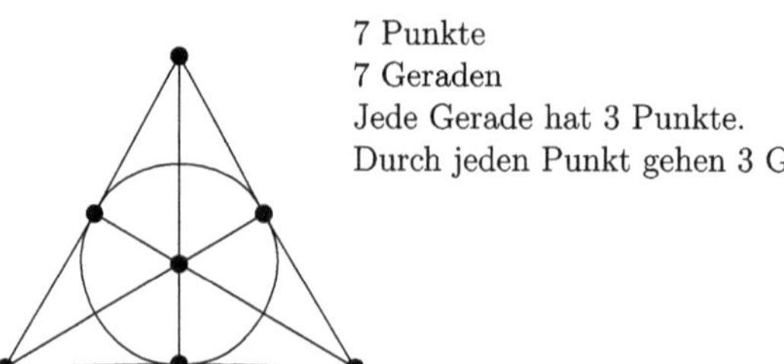

Abb. 8.2 Die Fano-Ebene

Lemma 8.29
In jeder projektiven Ebene gilt:

(i) Es gibt keine zwei Geraden, so dass jeder Punkt aus P auf mindestens einer
der beiden Geraden liegt.
(ii) Es gibt keine zwei Punkte, so dass allen Geraden aus G mit mindestens
einem dieser Punkte inzidieren.

Beweis Die beiden Aussagen sind dual zueinander und deshalb müssen wir nur eine
von beiden beweisen. Nehmen wir an, (i) wäre falsch, d.h es gäbe zwei Geraden
g und h, sodass jeder Punkt der Ebene auf (mindestens) einer der beiden Geraden
liegt. Wir betrachten eine Punktmenge $M := \{p_1, \ldots, p_4\}$ wie in Axiom (iii). Wäre
der Schnittpunkt $g \cap h$ in M, so müsste g oder h noch zwei weitere Punkte aus M
enthalten im Widerspruch zu Axiom (iii). Es inzidieren also genau zwei Punkte aus
M, etwa p_1 und p_2 mit g und die anderen beiden (p_3 und p_4) mit h. Es sei q der
Schnittpunkt der Geraden $(p_1 p_3)$ und $(p_2 p_4)$. Dann gehört q offenbar nicht zu M.
Läge q auf g, so wäre $g = (q p_1) = (q p_2)$. Aber $(q p_2) = (p_2 p_4)$ und g müsste auch
mit p_4 inzidieren, was nicht der Fall sein kann, Widerspruch. Analog sieht man, dass
q nicht auf h liegen kann. $\square$

Satz 8.30
Für jede endliche projektive Ebene (P, G, I) gibt es eine natürliche Zahl $n \geq 2$,
sodass gilt:

(i)   Auf jeder Geraden $g \in G$ liegen genau $n + 1$ Punkte.
(ii) Durch jeden Punkt $p \in P$ gehen genau $n + 1$ Geraden.
(iii) $|P| = |G| = n^2 + n + 1$

Die Zahl n heißt die *Ordnung* der projektiven Ebene (P, G, I).

(Die Fano-Ebene hat z. B. die Ordnung 2.)

Beweis

(i): Zu $g \in G$ sei $[g]$ die Menge der Punkte auf g.
Für zwei beliebige Geraden $g, h \in G$, $g \neq h$, seien $p := g \cap h$ und $q \in$
$P \setminus ([g] \cup [h])$.

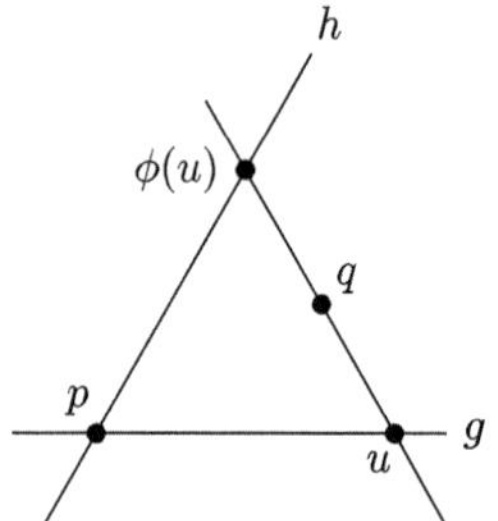

Abb. 8.3 Die Abbildung ϕ

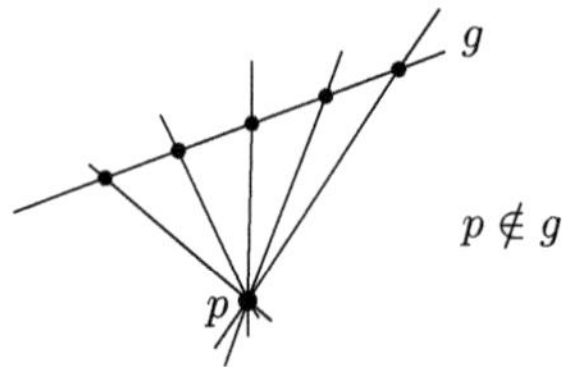

Abb. 8.4 Die Abbildung ψ

Wir definieren eine Abbildung (vgl. Abb. 8.3)

$$\phi : [g] \to [h] : u \mapsto (qu) \cap h.$$

Nach Wahl von q ist ϕ wohldefiniert und besitzt die Inverse

$$\phi^{-1} : [h] \to [g] : w \mapsto (qw) \cap g.$$

Da g und h beliebig waren, folgt: Auf allen Geraden liegen gleich viele Punkte. Diese Anzahl bezeichnen wir mit $n + 1$.

(ii): Es sei $p \in P$ und g eine Gerade, die nicht mit p inzidiert. Die Menge aller Geraden durch p bezeichnen wir mit L. Dann ist die Abbildung (vgl. Abb. 8.4)

$$\psi : [g] \to L : w \mapsto (pw).$$

eine Bijektion zwischen $[g]$ und L, also $n + 1 = |[g]| = |L|$.

(iii) Es sei $p \in P$. Für zwei Geraden g und h durch p, $g \neq h$, gilt: $[g] \setminus \{p\}$ und $[h] \setminus \{p\}$ sind disjunkt. Nach (i) und (ii) zerfällt also $P \setminus \{p\}$ in $n + 1$ disjunkte Mengen mit je n Elementen.

$\Rightarrow |P \setminus \{p\}| = (n + 1)\, n$
$\Rightarrow |P| = n^2 + n + 1.$

Ein duales Argument ergibt analog: $|G| = n^2 + n + 1$.

Warum ist $n \geq 2$? Im Fall $n = 1$ wäre $|P| = 3$ im Widerspruch zu Axiom (iii). $\qquad\square$

Interpretiert man die Punktmengen $[g]$ der Geraden $g \in G$ als Blöcke, so haben wir gerade gezeigt, dass die projektiven Ebenen symmetrische 2-$(n^2 + n + 1, n + 1, 1)$-Blockpläne sind.

Die klassischen Beispiele für projektive Ebenen erhält man wie folgt:

Beispiel 8.31
Es sei K ein endlicher Körper, $|K| = q$, und $V = K^3$ der 3-dimensionale Vektorraum über K. Ferner sei P die der Menge eindimensionalen und G die Menge der 2-dimensionalen Unterräume von V. Dann ist $(P, G, \subseteq)$ eine projektive Ebene der Ordnung q.

(Dies nachzuprüfen, überlassen wir dem Leser als Übung). Die Fano-Ebene entsteht auf diese Weise aus dem Körper $K = \mathbb{Z}_2$.

Es gibt also für jede Primzahlpotenz q eine projektive Ebene der Ordnung q. Ob weitere Zahlen als Ordnungen projektiver Ebenen auftreten können, ist nicht bekannt. Immerhin gilt der folgende Satz, den wir hier nicht beweisen:

Satz 8.32 (Bruck und Ryser (1949), [20])
Ist n die Ordnung einer projektiven Ebene und $n \equiv 1$ oder $n \equiv 2 \mod 4$, so ist n die Summe von 2 Quadratzahlen.

Auf diese Weise kann man etwa die Zahlen 6, 14, 21, 22, 30, 33, 38 ... als mögliche Ordnungen ausschließen. Für den Fall $n = 10 = 3^2 \mid 1^2$ konnte mit großem Computeraufwand gezeigt werden, dass keine projektive Ebene dieser Ordnung existiert.

Es gibt einen Zusammenhang zwischen projektiven Ebenen und orthogonalen lateinischen Quadraten, auf den wir kurz eingehen. Zur Erinnerung: Ein *lateinisches Quadrat* der Ordnung n ist eine $n \times n$-Matrix A, sodass in jeder Zeile und jeder Spalte die Zahlen $1, 2, \ldots, n$ genau einmal vorkommen.

Für zwei lateinische Quadrate A und B bezeichnen wir mit $A \times B$ die $(n \times n)$-Matrix mit dem Paar $(a_{i\,j}, b_{i\,j})$ an der Stelle (i, j). A und B heißen *orthogonal*, falls in $A \times B$ alle Paare aus $\{1, \ldots, n\} \times \{1, \ldots, n\}$ (genau einmal) vorkommen. A und B heißen *äquivalent*, falls Permutationen π, ρ, σ aus der symmetrischen Gruppe S_n existieren mit:

$$b_{i,j} = \pi(a_{\rho(i),\sigma(j)}) \quad \text{für alle } 1 \leq i, j \leq n,$$

d. h. ein äquivalentes Quadrat entsteht durch Permutation der Zeilen, der Spalten und der Symbole $1, 2, \ldots, n$ in der Matrix. In diesem Fall schreiben wir $A \sim B$. Dass hier tatsächlich eine Äquivalenzrelation auf der Menge der lateinischen Quadrate vorliegt, ist trivial. Interessanter ist, dass Orthogonalität eine Klasseneigenschaft ist, genauer:

Lemma 8.33

Es seien A und B orthogonale lateinische Quadrate und $A \sim A'$. Dann sind auch A' und B orthogonal.

Beweis Wir zeigen nur, dass Orthogonalität bei Permutation der Symbole erhalten bleibt. Die Argumente bei Zeilen- und Spaltenpermutation sind analog.

Es seien A und B orthogonal und A' entstehe aus A durch Permutation der Symbole, etwa $a'_{i,j} = \pi(a_{i,j})$ mit $\pi \in S_n$. Ferner sei $(a, b) \in \{1, \ldots, n\} \times \{1, \ldots, n\}$. Wir müssen zeigen, dass es i und j gibt mit

$$a'_{i,j} = \pi(a_{i,j}) = a \quad \text{und} \quad b_{i,j} = b.$$

Es gibt (wie bei jedem lateinischen Quadrat) eine Permutation $\sigma \in S_n$ mit $b_{i,\sigma(i)} = b$ für alle $1 \le i \le n$. Wegen der Orthogonalität von A und B durchlaufen die Zahlen $a_{i,\sigma(i)}$ alle Zahlen von 1 bis n. Es gibt also ein i_0 mit $a_{i_0,\sigma(i_0)} = \pi^{-1}(a)$. Dann ist aber $a'_{i_0,\sigma(i_0)} = a$ und wir sind fertig. $\qquad\square$

Daraus folgern wir:

Satz 8.34

(i) Ist $A^1, A^2, \ldots A^k$ ein System von paarweise orthogonalen lateinischen Quadraten der Ordnung n, so ist $k \le n - 1$.

(ii) Ist $k = n - 1$ und $1 \le u, v, a, b \le n$ mit $u \ne a$ und $v \ne b$, so existiert genau ein A^i mit $a^i_{u,v} = a^i_{a,b}$

Beweis

(i) Indem wir jedes A^i durch ein äquivalentes lateinisches Quadrat ersetzen, können wir annehmen, dass die erste Zeile jedes A^i $(1, 2, \ldots, n)$ lautet. Die Elemente in der Position $(2, 1)$, also $a^i_{2,1}$ für $1 \le i \le k$ sind dann sicher von 1 verschieden.

Sie sind aber auch untereinander verschieden, denn: Wäre $a^i_{2,1} = a^j_{2,1} = l$ für $i \ne j$, so würde das Paar (l, l) in $A^i \times A^j$ zweimal vorkommen, nämlich in den Positionen $(2, 1)$ und $(1, l)$. Damit gilt: $k \le n - 1$.

(ii) Es sei $k = n - 1$. Indem wir zunächst die gleichen Zeilen- und Spaltenpermutationen auf die A^i anwenden, können wir annehmen, dass $(u, v) = (1, 1)$ und $(a, b) = (2, 2)$ ist. Durch (evtl. unterschiedliche) Symbolpermutationen erreichen wir dann wieder, dass die erste Zeile stets $(1, 2, \ldots, n)$ lautet. Wie bei (i) sehen wir: An der Position $(2, 2)$ stehen die Zahlen $1, 3, \ldots, n$ jede genau einmal. Es gibt also genau ein i mit $a^i_{2,2} = a^i_{1,1} = 1$ $\qquad\qquad$ $\square$

Es gilt:

Satz 8.35

Es sei $n \geq 3$. Dann existieren $n - 1$ paarweise orthogonale lateinische Quadrate der Ordnung n genau dann, wenn eine projektive Ebene der Ordnung n existiert.

Beweis Es sei eine projektive Ebene (P, G, I) der Ordnung n gegeben. Wir wählen eine Gerade g mit $[g] = \{p_0, p_1, \ldots, p_n\}$. Durch jeden Punkt p_i auf g gehen genau n verschiedene Geraden außer g, etwa $g^i_1, g^i_2, \ldots, g^i_n$. Die Menge dieser Geraden bezeichnen wir mit L_i, $0 \leq i \leq n$. Die Menge $M := P \setminus [g]$ hat genau $n^2 + n + 1 - (n + 1) = n^2$ Elemente.

Für jedes i, $0 \leq i \leq n$, bilden die Mengen $[g^i_j] \cap M$, $1 \leq j \leq n$, eine disjunkte Zerlegung von M. Wir benutzen L_0 und L_n, um den Punkten von M Koordinaten (a, b), $1 \leq a, b \leq n$ zuzuordnen: Ein Punkt $p \in M$ erhält die Koordinaten (a, b), falls $p = g^0_a \cap g^n_b$ gilt. Wir identifizieren nun die Punkte aus M mit ihren Koordinaten. Die übrigen L_i benutzen wir zur Definition lateinischer Quadrate:

Was kann über die Punkte aus $M \cap [g^i_l]$, $1 \leq i \leq n - 1$, gesagt werden?

Lägen (a, b) und (a, c) beide auf g^i_l, so lägen sie auch auf g^0_a und wir hätten $g^0_a = g^i_l$, was offenbar unmöglich ist. Genauso kann es nicht sein, dass zwei Punkte aus $M \cap [g^i_l]$ in der zweiten Koordinate übereinstimmen. Aus L_i konstruieren wir eine Matrix $A^i = (a^i_{j,k})$ wie folgt: Es ist $a^i_{j,k} = l$ genau dann, wenn der Punkt mit den Koordinaten (j, k) auf g^i_l liegt. Dann enthalten die Zeilen und Spalten von A^i lauter verschiedene Zahlen und A^i ist ein lateinisches Quadrat.

Ist A^m ein anderes lateinisches Quadrat, $1 \leq i < m \leq n - 1$, so sind A^i und A^m orthogonal, denn:

Sind a und b gegeben mit $1 \leq a, b \leq n$, so liegt der Punkt $g^i_a \cap g^m_b = (u, v)$ in M. Dann ist aber nach Konstruktion $a^i_{u,v} = a$ und $a^m_{u,v} = b$.

Für die andere Beweisrichtung müssen wir aus einem System $A^1, \ldots, A^{n-1}$ orthogonaler lateinischer Quadrate eine projektive Ebene konstruieren. Dies geschieht durch Umkehrung der gerade gesehenen Konstruktion: Die Punktmenge P besteht aus den Zahlenpaaren (i, j) mit $1 \leq i, j \leq n$ und $n + 1$ neuen Elementen $p_0, p_1, \ldots, p_n$, die die Punktmenge einer Geraden g bilden. Die übrigen Geraden sind die disjunkte Vereinigung von Mengen $L_i = \{g^i_1, \ldots, g^i_n\}$ mit:

$$[g_k^0] := \{p_0, (k, 1), (k, 2), \ldots, (k, n)\}, \quad [g_k^n] := \{p_n, (1, k), (2, k), \ldots, (n, k)\},$$
$1 \le k \le n$.

Für $1 \le i \le n - 1$ setzt man: $[g_k^i] := \{p_i\} \cup \{(u, v) | a_{u,v}^i = k\}$.

Wir müssen die Axiome einer projektiven Ebene überprüfen.

Zwei Geraden h, k schneiden sich in genau einem Punkt: Falls eine der Geraden g ist oder falls beide zu einem und demselben L_i gehören, so ist das klar. Es sei also etwa $h \in L_i, k \in L_m, i < m$. Wir haben die folgenden Fälle:

(1) $i = 0$, etwa $h = g_a^0, k = g_l^m$ mit $m < n$. Dann gibt es genau eine Spalte b mit $a_{a,b}^m = l$, also $h \cap k = (a, b)$.

(2) $m = n, 1 \le i < n$: Analog zu Fall (1).

(3) $i = 0, m = n$: $g_a^0 \cap g_b^n = (a, b)$.

(4) $1 \le i < m \le n - 1$: Ein Punkt (a, b) ist Schnittpunkt von g_u^i und g_v^m genau dann, wenn $a_{a,b}^i = u$ und $a_{a,b}^m = v$ gilt. Hier folgt die Existenz und Eindeutigkeit aus der Orthogonalität von A^i und A^m.

Damit haben wir Axiom (ii) verifiziert.

Betrachten wir nun zwei Punkte p, q aus P.

Ist keiner der Punkte in M, so liegen beide in g und g ist offenbar die einzige Gerade, auf der beide liegen.

Ist genau einer der beiden Punkte in M, so können wir o.B.d.A schreiben: $p = p_i$, $q = (a, b)$. Für $i = 0$ liegen beide Punkte auf g_a^0, für $i = n$ auf g_b^n.

Für $1 \le i \le n - 1$ ist g_l^i die gesuchte Gerade falls $a_{a,b}^i = l$.

Es bleibt der Fall $p = (u, v)$ und $q = (a, b)$. Ist $u = a$, so liegen beide Punkte auf g_u^0, im Falle $v = b$ auf g_v^n. Ist $u \ne a$ und $v \ne b$, so folgt aus 8.34, dass es genau ein lateinisches Quadrat A^i gibt mit $a_{u,v}^i = a_{a,b}^i$. Steht an diesen Positionen die Zahl l, so ist die gesuchte (eindeutige) Gerade g_l^i.

Damit ist auch Axiom (i) gezeigt.

Für Axiom (iii) beachten wir $n \ge 3$ und wählen als Punkte z. B.: $M := \{p_0, p_n, (1, 1), (2, 2)\}$. Angenommen, eine 3-elementige Teilmenge T von M läge ganz auf einer Geraden h. Wenn T die beiden Punkte p_0 und p_n enthält, so muss $h = g$ sein, aber weder $(1, 1)$ noch $(2, 2)$ liegen auf g. Also muss T die beiden Punkte $(1, 1)$ und $(2, 2)$ enthalten. Deren Verbindungsgerade gehört aber weder zu L_0 noch zu L_n und enthält deshalb auch p_0 und p_n nicht. Widerspruch!

Damit sind alle Axiome verifiziert. $\qquad\qquad\qquad\qquad\qquad\qquad\qquad\qquad\qquad\qquad\quad\square$

8.3.2 Das Freundschaftstheorem

Zum Schluss noch eine Anwendung der projektiven Ebenen auf die Graphentheorie, das Freundschaftstheorem von Erdős, Rényi und Sós. Dabei handelt es sich um die folgende Aussage:

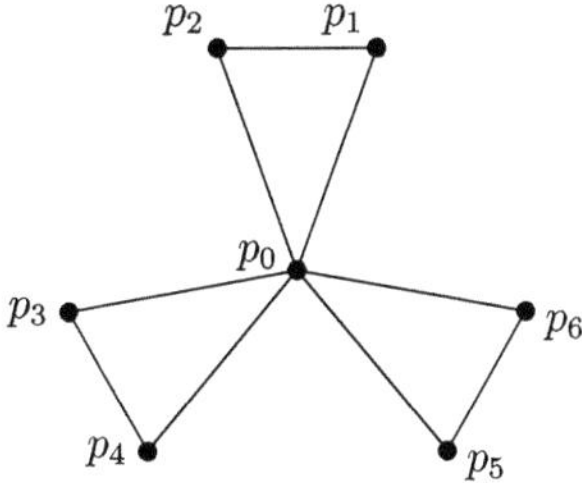

Abb. 8.5 Der Graph F_3

Es sei eine Gruppe von Personen gegeben, in der je zwei Personen genau einen gemeinsamen Freund haben. Dann gibt es eine Person, die mit allen anderen befreundet ist.

Dabei wird angenommen, dass Freundschaften symmetrisch sind und dass man nicht mit sich selbst befreundet ist. Die Freundschaftsbeziehung kann dann durch einen Graphen beschrieben werden, in dem die folgende Bedingung erfüllt ist:

Je zwei Punkte des Graphen haben genau einen gemeinsamen Nachbarn.

Wir nennen diese Bedingung kurz die *Freundschaftsbedingung*.

In Satz 1.6 haben wir gezeigt, dass ein Graph mit einer geraden Anzahl von Punkten stets zwei Punkte mit einer geraden Anzahl von gemeinsamen Nachbarn besitzt. Die Anzahl der Punkte in einem Graphen, der die Freundschaftsbedingung erfüllt, muss also ungerade sein.

Beispiel 8.36

Es sei $F := F_n := (P, E)$ der Graph mit Punktmenge $P := \{p_0, p_1, \ldots, p_{2n}\}$ und $E := \{p_0 p_i \mid 1 \le i \le 2n\} \cup \{p_{2i-1} p_{2i} \mid 1 \le i \le n\}$. Dann erfüllt F die Freundschaftsbedingung. Der Graph besteht aus n Dreiecken, die alle einen und nur einen zentralen Punkt gemeinsam haben und wird *Freundschaftsgraph* genannt (vgl. Abb. 8.5).

Wir werden zeigen:

Satz 8.37 (Freundschaftstheorem; Erdős-Rényi-Sós 1966, [33])
Ein Graph mit mindestens 3 Punkten, der die Freundschaftsbedingung erfüllt, ist isomorph zu einem Freundschaftsgraphen.

Als Vorbereitung für den Beweis brauchen wir noch einen Satz über projektive Ebenen:

Wir beginnen mit einer Definition:

Denition 8.38

Es sei (P, G, I) eine projektive Ebene. Eine Bijektion $\pi : P \to G$ heißt *Polarität*, falls gilt:

$$pI\pi(q) \Leftrightarrow qI\pi(p) \ \text{ für alle } p, q \in P.$$

Die Gerade $\pi(p)$ heißt die *Polare* des Punktes p. p heißt der *Pol* der Geraden $\pi(p)$.

     Falls $pI\pi(p)$ gilt, heißen p und $\pi(p)$ *absolut*.

Wir brauchen:

Satz 8.39

Jede Polarität besitzt einen absoluten Punkt.

Beweis Es sei π eine Polarität. Wir nummerieren $P = \{p_1, \dots, p_m\}$, $G = \{g_1, \dots, g_m\}$, $m := n^2 + n + 1$ (vgl. Satz 8.30), und definieren eine Matrix $A = (a_{i,j}) \in \{0, 1\}^{m \times m}$ via

$$a_{ij} := \left[p_i I \pi \left(p_j \right) \right].$$

Nach der Definition einer Polarität ist sie symmetrisch: $A = A^T$.

     Ferner gilt: $\mathrm{Tr}(A) = \sum_{i=1}^{m} a_{i,i}$ ist die Anzahl der absoluten Punkte.

     Nach dem Spektralsatz ist A diagonalisierbar und hat m reelle (nicht notwendig verschiedene) Eigenwerte $\lambda_1, \dots, \lambda_m$. Wegen $\sum_{i=1}^{m} \lambda_i = \mathrm{Tr}(A)$ ist also zu zeigen:

$$\sum_{i=1}^{m} \lambda_i \neq 0.$$

Dazu berechnen wir $A^2 = (a_{i,j}^{(2)})$

     Für alle $i, j = 1, \dots, m$ gilt:

$$a_{ij}^{(2)} = \sum_{l=1}^{m} [p_i I \pi(p_l)] \cdot \left[p_l I \pi(p_j) \right] = \sum_{l=1}^{m} [\{p_i, p_j\} \subseteq \pi(p_l)]$$

$$= \begin{cases} 1, & i \neq j \ (\leftarrow \text{Def. von projektiven Ebenen}), \\ n+1, & i = j \ (\leftarrow \text{Satz 8.30}). \end{cases}$$

Bezeichnet J wieder die konstante 1-Matrix, so heißt das:

$$A^2 = nI + J$$

Die $m-1$ linear unabhängigen Vektoren $\begin{pmatrix} 1 \\ -1 \\ 0 \\ 0 \\ \vdots \\ 0 \end{pmatrix}, \begin{pmatrix} 0 \\ 1 \\ -1 \\ 0 \\ \vdots \\ 0 \end{pmatrix}, \ldots, \begin{pmatrix} 0 \\ \vdots \\ 0 \\ 0 \\ 1 \\ -1 \end{pmatrix}$ sind offenbar

Eigenvektoren von A^2 zum Eigenwert n. Sie können durch den Eigenvektor $\begin{pmatrix} 1 \\ \vdots \\ 1 \end{pmatrix}$

zu einer Basis ergänzt werden, wobei der letzte Eigenwert genau

$$n + m = n + (n^2 + n + 1) = (n + 1)^2$$

ist. Die Matrix A^2 hat also als Eigenwerte den $(m-1)$-fachen Eigenwert n und den einfachen Eigenwert $(n+1)^2$.

Nach geeigneter Nummerierung erhalten wir für die Eigenwerte von A:

$$\lambda_1 = \pm\sqrt{n}, \ldots, \lambda_{m-1} = \pm\sqrt{n}, \lambda_m = n + 1,$$

wobei das Vorzeichen für λ_m positiv zu wählen ist, da der Eigenvektor $\begin{pmatrix} 1 \\ \vdots \\ 1 \end{pmatrix}$

auch Eigenvektor von A ist. Bezeichnet x die Anzahl positiver Vorzeichen bei $\lambda_1, \ldots, \lambda_{m-1}$, so folgt:

$$\sum_{i=1}^{m} \lambda_i = (2x - m + 1)\sqrt{n} + n + 1 \text{ mit } x \in \{0, 1, \ldots, m - 1\}.$$

Ist $2x - m + 1 = 0$, so ist $\sum_{i=1}^{m} \lambda_i = n + 1 \neq 0$.

Ist $2x - m + 1 \neq 0$ und n keine Quadratzahl, so ist $\sqrt{n}$ irrational und wir haben ebenfalls $\sum_{i=1}^{m} \lambda_i \neq 0$.

Ist schließlich $n = r^2, r \in \mathbb{N}$, ein Quadrat, so folgt:

$$\sum_{i=1}^{m} \lambda_i = (2x - m + 1)r + r^2 + 1 \equiv 1 \mod r,$$

also wiederum $\sum_{i=1}^{m} \lambda_i \neq 0$. $\qquad\qquad\qquad\qquad\qquad\qquad\qquad\qquad\square$

Beweis von 8.37: Es sei ein Graph $H = (P, E)$ mit $|P| \geq 3$ gegeben, der die Freundschaftsbedingung erfüllt. Da der Satz für $n = 3$ trivial ist, nehmen wir gleich an, dass $n \geq 5$ ist. Für je zwei Punkte p, q aus P bezeichnen wir den gemeinsamen Freund mit $\phi(p, q)$. Wir können sofort einige Aussagen über H machen:

- H ist zusammenhängend: Sind $p, q \in P$, $p \neq q$, so erreichen wir q von p aus über den Weg $p\phi(p, q)q$.
- Jeder Punkt in H hat mindestens zwei Nachbarn: Wegen des Zusammenhangs hat jedes p einen Nachbarn q und wegen der Freundschaftsbedingung einen zweiten Nachbarn $\phi(p, q)$.
- H enthält keinen Kreis der Länge vier: Lägen p, q, r, s in dieser Reihenfolge auf einem Kreis, so hätten p und r zwei verschiedene gemeinsame Nachbarn.

Wie sieht die Nachbarschaft eines Punktes p aus? Wir bezeichnen die Menge der Nachbarn des Punktes p mit $\pi(p)$. Jeder Punkt q in $\pi(p)$ ist mit genau einem weiteren Punkt $\phi(p, q)$ in $\pi(p)$ verbunden. Im induzierten Untergraphen $H[\pi(p)]$ haben also alle Punkte den Grad 1. $H[\pi(p)]$ besteht damit aus $d_H(p)/2$ unabhängigen Kanten. Insbesondere ist der Grad von p gerade. Daraus folgt auch: Falls es einen Punkt p gibt, der mit allen anderen verbunden ist, so ist H ein Freundschaftsgraph und wir sind fertig.

Wir können also annehmen, dass es in H keinen Punkt gibt, der mit allen anderen verbunden ist.

Nun definieren wir wie folgt eine Inzidenzstruktur (P, G, I):

P ist die Punktmenge unseres Graphen H. G (unsere Geradenmenge) ist die Familie aller $\pi(p)$ mit $p \in P$. Die Relation I ist die Elementbeziehung: $pI\pi(q)$ genau dann, wenn p und q im Graphen H verbunden sind. Die Behauptung ist, dass (P, G, I) eine projektive Ebene ist. Dazu verifizieren wir die Axiome:

- Axiom (i) ist erfüllt: Die eindeutige Gerade durch p und q, $p \neq q$, ist $\pi(\phi(p, q))$.
- Axiom (ii) ist erfüllt: Zwei Geraden $\pi(p), \pi(q) \in G$, $p, q \in P$, $p \neq q$, haben genau einen Punkt gemeinsam, nämlich $\phi(p, q)$.

Nun zu Axiom (iii): Hätten alle Punkte den Grad 2, so wäre H eine disjunkte Vereingung von Dreiecken und wegen $n > 3$ nicht zusammenhängend. Wir können also einen Punkt p wählen mit $d_H(p) \geq 4$ und setzen $W := P \setminus (\{p\} \cup \pi(p))$.

Es sei $q \in W$. Von q aus führt genau eine Kante nach $\pi(p)$, nämlich zu dem Punkt $\phi(p, q) =: r$. Hätte q noch einen zweiten Nachbarn in $\pi(p)$, so hätten wir einen Kreis der Länge vier.

Der Punkt $\phi(q, r) =: s$ muss damit wieder in W liegen.

Schließlich wählen wir in $\pi(p)$ noch einen zweiten Punkt t, der nicht mit r verbunden ist.

Behauptung: Die vier Punkte der Menge $M := \{q, r, s, t\}$ erfüllen die Bedingung von Axiom (iii):

Es sei T eine dreielementige Teilmenge von M.

Dann gilt entweder $\{r, t\} \subset T$ oder $\{q, s\} \subset T$.

Falls T die beiden Punkte r und t enthält, so ist $\pi(p)$ die einzige Gerade, die diese beiden Punkte enthält. Sie enthält aber weder q noch s.

Die einzige Gerade, die q und s enthält, ist $\pi(r)$. Diese enthält aber weder r selbst noch t.

Damit ist (P, G, I) eine projektive Ebene und π definiert offenbar eine Polarität. Nach Satz 8.39 existiert ein Punkt in P mit $p \in \pi(p)$.

Wie immer man das philosophisch oder psychologisch sehen mag: Bei unserem Freundschaftsbegriff ist es ausgeschlossen, mit sich selbst befreundet zu sein. Mit diesem Widerspruch ist der Beweis abgeschlossen. □

Codes 9

In diesem Schlusskapitel geht es um die sichere Übertragung von Nachrichten. Grundsätzlich kann Sicherheit in diesem Zusammenhang zweierlei bedeuten:

- Sicherheit gegenüber unbefugten Lauschern. Dazu muss die Nachricht verschlüsselt werden. Die Wissenschaft des Verschlüsselns ist die Kryptographie. Sie soll hier nicht behandelt werden.
- Sicherheit gegenüber Übertragungsfehlern, die durch technische Störungen des verwendeten Kanals, das sogenannte Rauschen, ausgelöst werden. In der *Kanalcodierung* versucht man, die Auswirkungen des Rauschens abzuschwächen.

Die Hauptsätze der Kanalcodierung gehen auf den amerikanischen Mathematiker C.E. Shannon zurück [99], der als Begründer der Informationstheorie gilt.

9.1 Fehlerkorrigierende Codes

Nehmen wir an, eine Quelle sendet eine Nachricht als Folge von Nullen und Einsen (Bits). Bei der Übertragung können auf Grund technischer Fehler des Kanals 0 und 1 vertauscht werden.

Wie kann die Zuverlässigkeit des Systems verbessert werden, wenn die technischen Eigenschaften des Kanals nicht verändert werden können?

Eine erste Idee könnte so aussehen: Wir senden jedes Bit $2k + 1$ mal. Das nennt man auch den *Wiederholungscode*. Der Empfänger der Nachricht zerlegt diese in Ziffernblöcke der Länge $2k + 1$. Kommen im gleichen Block 0 und 1 vor, so muss ein Übertragungsfehler vorliegen. Geht man davon aus, dass solche Fehler eher selten sind, so könnte der Empfänger „nach Mehrheit" decodieren: Er geht davon aus, dass die am häufigsten vorkommende Ziffer die gesendete ist.

© Der/die Autor(en), exklusiv lizenziert an Springer-Verlag GmbH, DE, ein Teil von Springer Nature 2025
E. Triesch, *Diskrete Mathematik*,
https://doi.org/10.1007/978-3-662-71624-3_9

Wenn pro Block höchstens k Fehler auftreten, so können sie auf diese Weise korrigiert werden.

Der Nachteil dieser Methode besteht darin, dass man Geschwindigkeit verliert: Man muss $2k + 1$ Bits senden, nur um 1 Bit Information zu übertragen, die *Übertragungsrate* ist $\frac{1}{2k+1}$ und geht bei weiterer Vergrößerung der Blöcke gegen 0.

Das legt die Frage nahe: Kann man Codes mit größerer Übertragungsrate finden, die auch k Fehler korrigieren? Dazu wird die Nachricht aus der Quelle in Blöcke einer bestimmten Länge, sagen wir m, zerlegt. Wir identifizieren die Menge der möglichen Blöcke mit $\mathbb{Z}_2^m$. Jedem $x \in \mathbb{Z}_2^m$ wird ein Codewort $f(x)$ der festen Länge n, $n \geq m$, zugeordnet. Statt der Originalnachricht x wird das Codewort $f(x)$ gesendet. Die Codeworte liegen also in $\mathbb{Z}_2^n$. Deshalb benötigt der Empfänger eine Methode, wie er einem empfangenen $y \in \mathbb{Z}_2^n$ ein Codewort bzw. die zugehörige Nachricht zuordnet.

Wir brauchen einige Definitionen:

Definition 9.1

Ein *Codierungsschema* ist ein Paar von Funktionen $f : \mathbb{Z}_2^m \to \mathbb{Z}_2^n$ und $g : \mathbb{Z}_2^n \to \mathbb{Z}_2^m$, $m \leq n$.

f heißt *Codierungs-* und g *Decodierungsfunktion.*

Eine Nachricht $x \in \mathbb{Z}_2^m$ enthält m Bits an Information und wird als $f(x)$ codiert und gesendet. Gesendet werden also n Bits. Kommt $y \in \mathbb{Z}_2^n$ an, so wird es als $g(y)$ decodiert.

Definition 9.2

Die *Übertragungsrate* des Codierungsschemas ist $\frac{m}{n}$.

Den Raum $\mathbb{Z}_2^n$ versehen wir mit der *Hamming-Metrik.*

Definition 9.3 (Hamming-Metrik)

Für $x = (x_1, x_2, \ldots, x_n)$, $y = (y_1, y_2, \ldots, y_n) \in \mathbb{Z}_2^n$ ist der *Hamming-Abstand* $\varrho(x, y)$ definiert durch

$$\varrho(x, y) = |\{i \mid x_i \neq y_i\}|$$

Dabei folgt die Dreiecksungleichung

$$\varrho(x, z) + \varrho(z, y) \geq \varrho(x, y)$$

aus der folgenden Überlegung:

Ist i ein Index mit $x_i \neq y_i$, so ist entweder $x_i \neq z_i$ oder $y_i \neq z_i$. Der Index i wird also in $\varrho(x, z) + \varrho(z, y)$ „gezählt".

Ferner sei für $x \in \mathbb{Z}_2^n$:

$$B_r(x) := \{y \mid \varrho(x, y) \leq r\}.$$

Wir bezeichnen $B_r(x)$ als die Kugel mit Mittelpunkt x und Radius r.

Häufig wird auch $C := \{f(x) \mid x \in \mathbb{Z}_2^n\}$ als ein Code bezeichnet. Man sagt, er *entdecke bis zu k Fehler,* falls gilt:

$$x, y \in C, \quad x \neq y \implies \varrho(x, y) \geq 2k$$

und man sagt, er *korrigiere bis zu k Fehler,* falls:

$$x, y \in C, \quad x \neq y \implies \varrho(x, y) \geq 2k + 1.$$

Die Kugel $B_k(x)$ enthält alle y, die aus x durch höchstens k Fehler hervorgehen. Ist $\varrho(x, y) \geq 2k + 1$, so sind die Kugeln $B_k(x)$ und $B_k(y)$ disjunkt. Wurden höchstens k Fehler gemacht, so liegt das übertragene Wort y in $\bigcup_{x \in C} B_k(x)$ und der zugehörige Mittelpunkt ist eindeutig bestimmt.

Im Fall $\varrho(x, y) \geq 2k$ ($x \neq y$) sind die Kugeln nicht notwendig disjunkt. Wurden weniger als k Fehler gemacht, so kann man natürlich wieder wie oben argumentieren.

Bei genau k Fehlern kann ein übertragenes y aber in zwei verschiedenen Kugeln $B_k(x), B_k(z)$ liegen. Immerhin weiß man dann noch, dass ein Fehler gemacht wurde.

Als eine obere Schranke erhalten wir ([59]):

Satz 9.4 (Hamming-Schranke)
Es sei $C \subseteq \mathbb{Z}_2^n$ ein Code, der bis zu k Fehler korrigiert. Dann gilt:

$$|C| \leq \frac{2^n}{\sum_{i=0}^{k} \binom{n}{i}}.$$

Beweis Eine Kugel $B_k(x)$ enthält genau $\sum_{i=0}^{k} \binom{n}{i}$ Punkte. Korrigiert C bis zu k Fehler, so gilt:

$$2^n = |\mathbb{Z}_2^n| \geq \left| \bigcupdot_{x \in C} B_k(x) \right| = |C| \sum_{i=0}^{k} \binom{n}{i}.$$

Wenn in dieser Ungleichung Gleichheit gilt, so überdecken die Kugeln $B_k(x), x \in C$, den ganzen Raum $\mathbb{Z}_2^n$ disjunkt und lückenlos. Ein solcher Code heißt k-perfekt. Ist $n = 2k + 1$ und C der Code, der nur aus den beiden Punkten $(0, 0, \ldots, 0)^T$ und $(1, 1, \ldots, 1)^T$ besteht, so ist er offenbar k-perfekt. Später werden wir interessantere Beispiele perfekter Codes kennenlernen.

Die Größe $d(C) := \min\{\varrho(x, y) | x, y \in C, x \neq y\}$ heißt der *Mindestabstand* von C.

Der folgende Satz ist eine untere Schranke für $|C|$, wenn die Blocklänge n und der Mindestabstand d vorgegeben sind ([51], [107]):

Satz 9.5 (Gilbert-Varshamov)
Es seien $d \leq n \in \mathbb{N}$. Dann gibt es einen Code $D \subseteq \mathbb{Z}_2^n$ mit Mindestabstand mindestens d und

$$|C| \geq \frac{2^n}{\sum_{i=0}^{d-1} \binom{n}{i}}.$$

Beweis Ein solcher Code kann mit dem *Greedy-Algorithmus* konstruiert werden:

- Das erste Codewort c^1 wird beliebig gewählt.
- Sind $c^1, c^2, \ldots, c^k$ bereits konstruiert, so sei c^{k+1} ein beliebiges Wort x mit

$$\varrho(c^i, x) \geq d \quad \text{für alle } 1 \leq i \leq k.$$

Falls kein solches c existiert, so bricht der Algorithmus ab.

Stoppt der Algorithmus mit dem Code $C = \{c^1, c^2, \ldots, c^k\}$, so gilt offenbar: Jedes x hat zu mindestens einem Codewort einen Abstand kleiner als d, d.h.

$$\mathbb{Z}^n = \bigcup_{i=1}^{k} B_{d-1}\left(c^i\right),$$

also

$$2^n \leq k \cdot \sum_{i=0}^{d-1} \binom{n}{i}.$$

Einen Code wie im Beweis von 9.5 wird man nicht gerne verwenden. Man interessiert sich für Codes mit mehr mathematischer Struktur, die genutzt werden kann, um einfache Decodierungsfunktionen zu finden. Ein Schritt in diese Richtung sind die linearen Codes:

Definition 9.6

Ein Code $C \subseteq \mathbb{Z}_2^n$ heißt linear, falls er ein Unterraum des Vektorraums $\mathbb{Z}_2^n$ ist. Hat C die Dimension m , so sprechen wir von einem (n, m)-Code. Ist der Mindestabstand d, so ist C ein (n, m, d)-Code.

Die untere Schranke aus 9.5 gilt auch für lineare Codes. Sie lässt sich sogar noch leicht verbessern:

Satz 9.7

Es seien $d \leq n \in \mathbb{N}$. Ferner sei $m \in \mathbb{N}$ mit

$$2^{m-1} < \frac{2^n}{\sum_{i=0}^{d-1} \binom{n}{i}}.$$

Dann existiert ein linearer Code $C \subseteq \mathbb{Z}_2^n$ der Dimension m mit Mindestabstand $d(C) \geq d$.

Beweis Durch Induktion nach m: Der Fall $m = 1$ ist trivial. Nun sei $m > 1$. Nach Induktionsvoraussetzung existiert ein linearer Code C der Dimension $m - 1$ mit $d(C) \geq d$. Wegen

$$2^{m-1} < \frac{2^n}{\sum_{i=0}^{d-1} \binom{n}{i}}$$

existiert wie im Beweis von 9.5 ein $x \in \mathbb{Z}_2^n$ mit $\varrho(x, c) \geq d$ für alle $c \in C$.

Wir setzen $C' := C \cup (C + \{x\})$. Dann ist C' ein Code der Dimension m und wir behaupten, dass $d(C') \geq d$ gilt:

Es seien $c, c' \in C'$, $c \neq c'$. Falls c und c' beide in C oder in $C + \{x\}$ liegen, so ist die Ungleichung $\varrho(c, c') \geq d$ trivial.

Also sei o.B.d.A. $c \in C$ und $c' = c'' + x$ mit $c'' \in C$. Dann ist $c'' + c \in C$ und wir haben:

$$\varrho(c, c'' + x) = \varrho(c'' + c, c'' + c'' + x) = \varrho(c'' + c, x) \geq d.$$

Damit ist der Satz gezeigt. $\qquad\square$

Ist C ein (n, m)-Code, so ist

$$C^{\perp} := \left\{ y \in \mathbb{Z}_2^n \mid <x, y> = \sum_{i=1}^{n} x_i y_i = 0 \text{ für alle } x \in C \right\}$$

ein $(n, n - m)$-Code und heißt *der zu C duale Code*. Ist C ein (n, m)-Code und G eine $(n \times m)$-Matrix, deren Spalten aus m linear unabhängigen Codeworten bestehen, so heißt G eine *Generatormatrix* für C. Offenbar gilt dann: $C = \{Gx \mid x \in \mathbb{Z}_2^m\}$ und $f(x) = Gx$ ist die (lineare) Codierungsfunktion.

Eine $(n \times (n - m))$-Matrix H ist eine Generatormatrix für $C^{\perp}$ genau dann, wenn ihre Spalten linear unabhängig sind und $H^T G = 0$ ist. H^T heißt dann auch eine *Kontrollmatrix* für C.

Durch elementare Spaltenumformungen kann G auf die Form

$$M := \begin{pmatrix} I_m \\ P \end{pmatrix}$$

gebracht werden. Man rechnet sofort nach, dass

$$\begin{pmatrix} -P & I_{n-m} \end{pmatrix} \cdot \begin{pmatrix} I_m \\ P \end{pmatrix} = 0.$$

Damit ist $\begin{pmatrix} -P & I_{n-m} \end{pmatrix}$ eine Kontrollmatrix für C.

Für $x \in \mathbb{Z}_2^n$ bezeichne $T(x) := \{i \mid x_i = 1\}$ den *Träger* von x, $wt(x) := |T(x)|$ bezeichne die Anzahl der 1-Komponenten von x. Dann gilt für den Mindestabstand eines linearen Codes C:

$$d(C) = \min\{wt(x) \mid x \in C, x \neq 0\}.$$

Das folgt sofort aus der Gleichung $\varrho(x, y) = wt(x + y)$.

Eine andere Charakterisierung des Mindestabstands liefert der folgende Satz:

Satz 9.8

Es sei C ein (n, m)-Code und H eine Kontrollmatrix für C. Dann gilt: Der Mindestabstand $d(C)$ ist gleich d genau dann, wenn je $d - 1$ Spalten von H linear unabhängig sind.

Beweis Es bezeichne $u(H)$ das maximale d, so dass je $d - 1$ Spalten von H linear unabhängig sind.

1. Ist $x \in \mathbb{Z}_2^n \setminus \{0\}$ mit $wt(x) < u(H)$, so muss $Hx \neq 0$ gelten, also kann x nicht zu C gehören. Daraus folgt: $d(C) \geq u(H)$.

2. Es existiert eine Menge von $u(H)$ Spalten von H, die linear abhängig sind. Die Summe dieser Spalten ist dann Null und ihre Indizes definieren ein $x \in \mathbb{Z}_2^n$ mit $wt(x) = u(H)$ und $Hx = 0$. Damit gehört x zu C und es gilt: $d(C) \leq u(H)$. $\square$

Beispiel 9.9 (Hamming-Codes)
Es sei $h_1, h_2, \ldots, h_{2^n-1}$ eine Liste aller Vektoren in $\mathbb{Z}_2^n \setminus \{0\}$. Die Summe von je zwei dieser Vektoren ist $\neq 0$, also sind je zwei Vektoren linear unabhängig. Die Matrix H mit den Spaltenvektoren $h_1, h_2, \ldots, h_{2^n-1}$ ist damit die Kontrollmatrix eines Codes mit Mindestabstand 3. Die Dimension des Codes ist $2^n - 1 - n$.

Dieser Code heißt der $(2^n - 1, 2^n - 1 - n, 3)$-*Hamming Code*. Er korrigiert bis zu einen Fehler und ist perfekt. Um das zu sehen, genügt es, nachzurechnen, dass die Hamming-Schranke 9.4 mit Gleichheit erfüllt ist. Diese lautet:

$$|C| \leq \frac{2^{2^n-1}}{1 + 2^n - 1} = 2^{2^n-1-n} = |C|.$$

Angenommen, bei Verwendung eines Hamming Codes wird das Codewort $y \in \mathbb{Z}_2^{2^n-1}$ gesendet und $y + e$ wird empfangen. Dann ist e der Fehlervektor der Übertragung. Nehmen wir an, dass höchstens ein Bit falsch übertragen wurde. Zur Decodierung multiplizieren wir mit der Kontrollmatrix: $s := H(y + e) = Hy + He = He$. Ist kein Fehler passiert, so ist $s = 0$. Bei genau einem Fehler ist s einer der Spaltenvektoren h_j von H und der Fehler ist in genau dieser Komponente passiert.

Analog kann man bei Codes, die bis zu k Fehler korrigieren, vorgehen: Man multipliziert den empfangenen Vektor $y + e$ mit der Kontrollmatrix H und erhält $s = He$, das sogenannte *Syndrom*. Ist kein Fehler passiert, so ist $s = 0$. Ist die Fehlerzahl t, $1 \leq t \leq k$, so ist s die Summe von höchstens k Spalten von H. Da je $2k$ Spalten von H linear unabhängig sind, existiert nur eine Darstellung dieser Art. Die Spalten dieser Darstellung entsprechen genau den fehlerhaften Bits.

Beispiel 9.10 (Hadamard-Codes)
Wir kommen zurück auf die Hadamard-Matrizen, speziell die Walsh-Matrizen H_{2^n} aus 8.16. Die Matrix W_{2^n} entstehe aus H_{2^n}, indem die (-1)-Einträge durch 1 und die 1-Einträge durch 0 ersetzt werden. Wir betrachten die Einträge von W_{2^n} als Elemente von $\mathbb{Z}_2$. Das Bildungsgesetz 8.1 für die Walsh-Matrizen überträgt sich offenbar folgendermaßen auf die Matrizen W_{2^n} :

$$W_2 = \begin{pmatrix} 0 & 0 \\ 0 & 1 \end{pmatrix}, \quad W_{2^n} = \begin{pmatrix} W_{2^{n-1}} & W_{2^{n-1}} \\ W_{2^{n-1}} & J_{2^{n-1}} + W_{2^{n-1}} \end{pmatrix}.$$

Dabei bezeichnet $J_{2^{n-1}}$ wieder die Matrix, in der alle Einträge 1 sind.

Der zu H_{2^n} gehörige *Hadamard-Code* besteht aus den Zeilen von W_{2^n}.

Aus den Eigenschaften von Hadamard-Matrizen folgt sofort, dass der Hamming-Abstand von je zwei Zeilen von W_{2^n} genau 2^{n-1} ist.

Die Matrix W_{2^n} kann auch anders erzeugt werden: Wir definieren eine Folge von Matrizen F_n wie folgt:

$$F_1 := \begin{pmatrix} 0 & 1 \end{pmatrix}$$
$$F_n := \begin{pmatrix} 0_{1 \times 2^{n-1}} & 1_{1 \times 2^{n-1}} \\ F_{n-1} & F_{n-1} \end{pmatrix}$$

Dann ist F_n eine $(n \times 2^n)$-Matrix, deren Spalten aus allen Vektoren aus $\mathbb{Z}_2^n$ bestehen und es gilt:

$$W_{2^n} = F_n^T F_n. \tag{9.1}$$

Dies folgt sofort durch Induktion nach n:

Für $n = 1$ ist $F_n^T F_n = \begin{pmatrix} 0 & 0 \\ 0 & 1 \end{pmatrix} = W_2$.

Ist $W_{2^n} = F_n^T F_n$ für ein $n \geq 1$, so folgt:

$$\begin{aligned}
F_{n+1}^T F_{n+1} &= \begin{pmatrix} 0_{2^n \times 1} & F_n^T \\ 1_{2^n \times 1} & F_n^T \end{pmatrix} \begin{pmatrix} 0_{1 \times 2^n} & 1_{1 \times 2^n} \\ F_n & F_n \end{pmatrix} \\
&= \begin{pmatrix} F_n^T F_n & F_n^T F_n \\ F_n^T F_n & J_{2^n} + F_n^T F_n \end{pmatrix} = \begin{pmatrix} W_{2^n} & W_{2^n} \\ W_{2^n} & J_{2^n} + W_{2^n} \end{pmatrix} = W_{2^{n+1}}.
\end{aligned}$$

Die Zeilen von W_{2^n} sind Summen der Zeilen von F_n. Da die Spalten von F_n einen linearen Unterraum bilden, gilt das auch für die Zeilen von W_{2^n}. Der entsprechende Hadamard-Code ist also linear und hat F_n als (Zeilen-)Generatormatrix. Da die Matrix F_n eine Einheitsmatrix I_n enthält, ist ihr Rang n. Der Hadamard-Code ist damit ein $(2^n, n, 2^{n-1})$-Code.

Mit der folgenden Konstruktion kann man die Rate noch ein wenig verbessern: Zu F_n wird eine Zeile hinzugefügt, die nur aus Einsen besteht: $\overline{F}_n := \begin{pmatrix} 1_{1 \times 2^n} \\ F_n \end{pmatrix}$. Dann gilt:

$$\overline{F}_n^T \overline{F}_n = \begin{pmatrix} W_{2^n} \\ J_{2^n} + W_{2^n} \end{pmatrix}$$

Die Matrix $\overline{F}_n$ erzeugt damit einen $(2^n, n+1, 2^{n-1})$-Code, der *erweiterter Hadamard-Code* genannt wird. Der (erweiterte) $(32, 6, 16)$-Hadamard-Code wurde 1971 bei der Bildübertragung der Mariner-9-Sonde vom Mars zur Erde von der NASA verwendet.

9.2 Minimierung von Übertragungsfehlern nach Wahrscheinlichkeit

9.2.1 Das Noisy-Coding-Theorem von Shannon für den binären symmetrischen Kanal

Nehmen wir an, der Übertragungskanal, den wir benutzen, vertauscht die Symbole 0 und 1 jeweils mit der gleichen Wahrscheinlichkeit p, $0 < p < 1/2$. Man spricht dann von einem *binären symmetrischen Kanal*. Auch in diesem Fall können wir den Wiederholungscode versuchen, jedes Bit $2k + 1$-mal senden und dann nach Mehrheit decodieren. Für $k = 1$ wird jedes Bit dreimal gesendet.

Was ist die Wahrscheinlichkeit, dass wir einen 3-er Block inkorrekt decodieren?

O. B. d. A. werde eine Null gesendet. Inkorrekt decodiert wird beim Empfang von $111, 110, 101, 011$, also ist die Wahrscheinlichkeit

$$p^3 + 3p^2 (1 - p) = 3p^2 - 2p^3 = p^2 (3 - 2p) < p.$$

Ist z. B. $p = \frac{1}{10}$, so ist die Fehlerwahrscheinlichkeit bei 3-facher Sendung 0,031.

Die Fehlerwahrscheinlichkeit sinkt, wird mit wachsendem k auch gegen Null gehen, aber der Preis dafür ist hoch: Der Wiederholungscode hat die Rate $1/(2k + 1)$ und diese geht ebenfalls gegen Null.

Angenommen, wir haben eine kleine Zahl $\varepsilon > 0$ und suchen ein Codierungsschema mit Fehlerwahrscheinlichkeit kleiner als ε. Müssen wir bei sehr kleinem ε dann beliebig schlechte Übertragungsraten in Kauf nehmen?

Der erstaunliche Satz von Shannon, den wir später zeigen werden, besagt, dass dies nicht der Fall ist. Wir können die Fehlerwahrscheinlichkeit beliebig klein machen und gleichzeitig die Übertragungsrate dicht bei einer (von p abhängigen) positiven Konstanten, der *Kanalkapazität*, halten. Für den Beweis verwendete Shannon ein probabilistisches Argument, er „konstruierte" Zufalls-Codes und kann damit als einer der Pioniere der probabilistischen Methode angesehen werden.

Im Folgenden sei E (wie _error_) eine Zufallsvariable $E = (e_1, \ldots, e_n)$, wobei $e_1, \ldots, e_n$ stochastisch unabhängige Zufallsvariablen sind mit $P(e_i = 1) = p$, $P(e_i = 0) = 1 - p$.

Ist $x \in \mathbb{Z}_2^m$ eine Nachricht, so wird sie zunächst durch $f(x) \in \mathbb{Z}_2^n$ codiert und gesendet. Aufgrund der Fehlerhaftigkeit des Kanals wird aber nicht $f(x)$ sondern $f(x) + E$ empfangen. Die Decodierungsfunktion g wird also auf $f(x) + E$ angewandt. Die *Wahrscheinlichkeit einer korrekten Übertragung* von x ist somit zu definieren als

$$P(g(f(x) + E) = x),$$

Eine weitere wichtige Rolle spielt die Entropie.

Definition 9.11 (Entropie)
$$H(p) := -p \log_2 p - (1 - p) \log_2 (1 - p), 0 < p < 1$$

Die *Kanalkapazität* für unser Modell ist definiert als $1 - H(p)$.

Wir kommen nun zu dem angekündigten Satz von Shannon ([99]:

Satz 9.12 (Shannon 1948, Noisy-Coding-Theorem)
Es sei $0 < p < \frac{1}{2}, \varepsilon > 0$.

Dann existiert ein $n_0 \in \mathbb{N}$ und ein $\kappa \in \mathbb{R}$ mit:

Für alle $n \geq n_0, m \leq n\,(1 - H(p)) - \kappa\sqrt{n}$ existiert ein Codierungsschema

$$f : \mathbb{Z}_2^m \to \mathbb{Z}_2^n, \ g : \mathbb{Z}_2^n \to \mathbb{Z}_2^m,$$

sodass für alle $x \in \mathbb{Z}_2^n$ gilt:

Die Wahrscheinlichkeit einer falschen Decodierung ist kleiner als ε, d.h.
$P(g(f(x) + E) \neq x) < \varepsilon$.

Wir geben hier zwei Beweise dieses Satzes wieder. Der erste konstruiert einen passenden Code mit einem Greedy-Algorithmus (vgl. 9.5) und stammt aus einer Arbeit von J. Wolfowitz ([108]), der zweite ist im Wesentlichen der Originalbeweis von Shannon ([99]).

Beweis Im Beweis sei o. B. d. A $\varepsilon < 1/2$. Wir erinnern daran, dass $E = (e_1, \ldots, e_n)$ den Fehlervektor bezeichnet.

Es ist $P(E = y) = p^{\omega} (1 - p)^{n-\omega}$ mit $\omega = \omega(y) = \sum_{i=1}^{n} y_i$.

Behauptung: Es existieren ein $\delta > 0$ und ein $n_1 \in \mathbb{N}$, sodass für alle $n \geq n_1$ und $r \geq pn + \delta\sqrt{n} =: r(n)$ gilt:

$$P(E \in B_r(0)) > 1 - \frac{\varepsilon}{2}.$$

Denn: Wir betrachten das Martingal $X_i := \sum_{j=1}^{i} \left(e_j - p\right)$, das die Lipschitz-Bedingung $|X_{i+1} - X_i| \leq 1$ offenbar erfüllt.

Nach Azuma (7.54) ist

$$
\begin{aligned}
P(E \in B_r(0)) &\geq 1 - P\big(\omega(E) > np + \delta\sqrt{n}\big) \\
&= 1 - P\big(\omega(E) - np > \delta\sqrt{n}\big) \\
&> 1 - e^{-\frac{\delta^2}{2}}.
\end{aligned}
$$

Nun wählen wir δ so groß, dass $e^{-\frac{\delta^2}{2}} < \frac{\varepsilon}{2}$ ist.

Damit können wir jetzt die Kardinalität der Kugel $B_r(0)$ abschätzen: Zunächst ist

$$
|B_r(0)| = \sum_{k \leq r} \binom{n}{k} \leq (r+1)\binom{n}{r} \leq n \frac{n^n}{r^r\,(n-r)^{n-r}}
$$

nach der Stirling-Formel.

Setzen wir $r = \lceil np + \delta\sqrt{n}\rceil$ und $\alpha_n = \frac{r}{n}$, so gilt:

$$
\begin{aligned}
n \frac{n^n}{r^r\,(n-r)^{n-r}} &= n \frac{n^n}{(n\alpha_n)^{n\alpha_n}\,(n - n\alpha_n)^{n - n\alpha_n}} \\
&= n 2^{-n\alpha_n\log_2(\alpha_n) - n(1-\alpha_n)\log_2(1-\alpha_n)} \\
&= n 2^{n H(\alpha_n)} \\
&= 2^{n H(\alpha_n) + O(\log n)}.
\end{aligned}
$$

Im nächsten Schritt konstruieren wir einen Code mit Hilfe eines Greedy-Algorithmus:

1. Wähle $y^1 \in \mathbb{Z}_2^n$ beliebig, $A_1 := B_r(y^1)$.
2. Sind $y^1, \ldots, y^{i-1}, A_1, \ldots, A_{i-1}$ konstruiert, so sei $y^i \in \mathbb{Z}_2^n$ ein beliebiger Punkt mit $P\big(y^i + E \in B_r(y^i) \setminus (A_1 \cup \cdots \cup A_{i-1})\big) > 1 - \varepsilon$, falls ein solcher Punkt existiert. Dann sei $A_i := B_r(y^i) \setminus (A_1 \cup \cdots \cup A_{i-1})$.

   Falls y^i nicht existiert, so stoppt der Algorithmus.

Angenommen, das Verfahren stoppt nach N Schritten und es wurden $y^1, \ldots, y^N$, $A_1, \ldots, A_N$ erzeugt. Wir schätzen nun N nach unten ab:

Zunächst gilt für alle $y \in \mathbb{Z}_2^n$:

$$
P\left(y + E \in \underbrace{B_r(y) \setminus (A_1 \cup \cdots \cup A_N)}_{=:A} \right) \leq 1 - \varepsilon,
$$

denn: Ist $y = y^i$ für ein i, so gilt $P\big(y^i + E \in A_i\big) > 1 - \varepsilon$, also

$$
P\big(y^i + E \notin A_i\big) < \varepsilon < 1 - \varepsilon,
$$

andernfalls folgt die Ungleichung aus dem Abbruch des Algorithmus.

Nun sei Y unabhängig von E und gleichverteilt über $\mathbb{Z}_2^n$, d. h. $P(Y = y) = 2^{-n}$ für alle $y \in \mathbb{Z}_2^n$.

Wir betrachten die Zufallsvariable $Z := Y + E$.

Behauptung: Auch Z ist gleichverteilt über $\mathbb{Z}_2^n$.
Denn:

$$\begin{aligned}
P(Z = y) &= P(Y + E = y) \\
&= \sum_{y' \in \mathbb{Z}_2^n} P(Y = y')\, P(E = y - y') \\
&= 2^{-n} \sum_{y' \in \mathbb{Z}_2^n} P(E = y - y') \\
&= 2^{-n},
\end{aligned}$$

insbesondere gilt:

$$P(Z \in A) = \frac{|A|}{2^n}.$$

Ferner gilt für alle $y \in \mathbb{Z}_2^n$:

$$\begin{aligned}
P(y + E \in A) &= 1 - P(y + E \notin A) \\
&\geq 1 - \left[\underbrace{P(y + E \notin B_r(y))}_{< \frac{\varepsilon}{2}} + \underbrace{P(y + E \in B_r(y) \setminus A)}_{< 1 - \varepsilon} \right] \\
&\geq 1 - \left(1 - \frac{\varepsilon}{2}\right) \\
&= \frac{\varepsilon}{2} > 0.
\end{aligned}$$

Also gilt:

$$\begin{aligned}
\frac{|A|}{2^n} &= P(Z \in A) = P(Y + E \in A) \\
&= \sum_{y \in \mathbb{Z}_2^n} \underbrace{P(Y = y)}_{= \frac{1}{2^n}}\, \underbrace{P(y + E \in A)}_{> \frac{\varepsilon}{2}} \\
&\geq 2^n \frac{1}{2^n} \frac{\varepsilon}{2} \\
&= \frac{\varepsilon}{2},
\end{aligned}$$

also

$$\frac{\varepsilon}{2} 2^n \leq |A| \leq N \, |B_r(0)|$$

$$\leq N 2^{nH(\alpha_n)+O(\log n)},$$

und damit

$$N \geq 2^{n(1-H(\alpha_n))-O(\log n)+\log \frac{\varepsilon}{2}}$$

$$= 2^{n(1-H(\alpha_n))-O(\log n)}.$$

Wegen $p + \frac{\delta}{\sqrt{n}} \leq \alpha_n < p + \frac{\delta}{\sqrt{n}} + \frac{1}{n}$ ist $\frac{\delta}{\sqrt{n}} \leq \alpha_n - p < \frac{\delta}{\sqrt{n}} + \frac{1}{n}$.
Nach dem Mittelwertsatz der Differentialrechnung gilt:

$$\frac{H(\alpha_n) - H(p)}{\alpha_n - p} = H^{'}(\xi) = \log_2 \left(\frac{1-\xi}{\xi} \right).$$

mit einem ξ zwischen α_n und p, also

$$H(\alpha_n) = H(p) + H^{'}(\xi) \, (\alpha_n - p) ,$$

Wir erhalten:

$$\log_2 N \geq n \, (1 - H(\alpha_n)) - \mathrm{O}(\log n)$$

$$= n \left(1 - H(p) - H^{'}(\xi) \, (\alpha_n - p) \right) - \mathrm{O}(\log n)$$

$$\geq n \left(1 - H(p) - H^{'}(\xi) \left(\frac{\delta}{\sqrt{n}} + \frac{1}{n} \right) \right) - \mathrm{O}(\log n)$$

$$\geq n \, (1 - H(p)) - \kappa \sqrt{n}$$

für ein geeignetes κ, z. B. $\kappa > \overline{\kappa} := (1 + \delta) \sup \left\{ H^{'}(\xi) \;\middle|\; p \leq \xi \leq \frac{p+1}{2} \right\}$, und $n \geq n_0$.

Wir können zusammenfassen:

Für $m \leq n \, (1 - H(p)) - \kappa \sqrt{n}$ wählen wir $f : \mathbb{Z}_2^m \to \mathbb{Z}_2^n$ injektiv mit $f\!\left(\mathbb{Z}_2^m\right) \subseteq \{y^1, y^2, \ldots, y^N\}$.

Die Funktion g wird wie folgt definiert:

Ist $f(x) = y^i$, so wählen wir $g(y) = x$, falls $y \in A_i$. Ist $y \notin A$, so sei $g(y)$ beliebig gewählt.

Dann gilt für $f(x) = y^i$:

$$P(g(f(x) + E) = x) \geq P\!\left(y^i + E \in A_i\right) > 1 - \varepsilon.$$

$\square$

Bemerkung 9.13

Wir zeigen, dass die Konstante $(1 - H(p))$ nicht verbessert werden kann. Dazu nehmen wir an, dass ein Codierungsschema f, g gegeben ist mit

$$f\left(\mathbb{Z}_2^m\right) = \left\{y^1, y^2, \ldots, y^N\right\} \text{ und}$$

$$N > 2^{n(1-H(p))+\kappa'\sqrt{n}},$$

wobei die Konstante κ' später gewählt wird.

Ist $A_i := \left\{y \mid g(y) = f^{-1}(y_i)\right\}$, so sind die A_i paarweise disjunkt und ihre durchschnittliche Größe ist $\frac{2^n}{N} < 2^{nH(p)-\kappa'\sqrt{n}}$, es existiert also mindestens ein A_i mit

$$|A_i| \leq 2^{nH(p)-\kappa'\sqrt{n}}.$$

Wegen $p < 1/2$ gilt offenbar: Unter allen Teilmengen von $\mathbb{Z}_2^n$ mit gleicher Kardinalität wie $B_r(0)$ hat $B_r(0)$ die größte Wahrscheinlichkeit. Damit gilt:

$$P\left(y^i + E \in A_i\right) = P\left(E \in A_i - y^i\right) \leq P(E \in B_r(0)),$$

wobei r so groß gewählt ist, dass $|A_i| = \left|A_i - y^i\right| \leq |B_r(0)|$.

Setzen wir $r = \lfloor np - \delta\sqrt{n}\rfloor$ mit einer positiven Konstanten δ, $\alpha_n := \frac{r}{n}$, so erhalten wir:

$$|B_r(0)| \geq \binom{n}{r} > \frac{1}{n}\left(\frac{n}{r}\right)^r \left(\frac{n}{n-r}\right)^{n-r} = 2^{nH(\alpha_n)-O(\log n)}$$

und $-\frac{\delta}{\sqrt{n}} - \frac{1}{n} \leq \alpha_n - p \leq -\frac{\delta}{\sqrt{n}}$, also

$$H(\alpha_n) = H(p) + H'(\xi)(\alpha_n - p)$$

$$\geq H(p) - H'(\xi)\left(\frac{\delta}{\sqrt{n}} + \frac{1}{n}\right)$$

$$\geq H(p) - \eta\delta\frac{1}{\sqrt{n}}$$

mit $\eta > \sup\left\{H'(\xi) \mid \frac{p}{2} \leq \xi \leq \frac{p+1}{2}\right\}$, n groß genug.

Ist $\eta\delta < \kappa'$, so folgt also $|B_r(0)| > |A_i|$.

Andererseits ist nach Azuma 7.54

$$P(E \in B_r(0)) = P\left(\omega(E) \leq np - \delta\sqrt{n}\right) < e^{-\frac{\delta^2}{2}}.$$

Durch geeignete Wahl der Konstanten κ' und δ können wir also $P\left(y^i + E \in A_i\right)$ beliebig klein machen.

Für die durchschnittliche Wahrscheinlichkeit betrachten wir für ein $\lambda < \kappa'$

$$k := \left| \left\{ i \;\middle|\; |A_i| > 2^{nH(p)-\lambda\sqrt{n}} \right\} \right|.$$

Die disjunkte Vereinigung dieser A_i ist enthalten in $\mathbb{Z}_2^n$ und damit $k2^{nH(p)-\lambda\sqrt{n}} \le 2^n$, also

$$k \le 2^{n(1-H(p))+\lambda\sqrt{n}}$$
$$= 2^{n(1-H(p))+\kappa'\sqrt{n}+(\lambda\sqrt{n}-\kappa'\sqrt{n})}.$$

Wegen $2^{n(1-H(p))+\kappa'\sqrt{n}} < N$ folgt $k < N2^{(\lambda-\kappa')\sqrt{n}}$, also

$$\frac{k}{N} \xrightarrow{n\to\infty} 0.$$

Ist also κ' groß genug gewählt, so geht der Anteil der Codewörter, die mit hoher Wahrscheinlichkeit richtig entschlüsselt werden können, gegen 0. Die übrigen Codewörter werden mit hoher Wahrscheinlichkeit falsch decodiert.

Der Beweis von Shannon funktioniert etwas anders:

2. Beweis von 9.12:

Wir übernehmen die Bezeichnungen und einige Abschätzungen aus dem ersten Beweis. Die Codierungsfunktion $f : \mathbb{Z}_2^m \to \mathbb{Z}_2^n$ wird zufällig gewählt, d. h. die Familie $(f(x)|x \in \mathbb{Z}_2^m)$ ist unabhängig und für $x \in \mathbb{Z}_2^m$, $u \in \mathbb{Z}_2^n$ gilt: $P(f(x) = u) = 2^{-n}$. Der Fehlervektor E ist natürlich auch unabhängig von der zufällig gewählten Codierungsfunktion. Decodiert wird wie folgt: Wird y empfangen, so ist $g(y)$ ein $x \in \mathbb{Z}_2^m$ sodass für den Hamming-Abstand $\rho(f(x), y)$ gilt: $\rho(f(x), y) \le r$. Falls keines oder mehrere x mit dieser Eigenschaft existieren, so setzen wir $g(y) := 0$.

Wir nehmen an, dass x die zu übermittelnde Nachricht ist und $y = f(x) + E$ empfangen wird. Ein Decodierungsfehler kann auf folgende Weise entstehen:

(1) Es gibt zu viele falsch übertragene Bits: $E \notin B_r(0)$.
(2) Es gilt zwar: $\rho(y, x) \le r$, aber es gibt noch mindestens ein $x' \ne x$ mit $\rho(y, f(x')) \le r$.

Im ersten Beweis haben wir bereits gesehen, dass $P(E \notin B_r(0)) < \frac{\varepsilon}{2}$ ist.

Die Wahrscheinlichkeit des Ereignisses unter (2) kann abhängig von der Codierungsfunktion stark schwanken. Wir schätzen deshalb den Erwartungswert dieser Wahrscheinlichkeit (bzgl. der Zufallsvariablen f) nach oben ab. Zunächst den bedingten Erwartungswert unter dem Ereignis $\{f(x) + E = y\}$:

$$P\big(\text{Es ex. } x' \ne x \text{ mit } \rho(y, f(x')) \le r \mid f(x) + E = y\big)$$
$$= \sum_{w \in B_r(y)} \sum_{x' \ne x} P\big(f(x') = w \mid f(x) + E = y\big).$$

Da $f(x')$ unabhängig von $f(x)$ und $f(x) + E$ ist, gilt für ein festes $w \in B_r(y)$ und jedes $x' \in \mathbb{Z}_2^m$, dass

$$P\big(f(x') = w \,|\, f(x) + E = y\big) = P\big(f(x') = w\big) = 2^{-n}$$

ist.

Die Bedingung in den Wahrscheinlichkeiten dieser Summe kann also weggelassen werden:

$$\sum_{x' \neq x} P\big(f(x') = w\big) = (2^m - 1)2^{-n} < 2^{m-n}, \tag{9.2}$$

$$\sum_{w \in B_r(y)} \sum_{x' \neq x} P\big(f(x') = w\big) < |B_r(y)| 2^{m-n} < 2^{nH(\alpha_n) + O(\log n)} 2^{m-n}.$$

Da die rechte Seite nicht von y abhängt, haben wir gezeigt:

Der Erwartungswert der Wahrscheinlichkeit eines Decodierfehlers vom Typ (2) ist kleiner als

$$2^{nH(\alpha_n) + O(\log n)} 2^{m-n}.$$

Nach Voraussetzung ist $m \leq n(1 - H(p)) - \kappa\sqrt{n}$ und damit $m - n \leq -nH(p) - \kappa\sqrt{n}$.

Aus dem ersten Beweis von 9.12 benutzen wir die Abschätzung

$$0 \leq n(H(\alpha_n) - H(p)) < \overline{\kappa}\sqrt{n}$$

mit $\overline{\kappa} < \kappa$ und erhalten:

$$nH(\alpha_n) + O(\log n) + m - n \leq n(H(\alpha_n) - H(p)) - \kappa\sqrt{n} + O(\log n)$$
$$\leq (\overline{\kappa} - \kappa)\sqrt{n} + O(\log n) \leq -\beta\sqrt{n}$$

mit einem $\beta > 0$. Es folgt:

$$2^{nH(\alpha_n) + O(\log n)} 2^{m-n} < 2^{-\beta\sqrt{n}}.$$

Für hinreichend große n ist $2^{-\beta\sqrt{n}} < \varepsilon/2$ und wir haben gezeigt:

Für jedes feste x ist der Erwartungswert (bzgl. f) der Wahrscheinlichkeit einer falschen Decodierung von x, $E_f[P(g(f(x) + E) \neq x)]$, kleiner als ε. Damit gilt auch

$$\frac{1}{2^m} \sum_{x \in \mathbb{Z}_2^m} E_f[P(g(f(x) + E) \neq x)] = E_f\left[\frac{1}{2^m} \sum_{x \in \mathbb{Z}_2^m} P(g(f(x) + E) \neq x)\right] < \varepsilon$$

und es gibt eine Codierungsfunktion f, so dass die durchschnittliche Wahrscheinlichkeit eines Decodierungsfehlers kleiner als ε ist.

Wir wollen aber, dass die Fehlerwahrscheinlichkeit für jedes x klein ist und nicht nur im Durchschnitt. Das erreicht man, indem man etwa die Hälfte der Codeworte „wegwirft": Es seien etwa die Codeworte $f(x^i) = y^i$ gegeben, $1 \le i \le 2^m$. Die Nummerierung sei so, dass Fehlerwahrscheinlichkeiten $P_i := P(g(f(x^i) + E) \ne x^i)$ monoton wachsen. Außerdem ersetzen wir ε durch $\varepsilon/2$:

$$P_1 \le P_2 \le \dots \le P_{2^m}, \quad \text{und} \quad \frac{1}{2^m}\sum_{i=1}^{2^m} P_i < \frac{\varepsilon}{2}.$$

Wäre $P_{2^{m-1}} \ge \varepsilon$, so folgte:

$$\frac{1}{2^m}\sum_{i=1}^{2^m} P_i > \frac{1}{2^m}\sum_{i=2^{m-1}+1}^{2^m} P_i \ge \frac{1}{2^m}2^{m-1}\varepsilon \ge \frac{\varepsilon}{2},$$

ein Widerspruch. Die ersten 2^{m-1} Codeworte bilden also einen Code mit $P_i < \varepsilon$ für alle $1 \le i \le 2^{m-1}$. Dass dieser Code nun die Rate $\frac{m-1}{n}$ hat, kann durch eine Vergrößerung der Konstanten κ in 9.12 kompensiert werden. $\qquad\square$

9.2.2   Das Noisy-Coding-Theorem für lineare Codes

Das Ziel dieses Abschnitts ist es, den zweiten Beweis für 9.12 auf lineare Codes zu übertragen (vgl. [49]). Wir zeigen:

Satz 9.14
Satz 9.12 gilt auch für lineare Codes.

Dabei drängen sich sofort zwei Fragen auf:

(i) Was ist ein zufälliger linearer Code?
(ii) Wie kommt man von einem linearen Code mit niedriger durchschnittlicher Fehlerwahrscheinlichkeit zu einem solchen mit niedriger maximaler Fehlerwahrscheinlichkeit? (Die Codeworte mit der höchsten Fehlerwahrscheinlichkeit wegzuwerfen würde wohl die lineare Struktur des Codes zerstören.)

Wir beginnen, indem wir den Begriff des linearen Codes leicht verallgemeinern.

Definition 9.15

Ein Code $C \subseteq \mathbb{Z}_2^n$ heißt *affin*, wenn es einen linearen Code C' und ein $v \in \mathbb{Z}_2^n$ gibt mit

$$C = C' + v = \{u + v \mid u \in C\}.$$

Die Dimension von C ist die Dimension von C'.

Ist G eine $(n \times m)$-Matrix mit vollem Rang und v ein Spaltenvektor mit n Komponenten, so ist $\{Gx + v \mid x \in \mathbb{Z}_2^m\}$ ein affiner Code der Dimension m. Unter einem zufälligen affinen Code stellen wir uns einen Code vor, der durch zufällige Wahl von G und v auf diese Weise entsteht:

Eine *zufällige affine Codierungsfunktion* ist ein Tripel (G, v, f) wobei G eine $(n \times m)$-Matrix und v ein Spaltenvektor mit n Komponenten ist. Die Einträge der Matrix $g_{i,j}$ und die Komponenten des Vektors v_i seien Zufallsvariable, die mit Wahrscheinlichkeit $1/2$ die Werte 0 und 1 annehmen. Die Familie $(g_{i,j}, 1 \leq i \leq n, 1 \leq j \leq m, v_k, 1 \leq k \leq n)$ sei stochastisch unabhängig. Jedem $x \in \mathbb{Z}_2^m$ wird das Codewort $f(x) := Gx + v$ zugeordnet.

Lemma 9.16

Es sei (G, v, f) eine zufällige affine Codierungsfunktion.

  (i) Für alle $y \in \mathbb{Z}_2^n$ gilt: $P(Gx + v = y) = 2^{-n}$.
 (ii) Es sei $x \in \mathbb{Z}_2^m$, $x \neq 0$, $y \in \mathbb{Z}_2^n$. Dann ist $P(Gx = y) = 2^{-n}$.
(iii) Die Zufallsvariablen $f(x) = Gx + v$ und $f(x') = Gx' + v$ sind für $x \neq x'$ stochastisch unabhängig.

Beweis Zu (i): Es sei $y \in \mathbb{Z}_2^n$ beliebig. Für jedes $x \in \mathbb{Z}_2^m$ ist $Gx \in \mathbb{Z}_2^n$. Damit $Gx + v = y$ ist, muss der zufällige Vektor v gleich $y - Gx$ sein. Die Wahrscheinlichkeit dafür ist offenbar 2^{-n}.

Zu (ii): Wir betrachten zuerst den Fall $x = e_1 = (1, 0, \ldots, 0)^T$. Dann ist $Gx = y$ genau dann, wenn die erste Spalte von G gleich y ist. Die Wahrscheinlichkeit dafür ist offenbar 2^{-n}. Ist $x \neq e_1$, so wählen wir eine nichtsinguläre $(m \times m)$-Matrix $A \in GL(m, \mathbb{Z}_2)$ mit $Ae_1 = x$. Dann ist $P(Gx = y) = P(GAe_1 = y)$. Weil G gleichverteilt über der Menge aller $(n \times m)$-Matrizen ist und die Abbildung „$G \mapsto GA$" die Menge aller $(n \times m)$-Matrizen permutiert, ist

$$P(Gx = y) = P(GAe_1 = y) = 2^{-n}.$$

Zu (iii): Es seien y und y' aus $\mathbb{Z}_2^n$. Wir müssen zeigen, dass

$$P\big(f(x) = y, f(x') = y'\big) = P(f(x) = y)\, P\big(f(x') = y'\big) = 2^{-2n}$$

ist.

Es sei $u := x - x'$ und $w := y - y'$. Die beiden Gleichungen $Gx + v = y$ und $Gx' + v = y'$ gelten genau dann, wenn die beiden Ereignisse $Gu = w$ und $v = Gx - y$. eintreten. Die Wahrscheinlichkeit für das erste Ereignis ist nach (ii) 2^{-n}. Weil v unabhängig von G ist, folgt mit (i):

$$P(Gu = w, v = Gx - y) = P(v = Gx - y \,|\, Gu = w)\, 2^{-n} = 2^{-n} 2^{-n} = 2^{-2n}.$$

$\square$

Nun können wir den Beweis von 9.14 wie geplant führen und arbeiten mit einer zufälligen affinen Codierungsfunktion (G, v, f). Decodiert wird auf die gleiche Weise wie im Beweis von Shannon. Die Existenz einer affinen Codierungsfunktion $f(x) = \overline{G}x + \overline{v}$ mit durchschnittlicher Fehlerwahrscheinlichkeit kleiner als ε lässt sich dann auf die gleiche Weise zeigen. Man braucht im Beweis von 9.2 nur die *paarweise* stochastische Unabhängigkeit von $f(x)$ und $f(x')$, die in Lemma 9.16 (iii) für den affinen Fall nachgewiesen wurde.

Lässt man den Translationsanteil $\overline{v}$ einfach weg, so liefert die lineare Funktion $f(x) = \overline{G}x$ einen linearen Code mit den gleichen Fehlerwahrscheinlichkeiten. Der ganze Umweg über affine Codes war nur nötig, um die schönen wahrscheinlichkeitstheoretischen Eigenschaften aus Lemma 9.16 zu bekommen. Wie steht es mit dem Übergang von durchschnittlichen zu maximalen Fehlerwahrscheinlichkeiten? Das ist lediglich ein Scheinproblem. Wie man leicht nachrechnet, sind die Fehlerwahrscheinlichkeiten von Typ (1) und (2) in einem linearen Code für alle x die gleichen.

9.3 Fehlerfreie Übertragung: Präfixcodes

Während im vorigen Abschnitt alle Codewörter die gleiche Länge hatten, betrachten wir jetzt den Fall, dass die Länge der Codeworte variieren kann. Wir gehen dabei von einer exakten Übertragung der Nachricht aus *(noiseless coding)*. Will man etwa die 26 Buchstaben des deutschen Alphabets durch einen (binären) Präfixcode übertragen, so ist es naheliegend, einen solchen Code zu wählen, der die durchschnittliche Länge einer Nachricht minimiert. Die variablen Wortlängen kann man dazu nutzen, um Buchstaben wie E, die oft vorkommen, durch ein kurzes Codewort darzustellen und für seltene Buchstaben wie Q ein langes zu wählen. Allerdings muss sichergestellt werden, dass die empfangene Nachricht wieder eindeutig decodiert werden kann.

Denition 9.17

Wir bezeichnen mit A^* die endlichen Wörter über dem Alphabet A.

Ist $w = w_1 w_2 \ldots w_n \in A^*$ mit $w_1, w_2, \ldots, w_n$ aus A, so heißt $l(w) := n$ die *Länge* des Wortes.

$u \in A^*$ heißt Präfix von $w \in A^*$, falls $u = u_1 \ldots u_m$, $w = w_1 \ldots w_n$, $m \le n$, $u_i = w_i$ für alle $1 \le i \le m$.

Eine Teilmenge $C \subseteq A^*$ heißt *Code* über dem Alphabet A.

C heißt *Präfixcode,* falls kein Codewort Präfix eines anderen Codewortes ist.

Unsere Codes werden wieder als binär vorausgesetzt, also $A = \{0, 1\}$.

Wir starten mit einer Veranschaulichung:

Angenommen, wir haben einen binären Präfixcode $C := \{c_1, c_2, \ldots, c_n\}$ mit $l_i := l(c_i)$, $1 \le i \le n$, gegeben. Es sei T der vollständige binäre Wurzelbaum der Höhe l mit $l := \max\{l_i \mid 1 \le i \le n\}$, d. h.: T ist ein Wurzelbaum der Höhe l und jeder Punkt einer kleineren Höhe hat genau 2 Nachkommen. Denkt man sich einen solchen Baum in die Ebene eingebettet, so hat jeder Punkt einer Höhe $h < l$ genau einen linken und einen rechten Nachbarn.

Ist ein Codewort $c_i = w_1^i \ldots w_{l_i}^i$ gegeben, so definiert es wie folgt einen Weg in T:

Wir starten an der Wurzel und gehen über die linke Kante weiter falls $w_1^i = 0$ ist, andernfalls über die rechte Kante. Für den zweiten Schritt verfahren wir analog: Für $w_2^i = 0$ nach links, andernfalls nach rechts usw. Nach l_i Schritten kommen wir bei einem Punkt v_i der Höhe l_i an. Die Präfixfreiheit bedeutet, dass kein v_i auf dem Weg von der Wurzel zu einem anderen v_j liegt.

Es stellt sich die Frage nach den möglichen Wortlängen eines Präfixcodes. Dieses Problem wird gelöst durch die Kraftsche Ungleichung ([71]):

Satz 9.18 (Kraftsche Ungleichung)

Es existiert ein Präfixcode $C \subseteq \{0, 1\}^*$ mit Codewortlängen $l_1, \ldots, l_n$ g.d.w.

$$\sum_{i=1}^{n} 2^{-l_i} \le 1.$$

Beweis

(i) Es sei ein Präfixcode C mit Codewörtern $w^1, w^2, \ldots, w^n$, $l(w^i) = l_i$, $1 \le i \le n$, gegeben. Wir setzen $l := \max\{l_i \mid 1 \le i \le n\}$.

Ferner sei $(X_1, X_2, \ldots, X_l)$ eine Folge von unabhängigen Zufallsvariablen mit

$$P(X_i = 1) = P(X_i = 0) = \frac{1}{2}.$$

Die Ereignisse C_i seien durch die Gleichungen $X_j = w_j^i$, $1 \leq j \leq l_i$, definiert. Dann ist $P(C_i) = 2^{-l_i}$ und wegen der Präfixfreiheit gilt: $C_i \cap C_j = \emptyset$ für $i \neq j$, also

$$1 \geq P\left(\bigcup_{i=1}^{n} C_i\right) = \sum_{i=1}^{n} P(C_i) = \sum_{i=1}^{n} 2^{-l_i}.$$

(ii) Es seien nun Zahlen $l_1, l_2, \ldots, l_n \in \mathbb{N}$ gegeben mit $\sum_{i=1}^{n} 2^{-l_i} \leq 1$.
O. B. d. A. gelte $l_1 \leq l_2 \leq \cdots \leq l_n$.

Wir erinnern an die lexikographische Ordnung. Sind $u, w \in \{0, 1\}^*$, sodass keines der beiden Codewörter Präfix des anderen ist, so schreiben wir $u < w$, falls $u_j < w_j$ mit $j := \min \{i \mid u_i \neq w_i\}$.
Die Wörter einer festen Länge oder, allgemeiner, die Wörter eines Präfixcodes sind durch die lexikographische Ordnung total geordnet.
Nun konstruieren wir die Codewörter $w^1, \ldots, w^n$ wie folgt:

1. Es sei $w^1 := \underbrace{0 \ldots 0}_{l_1}$.

2. Sind $w^1, \ldots, w^i$ bereits konstruiert, $i < n$, so sei w^{i+1} das lexikographisch kleinste Codewort der Länge l_{i+1}, das keines der Wörter $w^1, \ldots, w^i$ als Präfix enthält.

Die Anzahl der Codewörter der Länge l_{i+1}, die eines der Wörter $w^1, \ldots, w^i$ als Präfix enthalten, ist

$$\sum_{j=1}^{i} 2^{l_{i+1}-l_j} = 2^{l_{i+1}} \underbrace{\sum_{j=1}^{i} 2^{-l_j}}_{<1} < 2^{l_{i+1}},$$

w^{i+1} ist also wohldefiniert. $\square$

Bemerkung 9.19
Ein Code $C \subseteq \{0, 1\}^*$ heißt eindeutig decodierbar, falls jedes $w \in \{0, 1\}^*$ auf höchstens eine Weise als Folge von Codewörtern dargestellt werden kann. Präfixcodes sind eindeutig decodierbar, aber nicht umgekehrt. Betrachten wir zum Beispiel $C := \{0, 01\}$, so ist C offenbar eindeutig decodierbar, aber kein Präfixcode.

Dennoch müssen auch eindeutig decodierbare Codes die Kraftsche Ungleichung erfüllen:

Ist C eindeutig decodierbar mit Codewortlängen $l_1, l_2, \ldots, l_n$, so betrachten wir den Ausdruck

$$\left(\sum_{i=1}^{n} 2^{-l_i} \right)^N = \sum_j a_j 2^{-j}.$$

Dabei ist a_j die Anzahl der Möglichkeiten, j als Summe von genau N Codewortlängen zu schreiben, genauer:

$$a_j = \left| \left\{ (i_1, \ldots, i_N) \mid 1 \le i_1, \ldots, i_N \le n,\ l_{i_1} + l_{i_2} + \cdots + l_{i_N} = j \right\} \right|.$$

Da die Folgen $w^{i_1} w^{i_2} \ldots w^{i_N}$ alle verschiedene Wörter der Länge j bilden, folgt $a_j \le 2^j$. Ferner ist $a_j = 0$ für $j > N \cdot l, l := \max \{l_i \mid 1 \le i \le n\}$.

Insgesamt folgt also für alle N:

$$\left(\sum_{i=1}^{n} 2^{-l_i} \right)^N \le \sum_{j=1}^{N \cdot l} 2^j 2^{-j} = N \cdot l$$

Die linke Seite ist damit durch eine lineare Funktion in N beschränkt und es gilt:

$$\sum_{i=1}^{n} 2^{-l_i} \le 1.$$

Sucht man also einen eindeutig decodierbaren Code mit Codelängen $l_1, \ldots, l_n$, so kann man auch gleich einen Präfixcode wählen.

Wir beschreiben die am Anfang dieses Abschnitts erwähnte Situation allgemeiner und nehmen an, dass eine Wahrscheinlichkeitsverteilung $p = (p_1, \ldots, p_n)$ vorgelegt ist, $p_i > 0$ für $1 \le i \le n$.

Gesucht ist ein Präfixcode mit minimaler „erwarteter Wortlänge" $\sum_{i=1}^{n} p_i l_i$.

Zentral für dieses Problem ist das *Noiseless-Coding-Theorem* von Shannon ([99]). Zu seiner Formulierung benötigen wir den Begriff der *Entropie* einer Verteilung p. Sie ist definiert als

$$H(p) := - \sum_{i=1}^{n} p_i \log_2 p_i.$$

Lemma 9.20
Es seien $q_1, \ldots, q_n > 0$ mit $\sum_{i=1}^{n} q_i \leq 1$ und $p = (p_1, \ldots, p_n)$ eine Wahrscheinlichkeitsverteilung mit $p_i > 0$ für $1 \leq i \leq n$. Dann gilt:

$$- \sum_{i=1}^{n} p_i \log_2 p_i \leq - \sum_{i=1}^{n} p_i \log_2 q_i .$$

Beweis Die Funktion $f(x) := -\log_2 x$ ist wegen $f''(x) = \frac{1}{x^2 \log(2)} > 0$ konvex. Also gilt nach der Jensenschen Ungleichung für $x_1, \ldots, x_n > 0$:

$$f\left(\sum_{i=1}^{n} p_i x_i\right) \leq \sum_{i=1}^{n} p_i f(x_i) .$$

Wir setzen $x_i := \frac{q_i}{p_i}$, $1 \leq i \leq n$ und erhalten:

$$0 \leq -\log_2\left(\sum_{i=1}^{n} q_i\right) \leq \sum_{i=1}^{n} p_i \log_2\left(\frac{q_i}{p_i}\right) .$$

Wegen $\log_2\left(\frac{q_i}{p_i}\right) = \log_2 q_i - \log_2 p_i$ folgt daraus die Behauptung. $\qquad\square$

Satz 9.21 (Shannons Noiseless-Coding-Theorem)
Ist $p = (p_1, \ldots, p_n)$ eine Wahrscheinlichkeitsverteilung mit $p_i > 0$ für alle $1 \leq i \leq n$ und C ein Präfixcode mit Codewortlängen $l_1, \ldots, l_n$, so gilt:

$$H(p) \leq \sum_{i=1}^{n} p_i l_i .$$

Es existiert stets ein Präfixcode mit Codewortlängen $l_1, \ldots, l_n$, sodass

$$\sum_{i=1}^{n} p_i l_i < H(p) + 1 .$$

Beweis Ist C ein Präfixcode mit Codewortlängen $l_1, \ldots, l_n$, so gilt nach der Kraftschen Ungleichung $\sum_{i=1}^{n} 2^{-l_i} \leq 1$.

Setzen wir also $q_i := 2^{-l_i}$, so erhalten wir aus dem eben bewiesenen Lemma die Ungleichung

$$H(p) = -\sum_{i=1}^{n} p_i \log_2 p_i \leq -\sum_{i=1}^{n} p_i \log_2 2^{-l_i} = \sum_{i=1}^{n} p_i l_i.$$

Setzt man umgekehrt $l_i := \lceil -\log_2 p_i \rceil$, so ist

$$-\log_2 p_i \leq l_i < -\log_2 p_i + 1,$$

also

$$\sum_{i=1}^{k} p_i l_i < H(p) + 1.$$

Ferner gilt

$$\sum_{i=1}^{n} 2^{-l_i} \leq \sum_{i=1}^{n} 2^{\log_2 p_i} = \sum_{i=1}^{n} p_i = 1,$$

sodass ein Präfixcode mit Wortlängen $l_1, \ldots, l_n$ existiert. $\qquad\square$

Der Satz beantwortet allerdings noch nicht die Frage, wie man zu einer Verteilung p einen Präfixcode mit minimaler erwarteter Wortlänge $\sum_{i=1}^{n} p_i l_i$ konstruiert. (Solche Codes nennen wir kurz *optimal*.)

Die Antwort darauf ist der *Huffman-Algorithmus* ([63]):

1. Suche die beiden kleinsten Wahrscheinlichkeiten der Verteilung $p = (p_1, \ldots, p_n)$. O.B.d.A. seien dies p_{n-1} und p_n.
2. Suche einen optimalen Code C' zu der Verteilung $(p_1, \ldots, p_{n-2}, p_{n-1} + p_n)$. Dabei entspreche das Codewort $w = w_1 \ldots w_l$ der Wahrscheinlichkeit $p_{n-1} + p_n$.
3. Setze $C := \big(C' \backslash \{w\}\big) \cup \{w0, w1\}$.

(Für $n = 1$, $p = (1)$, sind offenbar nur die Codes $\{0\}$ und $\{1\}$ optimal.)

Satz 9.22 (Huffman)
Der Huffman-Algorithmus liefert stets einen optimalen Code.

Beweis   Wir bezeichnen mit $L_{opt}(p)$ die erwartete Wortlänge eines optimalen Codes zur Verteilung p, $L_H(p)$ sei die entsprechende Größe für einen Huffman-Code. Wir möchten also zeigen:

Für alle Verteilungen p ist $L_{opt}(p) = L_H(p)$.

Nun führen wir eine vollständige Induktion nach n, $p = (p_1, \ldots, p_n)$, durch, wobei der Induktionsanfang trivial ist. Für den Induktionsschritt sei $n \geq 2$ und o. B. d. A. $p_1 \geq p_2 \geq \cdots \geq p_{n-1} \geq p_n > 0$. Wir betrachten einen optimalen Code mit Wortlängen $l_1, \ldots, l_n$.

Dann gilt: $p_i > p_j \Rightarrow l_i \leq l_j$, denn andernfalls könnten wir durch Vertauschen des i-ten und j-ten Codeworts die erwartete Wortlänge verkleinern.

Deshalb können wir o. B. d. A. $l_1 \leq l_2 \leq \cdots \leq l_n$ annehmen.

Nun können wir wie beim Beweis der Kraftschen Ungleichung einen Code $w^1, \ldots, w^n$ mit den gleichen Wortlängen $l_1, l_2, \ldots, l_n$ konstruieren. Das Wort w^n entsteht dann auf folgende Weise:

Betrachte $w^{n-1} = w_1 w_2 \ldots w_{l_{n-1}}$ und finde $j := \max \{i \mid w_i = 0\}$. Dann ist

$$w^n = w_1, \ldots, w_{j-1}, 1, \underbrace{0 \ldots 0}_{l_n - j}.$$

Da die Wörter $w^1, \ldots, w^{n-1}, w' := w_1 \ldots w_{j-1} 1$ ebenfalls einen Präfixcode bilden, folgt aus der Optimalität $w^n = w'$, d. h. $j = l_n = l_{n-1}$.

Der Code $w^1, \ldots, w^{n-2}, w_1 \ldots w_{j-1}$, zur Verteilung $p' := (p_1, \ldots, p_{n-2}, p_{n-1} + p_n)$ hat erwartete Wortlänge

$$L_{opt}(p) - (p_{n-1} + p_n) \geq L_{opt}(p')$$
$$\underset{\underset{\text{Ind.-Vor.}}{\uparrow}}{=} L_H(p')$$
$$= L_H(p) - (p_{n-1} + p_n).$$

Daraus folgt die Behauptung. $\qquad\square$

10.1 Einige Grundbegriffe der Graphentheorie

Obwohl wir die Graphentheorie in diesem Buch nicht systematisch entwickeln, benötigen wir einige einfache Definitionen und Eigenschaften von Graphen. Für systematische Darstellungen der Graphentheorie verweisen wir auf [28] oder [15].

> **Definition 10.1**
> Ein *Graph* ist ein Paar $G = (V, E)$, wobei V eine endliche Menge und E eine Menge von ungeordneten Paaren aus V ist, $E \subseteq \{\{u, v\} : u, v \in V, u \neq v\}$. Die Elemente von V heißen *Punkte, Ecken* oder *Knoten,* die Elemente von E heißen *Kanten.*

Ein Punkt aus V wird üblicherweise durch einen Punkt in der Ebene dargestellt, die Kante $\{u, v\}$ durch eine Linie, die u mit v verbindet. Die Punkte u und v heißen die *Endpunkte* der Kante $\{u, v\}$. Dabei kommt es nur darauf an, welche Punktepaare verbunden sind, nicht wie die Verbindungslinien gezeichnet sind, ob sich gewisse Verbindungslinien schneiden etc.

Bei der Angabe von Kanten lassen wir oft die Mengenklammern weg, schreiben also $uv \in E$ statt $\{u, v\} \in E$ und sagen: u und v sind in G *adjazent, verbunden* oder *benachbart.*

Die Endpunkte u und v *inzidieren* mit der Kante uv. Für $v \in V$ bezeichnet $N(v) := \{u \in V : uv \in E\}$ die Menge der *Nachbarn* von v in G. Die Anzahl der Nachbarn von v heißt der *Grad* von v in G: $d(v) := d_G(v) := |N(v)|$. Punkte vom

© Der/die Autor(en), exklusiv lizenziert an Springer-Verlag GmbH,
DE, ein Teil von Springer Nature 2025
E. Triesch, *Diskrete Mathematik,*
https://doi.org/10.1007/978-3-662-71624-3_10

Grad 0 heißen *isolierte Punkte*. Haben alle Punkte eines Graphen den Grad k, so heißt er *k-regulär*

Anschaulich gesprochen modellieren Graphen häufig Netzwerke, in denen man von Punkten über (mehrere) Kanten zu anderen Punkten läuft. Formal:

Eine *Kantenfolge* in G *der Länge k* ist eine Folge $v_0, e_1, v_1, e_2, \ldots, v_{k-1}, e_k, v_k$ mit $v_i \in V$ für alle $0 \le i \le k$ und $v_{j-1}v_j = e_j \in E, 1 \le j \le k$. Die Kantenfolge heißt *geschlossen*, falls $v_0 = v_k$. Sind alle Kanten $e_1, e_2, \ldots, e_k$ paarweise verschieden, so sprechen wir von einem *Kantenzug*. Sind alle Punkte $v_0, v_1, \ldots, v_k$ paarweise verschieden (und damit auch alle Kanten), so heißt die Kantenfolge ein *Weg*.

Sprechweise: Die Kantenfolge verbindet v_0 und v_k in G oder kurz: Es ist eine $(v_0 - v_k)$-Kantenfolge. In unserer Notation lassen wir manchmal die Kanten einfach weg und schreiben nur $v_0, v_1, \ldots, v_k$.

Eine geschlossene $(v_0 - v_k)$-Kantenfolge, in der die Punkte $v_0, v_1, \ldots, v_{k-1}$ paarweise verschieden sind, heißt ein *Kreis*. Der *Abstand* $d(u, v) = d_G(u, v)$ der Punkte u und v ist die Länge eines kürzesten $(u - v)$-Weges in G. Für zwei Teilmengen $U, W \subseteq V$ ist der Abstand $d_G(U, W)$ definiert durch

$$d_G(U; W) := \min\{d_G(u, w) \mid u \in U \text{ und } w \in W\}.$$

Ein *Teilgraph* oder *Untergraph* von G ist ein Graph $H = (U, F)$ mit $U \subseteq V$ und $F \subseteq E$. Der Untergraph heißt (von U) *induziert*, falls er alle Kanten zwischen Punkten aus U enthält, die auch zu G gehören: $F = \{uv : u, v \in U, uv \in E\}$. Man schreibt dann auch: $H = G[U]$. Ist $F \subseteq E$, so bezeichnet $G - F$ den Graphen $(V, E \setminus F)$. Für ein $W \subseteq V$ setzen wir: $G - W := G[V \setminus W]$.

Ein Graph G heißt *zusammenhängend*, falls zu je zwei Punkten $u, v \in V$ ein $(u - v)$-Weg (in G) existiert. Ist G nicht zusammenhängend, so zerfällt G in maximale (induzierte) zusammenhängende Teilgraphen, die *(Zusammenhangs-)Komponenten* von G.

Ein Kantenzug heißt *Eulersch*, falls darin jede Kante des Graphen (genau) einmal vorkommt. Ein geschlossener Eulerscher Kantenzug heißt eine *Euler-Tour*. Der Graph G heißt *Eulersch*, falls er eine Euler-Tour besitzt. Der folgende Satz markiert den Anfang der Graphentheorie [41]:

Satz 10.2 (L. Euler, 1741)
Ein Graph G ohne isolierte Punkte ist Eulersch genau dann, wenn er zusammenhängend ist und alle seine Grade gerade Zahlen sind.

Beweis

(a) Es sei zunächst G Eulersch und $v \in V$ beliebig. Natürlich ist G zusammenhängend. Wird v bei Durchlaufung der Euler-Tour k-mal besucht, so ist offenbar $d_G(v) = 2k$, eine gerade Zahl.

(b) Nun seien alle Grade von G gerade, G zusammenhängend.

$v_0, e_1, v_1, e_2, \ldots, v_{k-1}, e_k, v_k$ sei ein Kantenzug maximaler Länge in G (insbesondere sind alle Kanten $e_1, e_2, \ldots, e_k$ paarweise verschieden). Dann muss $v_0 = v_k$, sein, denn andernfalls wäre eine ungerade Anzahl der Kanten $e_1, e_2, \ldots, e_k$ mit v_k inzident und der Kantenzug könnte verlängert werden.

Angenommen, es gibt noch eine Kante $e \in E$, die nicht zu $e_1, e_2, \ldots, e_k$ gehört. Da G zusammenhängend ist, können wir o. B. d. A. davon ausgehen, dass e mit einem der Punkte $v_0, v_1, \ldots, v_{k-1}$ inzidiert, etwa mit v_i. Nun setzen wir v_i, e zu einem Kantenzug maximaler Länge in $G' := G - \{e_1, , e_2, \ldots, e_k\}$ fort, etwa

$$v_i, e, u_1, f_1, u_2, \ldots, u_{l-1}, f_{l-1}, u_l.$$

Weil in G' ebenfalls alle Grade gerade sind, muss $u_l = v_i$ sein. Die Kantenfolge

$$v_0, e_1, \ldots, e_i, v_i, e, u_1, f_1, u_2, \ldots, u_{l-1}, f_{l-1}, v_i, e_{i+1}, v_{i+1}, \ldots, e_k, v_0$$ besteht

dann aus lauter verschiedenen Kanten und hat die Länge $k + l > k$, ein Widerspruch. $\qquad\square$

Bemerkung In manchen Situationen ist es bequem, zwischen zwei Punkten mehrere Kanten zuzulassen, die als verschieden gelten. Wir sprechen dann von *Multigraphen*. Mit einem entsprechend modifizierten Gradbegriff gilt der Satz von Euler auch für Multigraphen.

Definition 10.3

Ein zusammenhängender Graph ohne Kreise heißt ein *Baum*.

Wir zeigen:

Satz 10.4

Es sei T ein Graph mit n Punkten.

1. Ist T ein Baum, so hat T genau $n - 1$ Kanten.
2. Ist umgekehrt T ein kreisfreier Graph mit $n - 1$ Kanten, so ist T ein Baum.

Beweis

1. Wir zeigen die Aussage durch vollständige Induktion nach n:

   Für $n \leq 2$ ist die Aussage trivial. Es sei nun $n > 2$ und T ein Baum mit n Punkten. In T sei $v_0, v_1, \ldots, v_k$ ein Weg maximaler Länge. Da T keine Kreise enthält, haben die Punkte v_0 und v_k Grad 1 in T. Streichen wir v_k (und die mit v_k inzidente Kante) aus T, so erhalten wir einen Baum T' mit $n-1$ Punkten. Nach Induktionsvoraussetzung hat T' $n-2$ Kanten. Dann hat aber T $n-1$ Kanten.

2. Ganz analog zu 1. Streicht man aus einem Graphen einen Punkt vom Grad 1, so ist der resultierende Graph genau dann zusammenhängend, wenn der Ausgangsgraph es war. $\qquad\square$

Der Beweis liefert mit den beiden Endpunkten eines maximalen Weges stets zwei Punkte vom Grad 1. Ein Punkt vom Grad 1 in einem Baum heißt ein *Blatt*. Es gilt also:

Satz 10.5
Jeder Baum mit mindestens 2 Punkten besitzt mindestens 2 Blätter.

Ein (nicht notwendig zusammenhängender) kreisfreier Graph heißt konsequenterweise ein *Wald*. Hat ein Wald k Zusammenhangskomponenten, so schließt man leicht aus dem vorstehenden Satz, dass der Wald genau $n-k$ Kanten besitzt.

In den von uns betrachteten Graphen sind die beiden Endpunkte einer Kante gleichberechtigt. Für manche unserer Anwendungen ist es aber angebracht, die Kanten mit einer Durchlaufungsrichtung zu versehen. Formal ist dann ein *gerichteter Graph* ein Paar $D = (V, A)$ mit $A \subseteq V \times V$. *Gerichtete Kanten* sind also geordnete Paare (u, v) mit $u, v \in V$. Dabei heißt u der *Startpunkt* und v der *Zielpunkt* der gerichteten Kante (u, v). Für ein $u \in V$ nennt man die Anzahl der Kanten mit Zielpunkt (Startpunkt) u den *Eingangsgrad (Ausgangsgrad)* von u.

Eine Kantenfolge $v_0, a_1, v_1, a_2, \ldots, v_{k-1}, a_k, v_k$ in einem gerichteten Graphen muss die Bedingung erfüllen, dass v_{i-1} und v_i die Endpunkte von a_i sind. Sie heißt *gerichtet*, falls v_{i-1} der Startpunkt und v_i der Zielpunkt von a_i ist ($1 \le i \le k$), andernfalls *ungerichtet*. Analoge Definitionen gelten für Kantenzüge und Wege. Dementsprechend gibt es in gerichteten Graphen zwei Zusammenhangsbegriffe. D heißt *stark (schwach) zusammenhängend*, falls es zu jedem Punktepaar $(u, v) \in V \times V$ einen gerichteten (ungerichteten) $(u-v)$-Weg gibt.

Eine häufig verwendete Struktur sind die orientierten *Wurzelbäume*. Dabei wird in einem (gewöhnlichen) Baum ein beliebiger Punkt w als Wurzel ausgezeichnet. Anschließend werden die Kanten von der Wurzel weg orientiert. Es gibt dann zu jedem Punkt v genau einen gerichteten $(w-v)$-Weg. Die Länge dieses Weges heißt die *Höhe* von v. Die Punkte $u \in V$ mit $(v, u) \in A$ heißen die *Nachkommen* oder *Kinder* von v, v heißt *Vorgänger* von u. Ein Punkt ohne Nachkommen ist ein Blatt.

10.2 Die Stirling-Formel

Wir haben einige Male die *Stirling-Formel* benötigt. In diesem Abschnitt geben wir einen Beweis und wenden sie auf die Abschätzung der Binomialkoeffizienten an.

Satz 10.6 (Stirling-Formel)
Für alle $n \in \mathbb{N}$ gilt:

$$n! = \sqrt{2\pi n}\left(\frac{n}{e}\right)^n e^{\theta_n} \ \text{ mit } \ \frac{1}{12n+1} < \theta_n < \frac{1}{12n}.$$

Insbesondere gilt:

$$n! = \sqrt{2\pi n}\left(\frac{n}{e}\right)^n (1 + o(1)), \quad n \to \infty.$$

Beweis Wir beginnen mit der Ungleichung

$$\int_1^n \log x \, dx < \log(n!) < \int_1^{n+1} \log x \, dx,$$

also wegen $\int \log x \, dx = x \log x - x$

$$n \log n - n + 1 < \sum_{k=1}^n \log k < (n+1)\log(n+1) - n$$

Es sei nun $d_n := \log n! - \left(n + \frac{1}{2}\right)\log n + n$.
Dann ist

$$d_n - d_{n+1} = -\log(n+1) + \left(n + \frac{1}{2}\right)\log\left(\frac{n+1}{n}\right) + \log(n+1) - 1$$

$$= \left(n + \frac{1}{2}\right)\log\left(\frac{n+1}{n}\right) - 1.$$

$$\frac{n+1}{n} = \frac{2n+2}{2n} = \frac{(2n+1)+1}{(2n+1)-1} = \frac{1 + \frac{1}{2n+1}}{1 - \frac{1}{2n+1}}$$

Außerdem ist für $|t| < 1$:

$$\frac{1}{2} \log\left(\frac{1+t}{1-t}\right) = \frac{1}{2}\left(\log(1+t) - \log(1-t)\right)$$

$$= \frac{1}{2}\left(t - \frac{t^2}{2} + \frac{t^3}{3} - + \cdots - \left((-t) - \frac{(-t)^2}{2} + \frac{(-t)^3}{3} - + \cdots\right)\right)$$

$$= \frac{1}{2}\left(2t + \frac{2}{3}t^3 + \frac{2}{5}t^5 + \ldots\right) = t + \frac{t^3}{3} + \frac{t^5}{5} + \ldots,$$

also

$$d_n - d_{n+1} = \left(n + \frac{1}{2}\right) 2\left(\left(\frac{1}{2n+1}\right) + \frac{1}{3}\left(\frac{1}{2n+1}\right) + \ldots\right) - 1$$

$$= (2n+1)\left(\frac{1}{3}\left(\frac{1}{2n+1}\right)^3 + \frac{1}{5}\left(\frac{1}{2n+1}\right)^5 + \ldots\right)$$

$$= \frac{1}{3}\left(\frac{1}{2n+1}\right)^2 + \frac{1}{5}\left(\frac{1}{2n+1}\right)^4 + \ldots$$

$$< \frac{1}{3}\frac{\frac{1}{(2n+1)^2}}{1 - \left(\frac{1}{2n+1}\right)^2} = \frac{1}{3}\frac{1}{(2n+1)^2 - 1} = \frac{1}{3}\frac{1}{4n^2 + 4n}$$

$$= \frac{1}{12}\frac{1}{n(n+1)} = \frac{1}{12}\left(\frac{1}{n} - \frac{1}{n+1}\right).$$

Insgesamt: $d_n > d_{n+1}$, also ist (d_n) monoton fallend, $d_n - \frac{1}{12n} < d_{n+1} - \frac{1}{12(n+1)}$, also ist $a_n := d_n - \frac{1}{12n}$ monoton wachsend.

Andererseits ist $b_n := d_n - \frac{1}{12n+1}$ monoton fallend: Es ist

$$\frac{1}{12n+1} - \frac{1}{12(n+1)+1} = \frac{12}{(12n+1)(12(n+1)+1)} = \frac{12}{144n^2 + 168n + 13}$$

und

$$d_n - d_{n+1} > \frac{1}{3}\left(\frac{1}{2n+1}\right)^2 = \frac{1}{12n^2 + 12n + 3}$$

$$= \frac{12}{144n^2 + 144n + 36} > \frac{12}{144n^2 + 168n + 13},$$

damit $b_n - b_{n+1} > 0$.

Es existiert also ein $C \in \mathbb{R}$ mit $\lim\limits_{n \to \infty} \left(d_n - \frac{1}{12n+1} \right) = C = \lim\limits_{n \to \infty} \left(d_n - \frac{1}{12n} \right)$ und es gelten die Ungleichungen:

$$e^{d_n - \frac{1}{12n}} = \frac{n!}{n^{n+\frac{1}{2}} e^{-n}} \cdot e^{-\frac{1}{12n+1}} > e^C > e^{d_n - \frac{1}{12n}} \quad .$$

Damit:

$$\frac{n!}{e^C n^{n+\frac{1}{2}} e^{-n}} \cdot e^{-\frac{1}{12n+1}} > 1 > \frac{n!}{e^C n^{n+\frac{1}{2}} e^{-n}} \cdot e^{-\frac{1}{12n}} \quad .$$

Wir müssen also nur noch zeigen, dass $e^C = \sqrt{2\pi}$ ist.

Dies folgt aus dem *Wallisschen Produkt:*

$$\frac{2 \cdot 2 \cdot 4 \cdot 4 \cdot 6 \cdot 6 \cdots (2n) \cdot (2n)}{1 \cdot 1 \cdot 3 \cdot 3 \cdot 5 \cdot 5 \cdots (2n-1) \cdot (2n-1) \cdot (2n+1)} \to \frac{\pi}{2} \quad (n \to \infty),$$

oder

$$\frac{2 \cdot 4 \cdot 6 \cdots (2n)}{1 \cdot 3 \cdot 5 \cdots (2n-1)\, \sqrt{2n+1}} \to \sqrt{\frac{\pi}{2}} \quad (n \to \infty),$$

$$\frac{(2^n n!)^2}{(2n)! \sqrt{2n}} \to \sqrt{\frac{\pi}{2}} \quad (n \to \infty).$$

Aber

$$n! \sim n^{n+\frac{1}{2}} e^{-n} e^C,$$

also

$$\frac{2^{2n} n^{2n+1} e^{-2n} e^{2C}}{(2n)^{2n+\frac{1}{2}} e^{-2n} e^C \sqrt{2n}} \to \sqrt{\frac{\pi}{2}} \quad (n \to \infty),$$

$$\frac{\sqrt{n}\, e^C}{\sqrt{2}\sqrt{2n}} \to \sqrt{\frac{\pi}{2}} \quad (\to \infty),$$

damit

$$e^C = 2\sqrt{\frac{\pi}{2}} = \sqrt{2\pi}.$$

□

Für die Abschätzung der Binomialkoeffizienten erhält man daraus:

Lemma 10.7

Für $1 \leq d \leq n - 1$ gilt:

$$\frac{1}{2\sqrt{n}} \left(\frac{n}{d}\right)^d \left(\frac{n}{n-d}\right)^{n-d} \leq \binom{n}{d} \leq \frac{1}{2} \left(\frac{n}{d}\right)^d \left(\frac{n}{n-d}\right)^{n-d}.$$

Beweis Für $d = 1$ oder $d = n - 1$ gelten die Ungleichungen offenbar. Wir nehmen also an, dass $2 \leq d \leq n - 2$ ist. Insbesondere ist $n \geq 4$.

Nach Satz 10.6 gilt:

$$\binom{n}{d} = \sqrt{\frac{n}{2\pi d(n-d)}} e^{\theta_n - \theta_d - \theta_{n-d}} \left(\frac{n}{d}\right)^d \left(\frac{n}{n-d}\right)^{n-d}.$$

Für die angegebenen Bereiche der Parameter ist dann $-\frac{1}{12} < \theta_n - \theta_d - \theta_{n-d} < 0$.

Aus

$$\sqrt{\frac{n}{2\pi d(n-d)}} e^{\theta_n - \theta_d - \theta_{n-d}} > \sqrt{\frac{n}{2\pi(n^2/4)}} e^{-1/12} = \frac{1}{\sqrt{\pi}} e^{-1/12} \frac{1}{\sqrt{n}} > \frac{1}{2} \frac{1}{\sqrt{n}}$$

folgt die erste Ungleichung.

Für die zweite schätzen wir ab:

$$\sqrt{\frac{n}{2\pi d(n-d)}} e^{\theta_n - \theta_d - \theta_{n-d}} \leq \frac{1}{\sqrt{2\pi}} < \frac{1}{2}.$$

$\square$

Die folgende Abschätzung ist aus [4]

Lemma 10.8 (A. Allemann)

Es sei $1 \leq d \leq n/2$ und $r := n/d$ sowie

$$S(r, d) := d \log\left(r \left(\frac{r}{r-1}\right)^{r-1}\right) - \frac{1}{2} \log d - \frac{1}{2} \log 2\pi :$$

Dann gilt:

$$S(r, d) - \frac{1}{12} < \log \binom{n}{d} < S(r, d) + \frac{1}{2} \log 2.$$

Die Differenz der oberen und unteren Schranke ist kleiner als 0,43.

Beweis Der Fall $d = 1$ kann leicht direkt überprüft werden.

Für $2 \le d \le n/2$ benutzen wir wieder die Stirling-Formel:

$$
\begin{aligned}
\log \binom{n}{d} &= \log \frac{(rd)!}{((r-1)d)!\,d!} \\
&= \log \left(\sqrt{\frac{r}{2\pi(r-1)d}} \left(\frac{r^r}{(r-1)^{r-1}} \right)^d e^{\theta_{rd} - \theta_{(r-1)d} - \theta_d} \right) \\
&= d \log \left(r \left(\frac{r}{r-1} \right)^{r-1} \right) - \frac{1}{2} \log d - \frac{1}{2} \log 2\pi \\
&\quad + \frac{1}{2} \log \frac{r}{r-1} + \theta_{rd} - \theta_{(r-1)d} - \theta_d \\
&= S(r,d) + \frac{1}{2} \log \frac{r}{r-1} + \theta_{rd} - \theta_{(r-1)d} - \theta_d.
\end{aligned}
$$

Wir schätzen nach unten ab, indem wir den positiven Term $\frac{1}{2} \log \dfrac{r}{r-1}$ weglassen und wie im Beweis des vorigen Lemmas die Ungleichung $\theta_{rd} - \theta_{(r-1)d} - \theta_d > -1/12$ benutzen:

$$
\log \binom{n}{d} > d \log \left(r \left(\frac{r}{r-1} \right)^{r-1} \right) - \frac{1}{2} \log d - \frac{1}{2} \log 2\pi - \frac{1}{12}.
$$

Für die obere Schranke haben wir die Ungleichungen $\frac{1}{2} \log \dfrac{r}{r-1} \le \frac{1}{2} \log 2$ sowie $\theta_{rd} - \theta_{(r-1)d} - \theta_d < 0$:

$$
\log \binom{n}{d} < d \log \left(r \left(\frac{r}{r-1} \right)^{r-1} \right) - \frac{1}{2} \log d - \frac{1}{2} \log 2\pi + \frac{1}{2} \log 2.
$$

$\square$

Als Folgerung erhalten wir:

Korollar 10.9

Für $1 \le d \le n/2$ gilt:

(i)

$$
\log \binom{n}{d} > d \log n + d \log 2 - \left(d + \frac{1}{2} \right) \log d - \frac{1}{2} \log 2\pi - \frac{1}{12}
$$

(ii)

$$\log \binom{n}{d} < d \log n + d - \left(d + \frac{1}{2}\right) \log d - \frac{1}{2} \log 2\pi + \frac{1}{2} \log 2.$$

Beweis Es gilt:

$$d \log \left(r \left(\frac{r}{r-1}\right)^{r-1}\right) = d \log n - d \log d + d \log \left(\frac{r}{r-1}\right)^{r-1}.$$

Ferner ist

$$\log 2 \le \log \left(\frac{r}{r-1}\right)^{r-1} < 1.$$

Damit folgen (i) und (ii) aus Lemma 10.8. $\qquad\qquad\qquad\qquad\qquad\qquad\square$

10.3   Die Abel-Summationsformel

Wir zeigen hier die Abel-Summationsformel:

Satz 10.10 (Abel-Summationsformel)
Seien $x, y \in \mathbb{R}$ mit $y < x$ und $f : [y, x] \to \mathbb{R}$ stetig differenzierbar, sowie $(a_n)_{n \in \mathbb{N}}$ eine Folge reeller Zahlen, $A(t) := \sum_{n \le t} a_n$. Dann gilt:

$$\sum_{y < n \le x} a_n f(n) = A(x) f(x) - A(y) f(y) - \int_y^x A(t) f'(t) \, dt.$$

Beweis 1. Fall: $y, x \in \mathbb{Z}$.

$$\int_y^x A(t)\, f'(t)\, \mathrm{d}t = \sum_{j=y}^{x-1} \int_j^{j+1} A(j)\, f'(t)\, \mathrm{d}t = \sum_{j=y}^{x-1} A(j)\,(f(j+1) - f(j))$$

$$= -\sum_{j=y}^{x} f(j)\,(A(j) - A(j-1)) + f(x)\,A(x) - f(y)\,A(y-1)$$

$$= -\sum_{j=y}^{x} f(j)\,a_j + f(x)\,A(x) - f(y)\,A(y-1)$$

$$= -\sum_{j=y+1}^{x} f(j)\,a_j + f(x)\,A(x) - f(y)\,A(y)$$

2. Fall: $y, x \in \mathbb{R} \backslash \mathbb{N}$.

Die linke Seite bleibt gleich wenn man y durch $\lfloor y \rfloor$ und x durch $\lfloor x \rfloor$ ersetzt. Die Änderung der rechten Seite ist:

$$A(\lfloor x \rfloor)\,(f(x) - f(\lfloor x \rfloor)) - A(\lfloor y \rfloor)\,(f(y) - f(\lfloor y \rfloor)) - \int_{\lfloor x \rfloor}^{x} A(\lfloor x \rfloor)\, f'(t)\, \mathrm{d}t$$

$$+ \int_{\lfloor y \rfloor}^{y} A(\lfloor y \rfloor)\, f'(t)\, \mathrm{d}t = 0 \qquad\qquad \square$$

[1]   Aigner M (2012) Combinatorial theory, Bd 234. Springer Science & Business Media

[2]   Aigner M, Triesch E, Tuza Z (1992) Irregular assignments and vertex-distinguishing edge-colorings of graphs. Ann Discrete Math 52:1–9 (Elsevier)

[3]   Aigner M, Ziegler GM, Hofmann KH (2015) Das BUCH der Beweise. Springer

[4]   Allemann A (2013) An efficient algorithm for combinatorial group testing. In Information Theory, Combinatorics, and Search Theory: In Memory of Rudolf Ahlswede. Springer, S. 569–596

[5]   Alon N (1999) Combinatorial Nullstellensatz. Comb Probab Comput 8(1–2):7–29

[6]   Alon N, Spencer JH (2016) The probabilistic method. Wiley

[7]   Andrews GE (1998) The theory of partitions. Cambridge university press

[8]   Azuma K (1967) Weighted sums of certain dependent random variables. Tohoku Math J, Second Series 19(3):357–367

[9]   Baranyai Z (1979) The edge-coloring of complete hypergraphs i. J Comb Theory, Series B 26(3):276–294

[10] Bertrand J (1845) Mémoire sur le nombre de valeurs que peut prendre une fonction: quand on y permute les lettres qu'elle renferme. Bachelier

[11] Beutelspacher A (1982) Einführung in die endliche Geometrie I. Bibliographisches Institut

[12] Bollobás B (1965) On generalized graphs. Acta Mathematica Academiae Scientiarum Hungarica 16:447–452

[13] Bollobás B (1986) Combinatorics: set systems, hypergraphs, families of vectors, and combinatorial probability. Cambridge University Press

[14] Bollobás B (1988) The chromatic number of random graphs. Combinatorica 8(1):49–55

[15] Bollobás B (2013) Modern graph theory, Bd 184. Springer Science & Business Media

[16] Bollobás B, Erdős P (1976) Cliques in random graphs. Math Proc Cambridge Philos Soc 80(3):419–427

[17] Borsuk K (1933) Drei Sätze über die n-dimensionale euklidische Sphäre. Fund Math 29:177–190

[18] Bose RC, Shrikhande SS, Parker ET (1960) Further results on the construction of mutually orthogonal Latin squares and the falsity of Euler's conjecture. Can J Math 12:189–203

[19] Brouwer A, Schrijver A (1979) Uniform hypergraphs. In Packing and covering in combinatorics, Bd 106. Mathematisch Centrum Amsterdam, S 39–73

[20] Bruck RH, Ryser HJ (1949) The nonexistence of certain finite projective planes. Can J Math 1(1):88–93

[21] Burnside W (1900) On some properties of groups of odd order. Proc London Math Soc 33:162–184

[22] Cauchy A (1845) Mémoire sur diverses propriétés remarquables des substitutions régulières ou irrégulières, et des systémes de substitutiones conjugées. Comptes Rendus Acad Sci Paris 21:835

[23] Cayley A (2009) A theorem on trees. Cambridge Library Collection – Mathematics. Cambridge University Press, S 26–28

[24] Chebyshev PL (1852) Mémoire sur les nombres premiers. J Math Pures Appl 17:366–390

[25] Clements GF, Lindström B (1969) A generalization of a combinatorial theorem of Macaulay. J Comb Theory 7(3):230–238

[26] Davenport H (1935) On the addition of residue classes. J London Math Soc 1(1):30–32

[27] Daykin D (1974) Erdős-Ko-Rado from Kruskal-Katona. J Comb Theory, Series A 17(2):254–255

[28] Diestel R (2024) Graph theory. Springer (print edition); Reinhard Diestel (eBooks)

[29] Dilworth R (1950) A decomposition theorem for partially ordered sets. Ann Math 51:161–166

[30] Eberhard S, Green B, Manners F (2014) Sets of integers with no large sum-free subset. Ann Math 180(2):621–652

[31] Engel A (1965) Mathematische Olympiadeaufgaben aus der UdSSR: mit ausführlichen Lösungen. Klett

[32] Engel K (1997) Sperner theory. Cambridge University Press

[33] Erdős P, Rényi A, Sós V (1966) On a problem of graph theory. Stud Sci Math Hung 1:215–235

[34] Erdős P (1945) On a lemma of Littlewood and Offord. Bull Amer Math Soc 5:898–902

[35] Erdős P (1959) Graph theory and probability. Can J Math 11:34–38

[36] Erdős P (1970) On the graph theorem of Turán. Mat Lapok 21:249–251

[37] Erdős P (1983) Extremal problems in number theory, combinatorics and geometry. Proc Inter Congress in Warsaw

[38] Erdős P, Lovász L (1975) Problems and results on 3-chromatic hypergraphs and some related questions. Infinite and Finite Sets 10(2):609–627

[39] Erdős P, Stone AH (1946) On the structure of linear graphs. Bull Amer Math Soc 52:1087–1091

[40] Erdős P, Szekeres G (1935) A combinatorial problem in geometry. Compos Math 2:463–470

[41] Euler L (1741) Solutio problematis ad geometriam situs pertinentis. Commentarii academiae scientiarum Petropolitanae, S 128–140

[42] Euler L (1782) Recherches sur un nouvelle espéce de quarrés magiques. Verhandelingen uitgegeven door het zeeuwsch Genootschap der Wetenschappen te Vlissingen, S 85–239

[43] Fisher RA et al (1940) 174: An examination of the different possible solutions of a problem in incompleteblocks. Ann Eugenics 10:52–75

[44] Frankl P (1984) A new short proof of the Kruskal-Katona theorem. Discrete Math 48(2):327–329

[45] Frankl P, Wilson R (1981) Intersection theorems with geometric consequences. Combinatorica 1:357–368

[46] Franklin F (1881) Sur le développement du produit infini $(1-x)(1-x2)(1-x3)$. Comptes Rendus 82:448–450

[47] Frobenius G (1887) Ueber die Congruenz nach einem aus zwei endlichen Gruppen gebildeten Doppelmodul. J Reine Angew Math 101:273–299

[48] Furstenberg H (1977) Ergodic behavior of diagonal measures and a theorem of Szemerédi on arithmetic progressions. J Anal Math 31(1):204–256

[49] Gallager RG (1968) Information theory and reliable communication, Bd. 588. Springer

[50] Garsia AM, Milne SC (1981) A Rogers-Ramanujan bijection. J Comb Theory, Series A 31(3):289–339

[51] Gilbert EN (1952) A comparison of signalling alphabets. Bell Syst Tech J 31(3):504–522

[52]   Gowers WT (2001) A new proof of Szemerédi's theorem. Geometric & Functional Analysis GAFA 11(3):465–588

[53]   Gowers WT, et al (2000) The two cultures of mathematics. Math: Front Perspect 65:65

[54]   Graham RL, Rothschild BL, Spencer JH (1991) Ramsey theory, Bd 20. Wiley

[55]   Graham RL, Spencer JH (1971) A constructive solution to a tournament problem. Can Math Bull 14(1):45–48

[56]   Green B, Tao T (2008) The primes contain arbitrarily long arithmetic progressions. Ann Math 167:481–547

[57]   Erdös P, Szekeres G (1960–61) On some extremum problems in geometry. Ann Universitatis Scientiarum Budapestinensis, Eötvös, Sec Math 3/4:53–62

[58]   Hadwiger H (1946) Mitteilung betreffend meine Note: Überdeckung einer Menge durch Mengen kleineren Durchmessers. Comment Math Helv 19(1):72–73

[59]   Hamming RW (1950) Error detecting and error correcting codes. Bell Syst Tech J 29(2):147–160

[60]   Hardy G (1940) Ramanujan – twelve lectures suggested by his life and work. Cambridge University Press

[61]   Hlawka E (1979) Theorie der Gleichverteilung. Bibliographisches Institut

[62]   Honsberger R (1977) Mathematical Gems. Nr 3 in Dolciani mathematical expositions. Mathematical Association of America

[63]   Huffman DA (1952) A method for the construction of minimum-redundancy codes. Proc of the IRE 40(9):1098–1101

[64]   Jenrich T, Brouwer AE (2014) A 64-dimensional counterexample to Borsuk's conjecture. Electron J Comb 21(4):29–1

[65]   Kahn J, Kalai G (1993) A counterexample to Borsuk's conjecture. Bull Amer Math Soc 29(1):60–62

[66]   Katona G (1972) A simple proof of the Erdös-Chao Ko-Rado theorem. J Comb Theory, Series B 13:183–184

[67]   Katona G (1987) A theorem of finite sets. Classic Papers in Combinatorics, 381–401

[68]   Keevash P (2014) The existence of designs. arXiv preprint arXiv:1401.3665

[69]   Kleitman DJ (1970) On a lemma of Littlewood and Offord on the distributions of linear combinations of vectors. Adv Math 5(1):155–157

[70]   Ko PEC, Rado R (1961) Intersection theorems for systems of finite sets. Q J Math, 2nd series 12:313–320

[71]   Kraft LG (1949) A device for quantizing, grouping, and coding amplitude-modulated pulses. PhD thesis, Massachusetts Institute of Technology

[72]   Kronecker L (1884) Näherungsweise ganzzahlige Auflösung linearer Gleichungen. Monatsberichte der Kgl. Preuss. Akad. Wiss. Berlin, 1179–1193, 1271–1299

[73]   Kruskal JB (1963) The number of simplices in a complex. Mathematical Optimization Techniques 10:251–278

[74]   Lasoń M (2013) A generalization of Combinatorial Nullstellensatz. arXiv preprint arXiv:1302.4647

[75]   Lass B (2005) Démonstration de la conjecture de Dumont. CR Math 341(12):713–718

[76]   Lassak M (1982) An estimate concerning Borsuk partition problem. Bull Acad Polon Sci Ser Sci Math 30(9–10):449–451

[77]   Lenz H (1956) Über die Bedeckung ebener Punktmengen durch solche kleineren Durchmessers. Archiv der Mathematik 7(1):34–40

[78]   Littlewood J, Offord A (1943) On the number of real roots of a random algebraic equation, iii, rec. Math[Mat Sbornik] NS 12 54:277–286

[79]   Lovász L (2007) Combinatorial problems and exercises, Bd 361. American Mathematical Soc

[80]   Lubell D (1966) A short proof of Sperner's lemma. J Comb Theory 1(2):299

[81]   Meshalkin LD (1963) Generalization of Sperner's theorem on the number of subsets of a finite set. Theory Probab App 8(2):203–204

[82]   Mojarrad HN, Vlachos G (2016) An improved upper bound for the Erdős-Szekeres con-
        jecture. Discrete Comput Geom 56:165–180
[83]   Nešetřil J (1996) Ramsey theory. Handbook of combinatorics, Bd 2. North-Holland, Ams-
        terdam, S 1331–1403
[84]   Oberschelp W (1972) Lotto-Garantiesysteme und Blockpläne. Math-Phys Semesterbe-
        richte 19:55–67
[85]   Paley RE (1933) On orthogonal matrices. J Math Phys 12(1–4):311–320
[86]   Pillai S (1944) Bull Calcutta Math Soc 36:97–99
[87]   Pillai S (1944) Bull Calcutta Math Soc 37:27
[88]   Pitman J (1999) Coalescent random forests. J Comb Theory, Series A 85(2):165–193
[89]   Pólya G (1937) Kombinatorische Anzahlbestimmung in Gruppen, Graphen und chemi-
        schen Verbindungen. Acta Mathematica 68:145–254
[90]   Prüfer H (1918) Neuer Beweis eines Satzes über Permutationen. Arch Math Phys
        27(1918):742–744
[91]   Rademacher H (2012) Topics in analytic number theory, Bd 169. Springer Science &
        Business Media
[92]   Radhakrishnan J, Srinivasan A (2000) Improved bounds and algorithms for hypergraph
        2-coloring. Random Struct Algorithms 16(1):4–32
[93]   Ramsey F (1930) On a problem of formal logic. Proc London Math Soc (2nd series)
        30:264–86
[94]   Rogers L (1894) Third memoir on the expansion of certain infinite products. Proc London
        Math Soc (first series) 26:15–32
[95]   Schramm O (1988) Illuminating sets of constant width. Mathematika 35(2):180–189
[96]   Schur I (1917) Ein Beitrag zur additiven Zahlentheorie und zur Theorie der Kettenbrüche.
        Sitzungsberichte der Berliner Akademie, S 302–321
[97]   Schützenberger M (1959) A characteristic property of certain polynomials of e.f. moore
        and c. e. shannon. RLE Quarterly Progress Report 55:117–118
[98]   Selfridge J (1973) On a combinatorial game. J Combin Theory, Ser A 14:298–301
[99]   Shannon CE (1948) A mathematical theory of communication. Bell Syst Tech J 27(3):379–
        423
[100]   Sperner E (1928) Ein Satz über Untermengen einer endlichen Menge. Math Z 27(1):544–
        548
[101]   Szemerédi E (1975) On sets of integers containing no k elements in arithmetic progression.
        Acta Arith 27(199–245):2
[102]   Turán P (1934) On a theorem of Hardy and Ramanujan. J Lond Math Soc 1(4):274–276
[103]   Turán P (1941) Eine Extremalaufgabe aus der Graphentheorie. Mat Fiz Lapok 48(436–
        452):61
[104]   Van der Waerden BL (1927) Beweis einer Baudetschen Vermutung. Nieuw Arch Wiskunde
        15:212–216
[105]   van der Waerden BL (1973) Einfall und Überlegung. Beiträge zur Psychologie des Mathe-
        matischen Denkens. Birkhäuser, Basel
[106]   Vandermonde A-T (1772) Mémoire sur des irrationnelles de différens ordres avec une
        application au cercle. Mem Acad Roy Sci Paris 489–498
[107]   Varshamov RR (1957) Estimate of the number of signals in error correcting codes. Dock-
        lady Akad Nauk SSSR 117:739–741
[108]   Wolfowitz J (1957) The coding of messages subject to chance errors. Ill J Math 1(4):591–
        606
[109]   Yamamoto K (1954) Logarithmic order of free distributive lattice. J Math Soc Japan 6:343–
        353

Stichwortverzeichnis

A
Abel-Summationsformel, 182, 278
Alkohol, 127
Antikette, 133
Aquivalenzrelation, zulässige, 109
Ausgangsgrad, 272
Azuma-Ungleichung, 203

B
Bahn, 121
Baranyai-Familie, 150
Basisfolge, 19
Baum, 271
Bell-Zahlen, 15
Bernoulli-Zahlen, 61
Bertrands Postulat, 117
Binomialinversion, 20
Binomialkoeffizienten, 11
Blatt, 272
Blockplan, 214
Borsuk-Vermutung, 153

C
Catalan-Zahlen, 57
Chebyshev-Ungleichung, 177
Cliquenzahl eines Graphen, 183
Code
  affiner, 260
  dualer, 248
  linearer, 247
  Mindestabstand, 246
  Übertragungsrate, 244
Codewort, 244

Codierungsschema, 244
Colex-Ordnung, 143

D
Dirichletreihe, 113
Dirichletscher Approximationssatz, 27
Dualitätsprinzip, 230

E
Ebene,projektive, 229
Eingangsgrad, 272
Entropie, 251
Euler-Mascheroni-Konstante, 9
Euler-Tour, 270
Eulersche φ-Funktion, 108
Eulerscher Pentagonalsatz, 64
Exklusion, 106

F
Färbung,zulässige, 45
Faktorielle
  fallende, 11
  steigende, 14
Fano-Ebene, 230
Fehlervektor, 251
Ferrers-Graph, 62
Fibonacci-Folge, 53
Fisher-Ungleichung, 216
Freundschaftsbedingung, 237
Freundschaftsgraph, 237
Freundschaftstheorem, 237
Funktion
  exponentiell erzeugende, 59

Q
q-Binomialsatz
  von Cauchy, 71, 74
Quadrate,orthogonale lateinische, 25, 233

R
Ramsey-Zahl, 34
Regel vom doppelten Abzählen, 5
Riemannsche Vermutung, 114
Rogers-Ramanujan-Identitäten, 78

S
Satz von
  Baranyai, 150
  Bollobás, 207
  Bruck und Ryser, 233
  Cauchy-Davenport, 24
  Cayley, 3
  Chebyshev, 117
  Dilworth, 133
  Dumont-Laß, 87
  Erdős und Stone, 45
  Erdős-Ko-Rado, 138
  Frankl und Wilson, 154
  Huffman, 266
  Kahn und Kalai, 154
  Kleitman, 135
  Kronecker, 28
  Kruskal-Katona, 141
  Mertens, 180
  Pólya, 125
  Ramsey, 34
  Shannon
    Noiseless-Coding-Theorem, 265
    Noisy-Coding-Theorem, 252
  Sperner, 131
  Turán, 42
  van der Waerden, 38
Schatten eines Mengensystems, 140
Schubfachprinzip, 26
Siebformeln, 108
Spiel von Erdős-Selfridge, 165
Steiner-Tripel-System, 213
Stirling-Formel, 273
Stirling-Zahlen 1. Art, 16

Stirling-Zahlen 2. Art, 15
Summenregel, 2
Syndrom, 249

T
Taillenweite eines Graphen, 48
Teilgraph, 270
Turán-Graph, 42
Turnier, 162

U
Unabhängigkeitszahl, 50
Untergraph, 270
  induzierter, 270

V
Vandermonde-Identität, 12
Varianz, 177
Vermutung von Paley, 219
Vier-Quadrate-Satz von Lagrange, 91
Von-Mangoldt-Funktion, 180
Vorgänger, 272

W
Wald, 272
Walsh-Matrix, 249
Weg, 270
Wiederholungscode, 243
Wurzelbaum, 272

Y
Young-Diagramm, 62

Z
Zahl
  chromatische, 45
  harmonische, 9
Zetafunktion
  einer Halbordnung, 97
  Riemannsche, 114
Zufallsgraph, 48
Zusammenhangskomponente, 270
Zyklen einer Permutation, 16
Zyklenzeiger, 124